LA CHASSE

A TRAVERS LES AGES

PAR

LE COMTE DE CHABOT

ARTHUR SAVAÈTE, Éditeur

PARIS

LA CHASSE

A TRAVERS LES AGES

LA CHASSE
A TRAVERS LES AGES

Histoire anecdotique de la Chasse

chez les Peuples anciens et en France depuis la conquête

des Gaules jusqu'à nos jours

PAR

LE COMTE DE CHABOT

PARIS

ARTHUR SAVAÈTE, Éditeur

76, rue des Saints-Pères

1898

À mes Lecteurs

L'amour de la chasse se transmet avec le sang ; les familles chez lesquelles cette passion est héréditaire ne sont pas rares, surtout en France.

Fils et petit-fils de veneurs, habitué dès l'enfance à entendre vanter ce noble exercice, je n'ai pas échappé à la loi de l'atavisme. En me livrant avec ardeur à ce passe-temps, j'ai cependant voulu savoir de quelle manière la chasse avait été pratiquée avant moi, même dans les temps les plus reculés.

Je dois la plus grande reconnaissance à MM. le baron de Noirmont, Pierre-Amédée Pichot, le comte de La Ferrière, de Mortillet, l'érudit conservateur du Musée préhistorique de Saint-Germain, et à nombre d'autres savants français, qui m'ont permis de puiser dans les trésors de leur érudition.

J'ai dû consulter, en outre, les principaux auteurs anciens, grecs et romains, recueillant çà et là les épisodes et les documents qui m'ont semblé de nature à intéresser mes lecteurs.

Mon but n'a pas été d'écrire un traité didactique : la science aride avec ses préceptes compte peu d'adeptes, offre encore moins d'attrait à ses rares lecteurs : tout a été dit sur la manière de chasser, soit à tir, soit à courre ; rien n'est insipide comme les redites. Pour essayer de sortir de ces chemins battus, j'ai cherché, un peu partout, les anecdotes qui m'ont semblé, par leur couleur locale, humoristique parfois, devoir plaire à ceux qui consentiraient à lire ce résumé des annales de la chasse depuis les temps préhistoriques jusqu'à nos jours.

J'ai scrupuleusement veillé à écarter du texte les faits, et même les expressions qui eussent été de nature à effaroucher mes aimables lectrices : je désire avant tout que mon livre puisse être laissé sur la table d'un salon qui se respecte.

Pour la partie artistique, j'ai fait appel à de nombreuses amitiés ; j'ai pu, grâce à elles, me procurer des dessins et des gravures, dont plusieurs voient le jour pour la première fois.

Je remercie tous ceux qui m'ont aidé, particulièrement un artiste éminent, enfant comme moi du Poitou, dont je n'ai pas la permission de dire le nom.

Je suis heureux d'adresser, en terminant, l'hommage de ma profonde reconnaissance aux RR. Pères Bénédictins de l'Abbaye Saint-Martin de Ligugé, dont le talent artistique est hors de pair. Si « La Chasse à travers les âges » est appelée à tracer son modeste sillon dans le monde, elle le devra en grande partie au soin avec lequel elle a été éditée par eux.

Comte DE CHABOT.

Château du Parc-Soubise, juin 1898.

LETTRE DE M. LE MARQUIS COSTA DE BEAUREGARD

de l'Académie Française

MONSIEUR LE COMTE,

Plus avisé que Gros-Jean, je n'essaierai certes pas ici de vous en remontrer; qui pourrait, d'ailleurs, vous en remontrer en fait de vénerie?

Non ; mon rôle sera plus modeste. Je tournerai simplement, si vous le voulez bien, les pages de l'antiphonaire où vous venez de noter si magistralement l'office de saint Hubert, et cela suffira pour que la foule se presse autour de votre lutrin.

Je ne sais pas, d'ailleurs, de Saint plus populaire ici-bas que votre patron. Il l'est à ce point que la déesse Raison s'est jadis servie — ah ! bien malgré lui ! — de cette popularité comme d'un explosif pour culbuter trônes et autels. L'universelle passion pour la chasse, passion comprimée chez nous depuis des siècles, peut, en effet, compter parmi les causes premières de la Révolution ; et je m'étonne qu'en ce temps-là, où l'on pensait à tant de choses, personne n'ait pensé à faire figurer le droit de tirer un lièvre parmi les droits de l'homme et du citoyen.

C'est, en vérité, grand dommage ; car il en serait sans doute aujourd'hui de cette conquête comme de tant d'autres tombées en si piètre estime.

Mais ne désespérons pas. Les petits-fils feront ce que les grands ancêtres ont oublié de faire. Déjà l'État omnipotent, l'État moraliste, pédagogue, théologien, a pris charge de nos âmes. Il ne tardera guère à prendre aussi, comme propriétaire universel, charge de nos fortunes et de nos plaisirs.

Après avoir partagé nos bois, nos terres, il en partagera le gibier entre les trente-huit millions de républicains que nous sommes. Et alors, plaise à Dieu de faire éclore assez de pierrots en France pour que les Chambres puissent en voter un, tous les ans, à chaque Français !

Vous avez donc bien fait, très bien fait, de documenter — puisque c'est le mot — sur la faune de France, en l'an de grâce 1898 ; car bientôt cerfs, sangliers, chevreuils, y sembleront aussi antédiluviens que l'Ursus Speleus, ou le Mammouth d'Adams.

Dans cent ans, tous les veneurs, vos amis et les miens, qui galopent si gaiement à travers vos pages, seront des fossiles à reliques entre Rahotpou, le grand veneur égyptien, et sa femme, la belle Nofrit, dont vous venez de me rappeler les traits.

Croyez-le, votre livre sera, pour les archéologues du vingt et unième siècle, d'aussi bonne rencontre que l'était naguère pour le vicomte de Rougé cette précieuse fresque où il retrouvait « les chiens hauts sur pattes, râblés et la queue en trompette », qui formaient, il y a cinq mille ans, la meute d'Antef, le premier roi de Thèbes. Et nos hallalis de loups, et nos hallalis de sangliers, frapperont la postérité de cette même admiration dont j'étais saisi tout à l'heure en vous entendant raconter l'hallali de ce lion qu'Asshurbanipal saisissait si galamment par la queue avant de l'assommer d'un coup de massue...

Hélas ! L'histoire n'existe que pour devenir légende ! Il en sera de la chasse comme de tant d'autres choses disparues qui faisaient de la France le plus beau des royaumes après celui du ciel.

Ne criez pas au paradoxe. Pardonnez plutôt mon inutile pessimisme. Que sert de voir trop en noir ? Médecin Tant-Pis et médecin Tant-Mieux se valent aujourd'hui pour leurs diagnostics.

La vraie sagesse ne serait-elle pas dans le mot de Louis XV : « Après moi le déluge » ?

Eh bien, soit ! Après nous le déluge ! Abandonnons-lui l'avenir, et tâchons de souder notre triste présent à un passé plus gai.

Vous nous y conviez, Monsieur le Comte. Grâce à l'immense travail qu'il vous a en coûté, rien ne manque aux archives de la vieille vénerie, archives que vous nous ouvrez si galamment aujourd'hui. Histoire, généalogies, mémoires intimes, portraits biographiques, anecdotes, tout s'y retrouve en sa place chronologique. On n'a qu'à tendre la main pour avoir ce qui peut charmer ou instruire.

Savants et ignorants feront votre succès. Ceux-ci plus encore peut-être que ceux-là, car Jomini aura toujours moins de lecteurs que Marbot.

Mais pourquoi Marbot s'est-il ici avisé d'une si déplorable modestie ? Pourquoi, vantant si joliment autrui, s'est-il lui-même trop humblement effacé ?

En vous reprochant ce seul défaut de votre livre, je me fais auprès de vous, Monsieur le Comte, l'interprète de tous vos lecteurs.

Marquis Costa de Beauregard.

LA CHASSE

A TRAVERS LES AGES

Première Partie

La Chasse depuis les temps préhistoriques
jusqu'aux premiers Valois

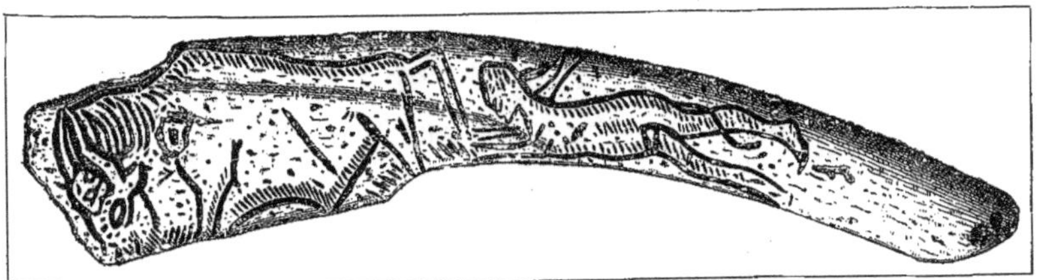

Affût de l'aurochs, gravé sur bois de renne (Extrait des *Origines de la Chasse*, par Mortillet)

CHAPITRE I

ÉPOQUE PRÉHISTORIQUE

ES Français ont été les initiateurs des recherches préhistoriques. L'impulsion une fois donnée, nos voisins ont rivalisé de zèle avec nous, et nous devons à cette noble émulation une science toute nouvelle, dont les découvertes ont fait revivre des âges enveloppés jusqu'alors d'une obscurité à peu près absolue. D'accord avec le plus grand livre de l'humanité, la Bible, la science nous apprend que l'homme, dernier né de la création, trouva, lors de son apparition, le globe terrestre profondément modifié par des révolutions successives. La plupart des grands animaux que nous retrouvons à l'état fossile avaient disparu déjà de sa surface.

A l'aide des méthodes du grand Cuvier, les savants purent reconstituer plusieurs des animaux préhistoriques des plus curieux, et parmi ceux-ci, les ichthyosaures, sortes de sauriens, moitié crocodiles moitié poissons, mesurant jusqu'à dix mètres de longueur; les plésiosaures, dont le cou de cygne dominait les plus hautes vagues; les ptérodactyles, reptiles à ailes de chauve-souris et à mâchoires armées de dents formidables; les labyrinthodons, aux doigts tellement larges que des bottes seules pourraient chausser leurs empreintes, etc. Cependant, les animaux gigantesques n'avaient pas tous disparu de la surface de la terre lorsque Dieu établit l'homme roi de la création. Les forêts et les plaines, les océans et les montagnes contenaient encore un nombre considérable d'êtres redoutables, autant par leurs proportions que par leurs instincts carnassiers. « Devant ces ennemis, nous dit le savant directeur de la *Revue Britannique,* M. Amédée Pichot, armés de toutes pièces, recouverts de cuirasses impénétrables, la gueule garnie d'armes blanches admirablement disposées pour saisir et pour déchirer, ayant des organes qui leur permettaient de poursuivre souvent leur proie aussi facilement dans l'onde ou dans l'air que sur la terre, la lutte pour l'homme était bien inégale. » De cette lutte pour la vie, soit pour la préserver, soit pour l'alimenter, datent les origines de la chasse.

Voyons d'abord à quelle espèce d'animaux l'homme a eu affaire pour atteindre ce double but.

M. de Mortillet énumère « soixante-six espèces de mammifères, dont treize sont éteintes » : parmi ces dernières, les plus connues sont l'ours des cavernes et le grand mammouth, probablement détruits à l'époque du déluge mosaïque.

L'ours des cavernes, gravure sur schiste

Le grand ours des cavernes, dont nous donnons ici le dessin gravé sur caillou granitique (Massat, Ariège), et conservé au Musée préhistorique, dépassait en taille tous les ours actuellement existants. Le développement si frappant de ses arcades sourcilières lui avait fait donner par Cuvier le nom d'ours à front bombé; sa férocité devait être proportionnée à sa taille.

Le mammouth promenait sa fourrure dans tout le centre de l'Europe, jusqu'à la mer Caspienne et à l'Oural, en Sibérie et dans le nord de l'Amérique. Le mammouth représenté ici est actuellement au musée de Saint-Pétersbourg. Au commencement de ce siècle, un naturaliste russe, adjoint de l'Académie, entendit parler par les indigènes qui habitaient les

Mammouth d'Adams (Musée de Saint-Pétersbourg)

embouchures de la Léna, en Sibérie, d'un animal énorme, dont la patte passait par une crevasse. Ce mammouth était tombé dans un trou plein d'eau ou avait glissé sur la glace; l'eau, s'étant congelée autour de lui, l'avait assez bien conservé. Adams finit par découvrir cet animal antédiluvien; mais, le bloc ne se fondant que lentement, le cadavre, avant d'être transporté à Saint-Pétersbourg, avait été endommagé par les chiens des Yakoutes. Adams dit avoir rencontré en Sibérie des défenses de sept mètres de long, pesant près de quatre cents kilos la paire. Le mammouth atteignait souvent cinq mètres de hauteur. Isbrant Ides, voyageur et écrivain russe, raconte en 1692 un fait analogue. Pallas, naturaliste russe qui vivait en 1771, avait, dans les glaces du Nord, découvert un rhinocéros ticorhinus. Dès lors ces ossements ne furent plus considérés comme ayant appartenu à des hommes géants.

Le lion était répandu sur la surface de la terre; on en a trouvé des traces en France, en Italie, etc.; pendant longtemps il a habité l'Europe. L'historien grec Hérodote assure que Xercès, traversant la Macédoine, vit les chameaux de son armée dévorés pendant la nuit par des lions affamés. Le léopard, le lynx, le loup, le tigre, l'hyène, le rhinocéros, l'hippopotame, l'aurochs, etc., etc., telle était l'espèce de société dans laquelle l'homme apparaissait, et au milieu de laquelle il lui fallait conquérir sa place au soleil; et cependant il était nu, sans abri, sans armes, dénué de tout. Heureusement, le Créateur lui avait donné une âme ornée d'une intelligence supérieure à celle des animaux avec lesquels il allait bientôt se mesurer.

Renne, gravure sur schiste

Omnivore, l'homme dut se nourrir d'abord de plantes, de fruits et de coquillages : nous le verrons plus tard fabriquer des armes, soit pour se défendre, soit pour se rendre maître de certains animaux, dont il voulut faire sa nourriture.

Parmi ces derniers, outre les diverses espèces de chèvres, de moutons, de lièvres, de rongeurs, etc., dont la capture était sans dangers, nous devons noter, au point de vue qui nous occupe, l'aurochs, le renne, le cerf, l'antilope, le cheval sauvage, etc., dont l'homme primitif goûtait les chairs succulentes, mais dont la prise offrait certains dangers.

L'aurochs, type et peut-être souche des bovidés, conservé à grand peine de nos jours dans une forêt de la Lithuanie, est un animal de haute taille : la partie antérieure du corps est fortement développée, sa force et son agilité sont remarquables, et la position de ses cornes lui permet de se défendre contre les fauves les plus dangereux.

M. Élie Massenat a trouvé à Laugerie-Basse (Dordogne) un morceau de bois de renne de vingt-cinq centimètres de longueur, sur lequel se trouve profondément gravé un aurochs mâle attaqué par un homme. Le marquis de Nadaillac, mentionnant cette découverte dans son ouvrage *Les premiers Hommes et les Temps préhistoriques*, prétend que le jeune homme cherche à lui lancer un trait; nous croyons au contraire qu'en rampant, celui-ci veut simplement par surprise couper les jarrets de la bête. Au revers de ce tronçon se trouve représentée de la même façon la femelle de l'aurochs, sans encolure et sans crinière.

Avant de se réfugier dans les régions septentrionales, le renne abondait dans le centre et dans l'ouest de l'Europe. C'était le gibier préféré de nos premiers pères et, avec celle du cerf, sa chasse favorite. L'étude des animaux fossiles a fait découvrir d'énormes quantités de débris de toute sorte de cette espèce, si abondante alors que « Rütimeyer a constaté l'accumulation de deux cent cinquante rennes dans la seule grotte de Tayngen, et que Piette estime qu'en quatorze mois il a rencontré les ossements de plus de trois mille

Combat de rennes, gravure sur schiste

individus ». (DE MORTILLET, *Origines de la Chasse*, Lecrosnier et Babé, éditeurs.) Nous empruntons à ce savant ouvrage plusieurs gravures et sculptures tirées pour la plupart du Musée préhistorique. A la page 50 de son livre nous trouvons une gravure publiée déjà par M. de Vibraye sous le nom de *Combat de rennes* : c'est la figure au trait, sur une feuille de schiste ardoisier, d'un renne antédiluvien, exactement semblable quant aux formes (comme le premier du reste que nous avons donné) au renne actuel. De l'autre côté de la plaque on voit un jeune renne qui fuit : l'artiste a voulu sans doute représenter la victoire d'un vieux mâle, chef de troupeau, et il l'a esquissé aussi bien que pourrait le faire un bon animalier de nos jours.

Le cerf se rencontrait dans toutes les stations humaines, mais cependant bien moins abondamment que le renne, là surtout où celui-ci pullulait autrefois, ce qui prouve que la chasse de ce dernier était plus en honneur ou peut-être simplement plus facile et moins dangereuse que celle de son congénère.

Le cerf antédiluvien, *cervus megaceros*, était de haute stature, avait des bois dont l'envergure atteignait souvent jusqu'à trois mètres : le cerf actuel des montagnes Rocheuses, appelé wapiti par les Canadiens, semble par sa taille et par le développement de sa ramure se rapprocher tellement du mégacéros, qu'il doit en descendre.

Dans le journal *l'Homme*, une gravure sur un os de bœuf ou de cheval, provenant de la grotte du Chaffaud (Poitou), représente deux biches qui se suivent; le dessin de la première est assez net pour pouvoir distinguer son espèce.

Tête de saiga

Les diverses antilopes, le saiga, le chamois ou l'izard, le bouquetin, les nombreuses familles de capridés, peuplaient notre continent et fournissaient aux premiers habitants de notre globe, avec une nourriture recherchée, l'occasion de chasses aussi multiples qu'elles étaient attrayantes.

Dans les alluvions et dans les gisements antédiluviens, les débris du cheval sont très abondants; aussi les dessins n'en sont-ils pas rares. M. de Mortillet, page 40 de son ouvrage, a reproduit une portion d'un bâton de commandement sur bois de renne provenant de la station de La Madeleine.

Nous le donnons comme spécimen de l'art primitif et peut-être en outre comme représentation d'une scène de chasse. Remarquons que le dessin des têtes de chevaux est savamment exécuté; on est même étonné de l'exactitude des lignes et de l'expression des têtes. L'homme nu qui tient un bâton semble vouloir s'en servir comme d'une

Têtes de chevaux, gravées sur bois de renne

massue pour assommer le second cheval. Nous savons, à l'appui de cette thèse, que, dans les temps primitifs, l'homme n'avait domestiqué ni le chien ni le cheval, et que ce dernier était chassé comme tout autre gibier comestible.

D'après Milne Edwards, les premiers habitants du globe ne s'emparaient pas seulement des mammifères, ils faisaient aussi la guerre aux oiseaux, et parmi eux, les vautours, les aigles, les cygnes, les oies, les canards, les perdrix, etc., etc. ; leurs débris antédiluviens se retrouvent dans toutes les principales stations humaines explorées par la science actuelle.

Maintenant nous avons à nous occuper d'une question non moins intéressante : comment l'homme arriva-t-il à se rendre maître des animaux?

Les premières péripéties de ses luttes contre eux se perdent également dans la nuit de la préhistoire; les fouilles des géologues nous ont heureusement fait retrouver les instruments dont nos premiers pères se servaient. Ces armes rudimentaires centuplèrent leurs moyens de défense et d'attaque : ce fut dès lors une lutte quotidienne et sans merci, lutte dans laquelle l'intelligence vint à bout de la matière brutale.

Les premières armes de chasse furent le bâton et le caillou : le bâton, bientôt transformé en massue; et le caillou, taillé d'abord soit en forme de poignard, soit en forme de couteau; plus tard, le caillou fut poli et emmanché directement dans le bâton pour former la hache; ensuite vinrent les armes pointues de jet, sagaies et harpons divers, bientôt détrônés par l'arc aux flèches armées de pointes en silex. Puis, précédant l'âge de fer, l'âge de bronze lui apporte les poignards, les épées, les pointes des armes de jet en métal. L'homme est dès lors suffisamment armé.

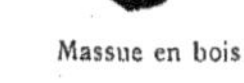

Massue en bois

2

« Une pierre tranchante et lourde, tenue à la main, une massue, mirent l'homme sur le pied d'égalité avec le bélier, qui frappe de la tête; comme le taureau avec ses cornes, ou comme l'oiseau de proie avec son bec, il put percer au moyen de pointes aiguës : avec des silex tranchants il coupe et lacère comme les carnivores avec leurs dents; il emprunte même à ces derniers des armes toutes préparées; dans les cavernes à ossements antédiluviens on trouve des mâchoires d'ours et de tigres pourvues de leurs canines formidables, façonnées de manière à constituer entre les mains·de l'homme une arme des plus dangereuses. » (Am. Pichot.)

Une poche de fronde en fibres de lin, recueillie à Cortaillod, en Suisse, nous prouve l'emploi dès les premiers âges des cailloux projetés au loin avec force. L'Écriture Sainte ne nous montre-t-elle pas plus tard le jeune David préludant à sa lutte contre le géant philistin Goliath, en chassant les bêtes avec sa fronde? Avant de délivrer sa patrie il avait déjà tué un ours et un lion.

Les hommes primitifs ont dû combattre également les grands animaux et les chasser, au moyen de lassos, de pièges, de lacets, et pour capturer l'aurochs, le lion, le tigre, l'ours, le sanglier, etc., se servir aussi de fosses habilement disposées avec des haies mortes ou vives pour les y conduire. Ce ne sont là cependant que des suppositions; la science moderne les déduit de l'étude comparée des engins en usage chez les peuples les moins avancés dans la civilisation, Botocudos, Boschimans, Veddahs, etc., chez lesquels on retrouve de nos jours les armes les plus primitives, haches de pierre taillées ou polies, massues en bois, flèches à pointes de silex.

Le musée de Saint-Germain possède un excellent spécimen d'un propulseur à crochet[1], arme préhistorique très curieuse, remontant à l'époque quaternaire. Il paraît démontré que les Magdaléniens s'en servaient contre les animaux sauvages, pour augmenter la portée et la force de leurs armes primitives, sagaies, javelots et harpons. Cet appareil de jet des plus ingénieux a été trouvé à Laugerie-Basse ; il provient de fouilles exécutées par MM. Lartet et Christy.

M. Adrien de Mortillet a publié dans la *Revue mensuelle de l'École d'Anthropologie de Paris* une description, texte et dessin, du plus haut intérêt, à propos de cette arme de jet.

Propulseur à crochet

J'emprunte à ce jeune savant la reproduction du dessin de ce propulseur préhistorique et je résume son intéressante étude.

« Cette pièce est formée d'une tige ou fût de corne de renne, munie à une de ses

1. Ces propulseurs à crochet étaient très employés par les anciens Mexicains ; ils sont souvent sur leurs vieux manuscrits, mais les pièces originales parvenues jusqu'à nous sont rares. (A. de Mortillet.)

RETOUR DE LA CHASSE A L'OURS, A L'AGE DE PIERRE

(Tableau de Cormon, au Musée de Saint-Germain)

extrémités d'un crochet, et couverte de sculptures et de gravures : au-dessous du crochet est sculptée une tête d'herbivore occupant trois des faces ; sur un des côtés est représenté, en faible relief, un renne dont les cornes sont nettement indiquées : à la base, une fine gravure semble représenter un poisson ; bien qu'incomplète, la pièce mesure encore plus de trente centimètres.

« Cet exemplaire n'est pas unique, il en existe un assez grand nombre, recueillis surtout dans les grottes préhistoriques du midi de la France. Remarque curieuse, le propulseur à crochet est encore en usage chez certains peuples peu civilisés. En Australie, les indigènes l'appellent woumera ; il constitue, avec le boumerang, les pièces les plus originales de leur armement. Dumont d'Urville a vu les Australiens, armés du propulseur, balancer un instant leur lance et la pousser avec une grande force et une étonnante

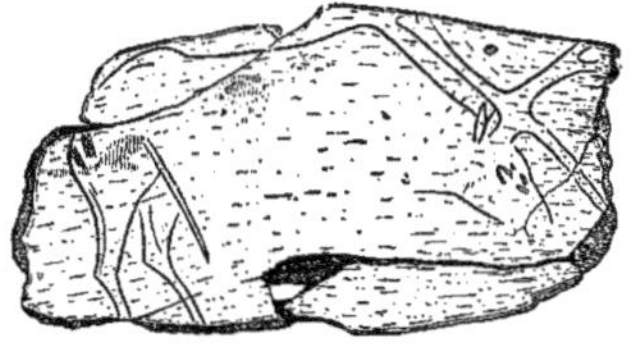
Renne blessé à l'articulation

justesse à d'incroyables distances, doublant ainsi la portée de leur arme. Quelques tribus indiennes du haut Amazone ont des propulseurs à crochet. Le musée ethnographique de Rome en possède un spécimen venant de l'Équateur et mesurant quarante-deux centimètres de longueur.

« Les anciens Mexicains, les peuplades du centre et du nord de l'Amérique, se sont servi également des mêmes armes de jet. Il est d'un usage commun chez les Esquimaux qui peuplent les vastes territoires qui s'étendent du Groenland au détroit de Behring, et s'attaquent aux baleines, aux morses, etc., etc. Leur longueur varie de quarante à cinquante centimètres : le propulseur esquimau, indien et australien est absolument le même que le propulseur préhistorique. »

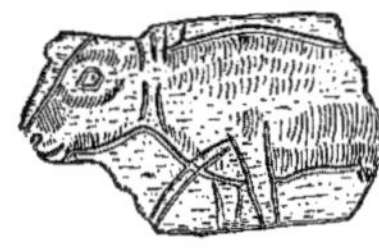
Vache blessée à l'articulation

Les premiers habitants de la terre, ne connaissant ni l'agriculture ni la domestication des animaux, étaient, nous l'avons dit, essentiellement chasseurs. Aussi les premières scènes gravées par eux représentent-elles exclusivement des sujets de chasse. Il existe beaucoup d'autres gravures primitives représentant, sinon des scènes complètes de chasse, sujets un peu complexes pour les artistes inexpérimentés de cette époque, du moins des figures individuelles d'animaux presque toujours blessés aux articulations : ce qui prouve que les chasseurs, se rendant compte de l'insuffisance de leurs armes pour donner la mort d'un seul coup, cherchaient, comme dans l'affût à l'aurochs, reproduit en tête de ce chapitre, à atteindre leur proie aux endroits les plus susceptibles de retarder leur course.

Dans les fouilles également de MM. Lartet et Christy, aux Eyzies (Dordogne), on a retrouvé une vertèbre de renne percée d'une pointe en silex restée dans l'os après avoir tué l'animal.

La lutte contre les animaux se modifia peu à peu ; ce qui n'était au début de l'apparition de l'homme qu'un combat pour assurer son existence et protéger sa faiblesse, devint bientôt chez les peuples civilisés un plaisir; la chasse avec ses règles, ses traditions, son entraînement, ne tarda pas à devenir l'école sinon l'émule de la guerre.

Les découvertes de la paléontologie démontrent que le chien dut être logiquement le premier animal dont l'homme ait cherché à s'assurer les services, et fut par suite le premier domestiqué. Sur ce point la science préhistorique est unanime : Buffon l'avait pressenti, quand il disait : « Le premier art de l'homme a été l'éducation du chien, et le fruit de cet art, la conquête et la possession paisible de toute la terre. »

Je ne saurais mieux faire que de résumer à propos du cheval et du faucon ce que disait M. Pichot dans sa conférence du 13 mars 1891 : « Lutte de l'homme contre les animaux ».

« Le cheval semble avoir existé jadis à l'état sauvage sur presque toute la surface de la terre; considéré d'abord comme un simple gibier, il fut ensuite, comme le chien, l'un des premiers animaux domestiqués. Avec ces auxiliaires, l'homme put transformer en art la lutte des premiers âges.

« Autre chose est d'attendre sournoisement, au coin d'un bois ou d'un sentier, un animal peu méfiant; autre chose est de reconnaître la piste d'un animal déjà loin de vous, de le suivre à travers fourrés et plaines, de le lancer, de déjouer ses ruses et de finir par le forcer à s'avouer vaincu. Il faut alors que l'art aide à la nature, que le chasseur mette à profit ses observations sur les mœurs et les habitudes des animaux, qu'il siffle son chien et enfourche son cheval, afin d'utiliser la finesse d'odorat de l'un et la vitesse des jambes de l'autre, pour pouvoir continuer une lutte dans laquelle il ne brillerait que par son infériorité. Telle fut l'origine de la vénerie!

« Bientôt, pour se rendre maître de l'oiseau, pour atteindre plus sûrement qu'avec l'arc et la flèche un but aussi mobile, une proie aussi rapide, l'homme réclama les services du faucon. Le chien, le cheval et le faucon, tels sont les trois principaux alliés qui, dès la plus haute antiquité, ont permis à l'homme d'assurer sa domination sur les animaux du globe. Les éléphants, les bêtes féroces même, lions et guépards, ont été réquisitionnés à leur tour et lui ont servi d'auxiliaires puissants, soit pour chasser, soit pour pouvoir se rendre maître des animaux de même espèce. »

Vertèbre de renne percée d'une pointe de silex

Chasse au boumérang et pêche (Collection du Vicomte de Rougé)

CHAPITRE II

PEUPLES ORIENTAUX

§ I. — LES ÉGYPTIENS

DE toutes les civilisations de l'antiquité classique la première et en même temps la plus intéressante qui s'offre à notre étude est sans contredit la civilisation égyptienne. Elle a de plus l'avantage de nous fournir, dès ses commencements, une foule de documents peints et sculptés; les hiéroglyphes qui les accompagnent nous en expliquent les scènes; ils ont permis par suite de reconstituer l'histoire intime et politique de ce peuple. Les représentations égyptiennes nous montrent les armes diverses qui servaient à la chasse : avec la lance, l'arc et la flèche on attaquait les grands fauves; le trident servait contre les reptiles et l'hippopotame; on utilisait surtout le harpon contre ce dernier, et, fait curieux, les nègres du haut Nil emploient encore aujourd'hui la même arme, sans que, depuis cinq mille ans, son appareil ait été sensiblement modifié.

Le lasso servait à prendre les gazelles, les bouquetins, les bœufs sauvages et les autruches, si recherchées déjà pour leurs plumes. On se servait de filets pour parquer dans un espace restreint un grand nombre d'animaux de toute espèce, rabattus par des chiens courants et que des chasseurs armés d'arcs et de flèches exterminaient ensuite. Dans son

Histoire de l'Art égyptien d'après les monuments, Prisse d'Avennes a relevé sur un bas-relief des nécropoles de Thèbes les deux scènes de chasse que nous reproduisons ici.

Prêtre égyptien

La première représente des hyènes, des chacals, des bœufs sauvages, des lièvres, des antilopes, des cygnes, etc., rabattus par des chiens dans l'enceinte de filets dont nous parlons. Un grand seigneur, peut-être un roi, lance une flèche dont l'extrémité plate et arrondie est surtout contondante, à moins qu'elle soit coupante, comme M. Léon Heusey en a trouvé un exemple dont nous parlons plus loin.

Près du chasseur se tient un serviteur qui maintient, à l'aide d'une laisse passée dans un collier, un chien à oreilles rabattues. Ce n'est pas un lévrier, mais bien un chien courant que l'artiste a voulu représenter. Le personnage principal est grand, le serviteur petit; remarquons une fois pour toutes que les artistes égyptiens indiquaient les positions sociales par des différences de taille.

La seconde scène de chasse provenant également de la nécropole de Thèbes, dix-huitième dynastie, représente un retour de chasse. Un grand personnage porte sur son dos une antilope que ses chiens viennent de prendre. Cette esquisse est d'une pureté et d'un fini hors pair.

Chasse à l'arc et au rabattage (Nécropole de Thèbes)

Chez les Égyptiens le goût de la chasse était partagé par toutes les castes de la nation. Montés sur des chars légers, ils perçaient avec leurs flèches et leurs javelots l'antilope, le léopard, le taureau sauvage et même le lion. Le roi Aménophis III tua cent deux lions pendant les dix premières années de son règne.

Un des plus savants disciples de l'illustre Champollion, M. le vicomte de Rougé, a communiqué au *Sport*, en 1865, la note suivante :

« Le tombeau d'un des plus anciens rois de Thèbes, Antef, dont l'érection remonte à plus de cinq mille ans, représente ce roi chasseur entouré de sa meute. Haut sur pattes, râblé, bien établi, l'oreille pendante et courte, le chien courant d'Antef représente à peu près le staghound actuel, s'il n'était défiguré par une queue en trompette qui caresse les reins de trop près : son aspect donne l'idée d'une extrême vigueur.

« Les quatre chiens favoris d'Antef se nommaient Bakuta, Abaker[1], Pahtès, Pakaro : une inscription près du premier nous apprend qu'il était excellent pour

Retour de chasse (Nécropole de Thèbes)

l'antilope, ce qui prouve que ce n'était pas seulement avec des lévriers, comme cela se pratique aujourd'hui dans le désert, que chassait le vieux roi thébain. »

Les peintures murales reproduites ici permettent de distinguer certaines couleurs de chiens courants. On en trouve de noirs et feu, de blancs et orangés : nous pouvons reconnaître des bassets, chien et lice portière, à marques détachées et à jambes torses, fait attestant l'ancienneté de cette précieuse race, et qui n'a jamais été remarqué, puisqu'on la croyait primitivement due à un perfectionnement d'élevage ayant pour but de diminuer la vitesse. Les divers croisements qu'on rencontre dans cette collec-

Tombeau du roi Antef

Chiens égyptiens

tion de chiens permettraient de croire que les Égyptiens ont été capables de créer des races. Nous y voyons des lévriers de différentes tailles avec ou sans collier ; puis un chien assis et moucheté qui paraît issu d'un croisement entre alan et lévrier ; plus loin deux lévriers, dont

---

1. Abaker veut dire *sloughi* (ou lévrier) : c'est le même mot employé encore chez les Berbères pour désigner le même chien. (MASPÉRO, de l'Institut.)

l'un est moucheté, sont conduits couplés par un valet de chiens en face duquel s'avance une grande bassette à la tête pointue et aux oreilles droites : au-dessous un alan blanc, superbe de forme et de facture, précédé par deux jeunes élèves, semble regarder fièrement un grand chien courant à oreilles courtes et plates, assis dans une pose pleine de dignité. A l'article qui concerne Gaston Phœbus, nous reproduisons, d'après un manuscrit de la Bibliothèque Nationale, un alan blanc en tout point ressemblant au molosse égyptien ; il est curieux de retrouver absolument le même chien à plus de trois mille ans de distance et dans des pays aussi éloignés l'un de l'autre.

Le chien qui suit nous semblerait devoir être le produit du croisement du lévrier moucheté et de l'alan. Sa robe offre de l'analogie avec celle des chiens gascons actuels ; sa poitrine est profonde ; son encolure longue et sa tête fine sont celles du lévrier ; il semble unir la force à la légèreté. Derrière lui, un chasseur s'apprête à décocher un trait ; son arc est bandé à fond ; l'attitude du chien semble être celle d'un chien couchant qui arrête, la tête et le nez hauts. Dans la partie inférieure, deux chiens à manteau noir, se faisant face l'un à l'autre, regardent un esclave qui porte sur ses épaules une sorte de balance ; dans l'un des plateaux on croit reconnaître un porc-épic couché sur le dos.

Chiens égyptiens

Les Égyptiens dressaient aussi des lions à prendre des bouquetins et des gazelles ; le chat lui-même, cet animal pour lequel ils avaient une profonde vénération, était employé à rapporter les oiseaux atteints par ces bâtons courts, plats, légèrement recourbés, qui, lancés par eux avec une extrême adresse, manquaient rarement leur but. Ils les appelaient du nom de schbot. Nous retrouvons de nos jours chez les sauvages de l'Australie ce même bâton, nommé boumerang, et servant au même usage. Nous ne décrirons pas cette fresque qui s'explique d'elle-même.

Nous reproduisons en tête de ce chapitre une fresque égyptienne tirée du cabinet du vicomte de Rougé : deux esclaves armés sont assis ; dans la même collection il nous a été donné d'admirer une autre peinture représentant des pêcheurs montés dans d'élégants bateaux dont la proue et la poupe recourbées sont ornées de fleurs de lotus. Ils tendent des filets dans le Nil, tandis que leurs compagnons, armés d'un harpon muni d'un dévidoir et d'une longue corde, frappent des hippopotames. Ailleurs un oiseleur dissimulé derrière une haie de lotus en fleurs élève de la main gauche plusieurs couples d'appelants, tandis que de la main droite, comme celui figuré ici, il brandit un schbot, s'apprêtant à le lancer au milieu d'une bande d'oiseaux accourue aux cris des appelants.

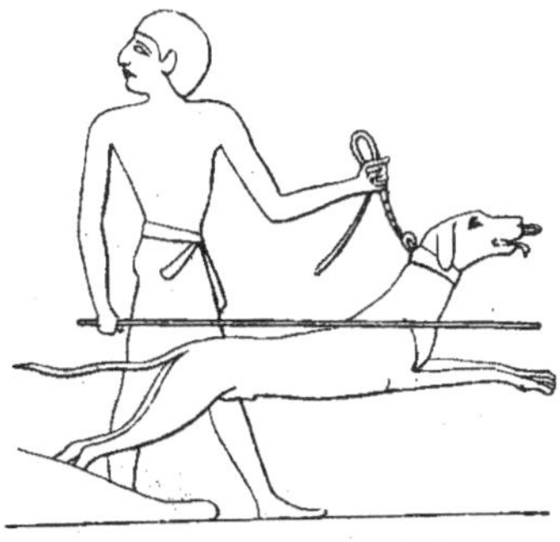

Lévrier égyptien, peinture murale

Dans son livre intitulé : *Alexandrie et Le Caire,* Ebers nous dit : « Ce n'est pas seulement sur l'eau, c'est dans le désert que la passion de la chasse conduit les nobles de ce temps. Au Mastabba de Phtah Hotep, le maître est représenté de haute taille et devant lui une série de peintures qui nous rendent témoins de toutes ses récréations... » On y voit

Tribu libyenne ou asiatique en expédition (Musée du Louvre [1])

les animaux qu'il poursuivait avec ses chasseurs. « Dans le tombeau de Ti on distingue un cerf... Le serviteur Khnoumhotep amène par une laisse enroulée autour de sa main les chiens favoris de son maître, qui ne doivent pas manquer même au plaisir qu'il a dans l'intérieur de la maison. »

---

1. Extrait de la *Revue archéologique* et reproduit avec la bienveillante autorisation de M. Léon Heuzey.

Dans la *Revue archéologique*, numéros de mars et avril 1890, M. Léon Heuzey a publié, avec texte explicatif que je résume ici, la reproduction d'un fragment d'une plaque sculptée faisant partie d'un plateau de schiste dur de forme oblongue et de couleur vert foncé.

Suivant ce docte conservateur du musée du Louvre, où se trouve cette pièce, ce serait la représentation d'une tribu guerrière asiatique en expédition.

Un autre savant, M. Maspero, est porté à croire que cette peuplade appartient à des auxiliaires africains vivant dans la clientèle militaire de l'Égypte.

La forme des armes, le casse-tête terminé par une boule sphérique probablement en pierre, le boumerang, la lance, l'arc à forme contournée, et surtout la flèche coupante posée sur la corde de son arc par le guerrier d'avant-garde, nous semblent intéressants à étudier. Si cette flèche devait pénétrer moins profondément que la flèche pointue, elle devait, en coupant les tendons, les muscles, les veines, faire de cruelles blessures.

D'après M. Heuzey, il existe des spécimens de ces flèches coupantes conservés dans les collections égyptiennes. Le bout tranchant est toujours en pierre, agate ou silex. Wilkinson prétend que les Égyptiens s'en servaient surtout pour la chasse.

Tout en marchant à l'ennemi, la tribu nous semble se livrer aux plaisirs de la chasse : d'un côté nous voyons un lièvre, de l'autre un animal de la famille des capridés et qui semble blessé.

En terminant ce chapitre, il nous a paru intéressant au point de vue historique et et ethnographique de reproduire ici les portraits d'un prince égyptien de la troisième dynastie, Rahotpou et sa femme la princesse Nofrit, dont les statues, retrouvées intactes par Mariette à Méidoum, dénotent déjà un art consommé. Celle de la princesse, dit le vicomte J. de Rougé, « peut être considérée comme un chef-d'œuvre de la statuaire égyptienne ». Remarquons avec M. Georges Perrot que « le profil de ces statues rappelle, avec leur nez aquilin et leurs lèvres minces, la race sémitique plutôt que la race égyptienne ». D'où nous pourrions conclure que l'Égypte était alors gouvernée par des rois conquérants venus d'Asie.

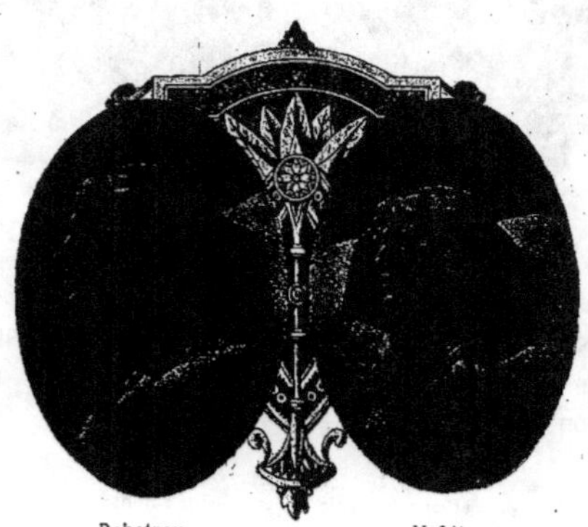

Rahotpou   Nofrit

Chasse d'un roi assyrien (Bas-relief du Musée du Louvre)

§ II. — LA CHASSE CHEZ LES ASSYRIENS

L A civilisation des vallées du Tigre et de l'Euphrate s'est développée un peu plus tard : elle a emprunté à sa devancière la plupart de ses procédés; l'art assyrien, imparfaitement connu autrefois, nous a été révélé par les fouilles exécutées en 1842 par M. Botta, consul de France à Mossoul; après mille difficultés, il parvint à explorer le palais de Korsabad, bâti par Sargon ou Salmanazar, roi de Ninive; deux ans plus tard, les ruines surprenantes du palais de Nemrod, édifié par Sardanapal, furent fouillées par un savant anglais : les découvertes de ces explorateurs enrichissent aujourd'hui les musées de Paris et de Londres. Par la comparaison des monuments figurés assyriens avec ceux des Égyptiens, on est forcé de conclure que les premiers ont copié leurs devanciers. M. de Mortillet cite à ce propos le fait suivant : « L'Égyptien qui rapporte le produit de sa chasse a une gazelle sur le dos. Eh bien, le même sujet exactement avec les deux mêmes animaux se trouve dans les bas-reliefs sargonides. La seule différence dans la composition du tableau, c'est que l'Égyptien tient le lièvre par les oreilles, tandis que l'Assyrien le porte par les pattes de derrière. »

Le continuateur de Botta, Place, dans *Ninive et Assyrie*, nous fournit des détails très circonstanciés sur les chasses assyriennes. Elles sont surtout représentées dans les palais des rois passionnés pour l'attaque du lion. Il semble que le fait d'abattre un lion, l'animal le plus fort, le plus dangereux de son pays, était, pour le roi babylonien ou ninivite, l'attribut de sa puissance. « Aussi voyons-nous, dit de Mortillet, au musée du Louvre, des colosses venant de Korsabad personnifiant la royauté, et tenant sous le bras gauche un lion dompté, tandis qu'ils ont à la main droite une lanière pour corriger l'animal, s'il lui arrivait d'avoir quelque velléité d'indépendance. » Nous reproduisons ici, d'après le monument conservé au Louvre, le héros Gilatamech, qui nous semble représenter l'hercule assyrien.

Un bas-relief assyrien nous montre un roi debout sur son char, l'arc tendu. Une lionne atteinte de deux flèches au cœur est étendue morte sur le sol. Le lion, percé de deux flèches dans des parties du corps où les blessures ne sont pas foudroyantes, s'élance contre le char. Le roi, qui vient de le blesser, poursuit tranquillement sa chasse ; entraîné par le galop rapide de ses coursiers, il laisse à deux esclaves placés en arrière le soin de supporter l'attaque violente de son adversaire et de l'achever avec leurs lances. Ce dessin, emprunté au palais de Salmanazar, est, comme mouvement et exécution, de toute beauté ; il est aussi d'un intérêt très particulier au point de vue des armes, de la forme des chars, des chevaux et de leur harnachement, enfin du costume de chasse des rois et de leurs serviteurs.

Le musée du Louvre nous offre le plâtre d'une scène analogue avec, en plus, deux cymbaliers qui font grand tapage et suivent la chasse probablement pour exciter et étourdir les fauves, ou attirer leur attention.

Un autre bas-relief nous initie à une chasse au cerf, blessé d'abord au flanc et au défaut de l'épaule, puis rabattu dans une piste bordée de filets et d'entreillagements. Le British Museum conserve également deux chasses à l'onagre.

Dans la première, deux de ces ânes sauvages sont représentés percés de flèches : l'un d'eux est mort ; l'autre, atteint par deux énormes chiens munis de colliers, ne va pas tarder à s'abattre. Dans la seconde scène, le quadrupède est pris vivant au moyen de deux lassos et emmené malgré

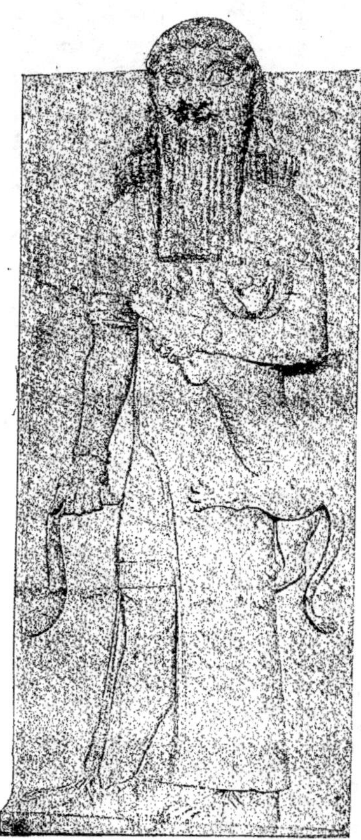

Le héros Gilatamech (Musée du Louvre)

sa résistance par des chasseurs, qui se tiennent prudemment, comme le fait remarquer M. de Mortillet, « à l'abri des ruades ».

Les grands seigneurs assyriens ne dédaignaient pas la chasse à l'oiseau avec l'appelant ; nous en avons vu plusieurs reproductions dans les divers musées.

Ces bas-reliefs « nous montrent que les arcs employés par les Assyriens avaient une

LES CHIENS D'ASSHURBANIPAL

Bas-relief en marbre provenant du palais de Kougrnyak (*British Museum*)

tension très puissante, et que les chasseurs étaient on ne peut plus vigoureux. Nulle part on ne voit pénétrer les flèches dans le corps comme dans ces représentations. S'il n'y a pas exagération de la part de l'artiste, nous sommes forcés de reconnaître que les Assyriens, du reste si bien musclés dans leurs sculptures, jouissaient d'une force tout à fait exceptionnelle. » (Mortillet.)

Chasse d'Asshurbanipal (British Museum)

Sans parler de Nemrod, premier roi de Babylone, dont la Bible nous dit, non sans l'en louer, qu'il fut « grand chasseur devant le Seigneur », nous pouvons affirmer que ces peuples, Chaldéens, Ninivites, Babyloniens, Mésopotamiens, etc., etc., furent passionnés pour la chasse et qu'ils la pratiquèrent en maîtres.

Le conquérant ninivite Asshurbanipal fut grand chasseur. Il se vantait d'avoir tué de sa main plusieurs lions. « Dans une de mes chasses, dit-il, j'ai pris par la queue un lion, et avec l'aide du Dieu Nergat, qui me protégeait, je lui ai brisé le crâne d'un coup de massue. » C'était peut-être un lion sortant d'une cage dont un homme venait d'ouvrir la porte : capturés dans des fosses et renfermés ensuite dans des cages à portes mobiles, ces fauves servaient aux plaisirs des rois assyriens.

Chassé au filet (Bas-relief assyrien au British Museum)

Onagres pris au lasso (Bas-relief assyrien au British Museum)

Le bas-relief qui a servi à exécuter cette gravure est conservé au Musée Britannique. Asshurbanipal chassait dans les grandes plaines de son vaste empire, tantôt à cheval, tantôt sur un char de guerre ; il s'amusait aussi à tuer à coups de flèches les animaux sauvages dont on remplissait ses parcs. Les Assyriens se servaient de chiens énormes pour chasser les animaux sauvages. Un bas-relief représente ceux qui servaient à Asshurbanipal, leur aspect démontre assez leur puissance et leur férocité. L'art assyrien nous a légué des chefs-d'œuvre de sculpture : les bas-reliefs qui représentent les chiens, les chevaux, les chasseurs et les bêtes féroces sont surtout remarquables. Cette lionne percée de flèches qui se relève sur ses pattes de devant en rugissant de douleur, et dont l'arrière-train déjà paralysé est rendu avec une si parfaite vérité, n'est-elle pas un chef-d'œuvre?

La lionne blessée (Bas-relief assyrien au British Museum)

§ III. — PERSES, HÉTÉENS, HÉBREUX, PHÉNICIENS

LES Perses, voisins des populations assyriennes, plus tard leurs conquérants sous Cyrus et sous Darius, ne le cédaient en rien aux Assyriens; ce dernier monarque fut un des grands chasseurs de l'antiquité. Il voulut qu'on gravât ces mots sur son tombeau : « J'aimais mes amis, je fus excellent cavalier, excellent chasseur, rien ne m'était impossible. »

Hérodote nous énumère les chiens employés par Cyrus et dont Pline nous a appris les étonnantes qualités, « dédaignant pour ainsi dire les cerfs et les sangliers pour n'attaquer guère que les lions et les éléphants ».

Tirée de l'Inde, cette race existe encore dans l'Hymalaya.

Buffon prétend en avoir vu un de la taille d'un âne, « qui, assis, pouvait mesurer cinq pieds de hauteur ».

Cyrus entretenait un nombre si considérable de ces chiens indiens et assyriens « que quatre des principales villes de son royaume étaient chargées de les nourrir et pour cette cause exemptes d'impôts ». (SAINT-PALAYE.)

Les Perses attaquaient à pied des animaux enfermés dans de vastes parcs appelés *paradis* et forçaient à cheval cerfs, sangliers et gazelles. Chez eux, cet exercice était à la hauteur d'une institution nationale. Les jeunes gens y étaient conduits par leurs maîtres, qui les rassemblaient au son d'un instrument d'airain. Plus tard, les traditions des Perses Achéménides furent recueillies par les Parthes et les Sassanides; de nombreux bas-reliefs et autres monuments nous représentent les rois sassanides à leur chasse; nous citerons, entre autres, la célèbre coupe du roi Firouz, conservée dans la collection de Luynes au Cabinet des médailles. Dans aucune contrée de l'Orient, la chasse des animaux sauvages, rassemblés dans des parcs au moyen de rabatteurs, ne fut pratiquée avec plus de luxe que

Scène de chasse (Bas-relief hétéen [1])

par les rois perses de la dynastie des Sassanides. Des milliers d'hommes étaient employés à rabattre les cerfs, les sangliers, les loups, dans des enceintes entourées de filets ou de palissades; souvent les traques commençaient à vingt lieues du parc où les animaux devaient être rassemblés pour les plaisirs du roi. La coupe de Firouz nous représente une chasse de ce genre : c'est une scène pleine d'intérêt pour l'histoire qui nous occupe.

Le musée du Louvre vient de s'enrichir d'un bas-relief attribué à ce peuple mystérieux qui occupait la Palestine avant les Hébreux et que l'on ne connaît guère que depuis une vingtaine d'années. Les savants anglais appellent ce peuple les Hittites; en France, on dit les Hétéens ou Hétiens. Très rares, les sculptures hétéennes que l'on possède portent toutes un cachet bien curieux de réalisme, inhabile parfois, mais toujours naïf et sincère.

[1]. Ce bas-relief a été trouvé dans la région du haut Euphrate et de l'Arménie turque moderne. Par l'écriture et par le style, il appartient bien à la classe des monuments que l'on appelle aujourd'hui *hétéens*, d'un nom, suivant moi, très arbitraire. Cet art est celui de la haute Syrie et de la Cappadoce, dérivé de l'art babylonien et assyrien, dont il offre une forme rustique. (Léon Heuzey.)

LA COUPE DU ROI FIROUZ

Collection de Luynes (*Cabinet des Médailles*)

La façon de chasser de ce peuple, comme son art, n'est pas sans se ressentir de sa position géographique. Quand de nouvelles découvertes auront permis de déchiffrer les inscriptions qui entourent ce bas-relief, peut-être aura-t-on une autre explication de cette similitude. Nous avons à remercier M. Heuzey de nous avoir communiqué ce document.

L'Histoire Sainte ne mentionne qu'Ésaü comme ardent chasseur ; la Bible ne parle pas de la chasse, qui était proscrite par la loi de Moïse. Elle était néanmoins pratiquée par les bergers pour préserver leurs troupeaux des attaques des bêtes féroces.

David simple pâtre s'était flatté devant Saül d'avoir tué un lion et un ours ; aussi n'hésita-t-il pas à relever le défi porté au peuple hébreu par le géant philistin.

« David choisit dans le torrent cinq pierres polies et, tenant à la main sa fronde, il marcha contre Goliath. »

Une coupe phénicienne bien connue a, par ses ornementations, sa place marquée ici. Les Phéniciens ayant entretenu de bonne heure des relations commerciales avec les Égyptiens, il est tout naturel qu'ils leur aient emprunté l'art et le goût de la chasse.

La curieuse mosaïque de Tyr conservée au musée du Louvre représente les animaux qui servaient à leurs plaisirs : le lion, le loup, le cerf, le renard, etc., etc. On y voit même un faucon *liant* une perdrix et divers chiens courants avec ou sans collier.

Au centre de la mosaïque l'artiste a dessiné une croix : deux enfants, placés à gauche et à droite de la croix, semblent, l'un jouer du flageolet, l'autre danser. Certains savants affirment que dans les monuments figurés des tribus *aryennes*, la représentation d'une croix variant de forme est le cachet de leur race.

Patère de Palestrina

Chiens croisés (Vase étrusque)

CHAPITRE III

LES ANCIENS PEUPLES D'OCCIDENT

§ I. — LES GRECS

EN nous initiant aux chasses des premiers peuples, les découvertes préhistoriques, les sculptures et les peintures égyptiennes, assyriennes et autres, ne nous en ont qu'indirectement appris les règles. La chasse, comme art et comme science, ne nous est révélée d'une façon certaine que par les écrits des auteurs cynégétiques.

Le premier ouvrage connu traitant ce sujet a été écrit par Xénophon, il est intitulé *La Cynégétique*. Il est de beaucoup le plus complet et le plus remarquable des temps anciens.

Vivant environ 400 ans avant Jésus-Christ, Xénophon, tout à la fois héros célèbre, politique habile, philosophe profond et écrivain judicieux, joint dans ce traité la grâce du style, la beauté des descriptions, la justesse des pensées, à la sagesse des leçons qu'il donne aux Grecs ses contemporains. S'il s'est trompé, ce n'est, comme le

Diane, vase de Conversano en Puglia
(Musée national de Naples)

prouve M. de Mortillet, qu'en attribuant à Apollon et à sa sœur Diane l'invention de la chasse. Méléagre, fils d'Œnée, roi de Calydon, dut la mort à son amour pour la chasse, après la victoire sur le sanglier de Calydon. Le bel Adonis fut tué par un sanglier, Actéon dévoré par ses chiens ; Céphale y tua sa chère Procris.

« La chasse, écrit Xénophon, offre la plus grande utilité aux partisans zélés de cet

La chasse de Méléagre

exercice ; ils y développent leur santé, apprennent à mieux voir et à mieux entendre, et ils oublient de vieillir ; mais c'est avant tout pour eux l'école de la guerre. »

« Il faut lire, dit Charles Nodier, ce qu'il dit des ruses employées à la chasse, des filets, des lacs, des pièges qu'on tend aux animaux ; les observations qu'il fait sur le choix des chiens, sur la manière de les dresser, d'en perpétuer les races quand elles sont bonnes ; sur ce qu'il convient de leur dire afin qu'on puisse plus aisément les rappeler et les remettre sur les voies. Rien de si agréable et de si animé que ces descriptions de la chasse du lièvre, du cerf et du sanglier ; on croirait en avoir le spectacle sous les yeux. »

Vase d'Androcidès

Pour ce qui concerne la forme du chien apte à la chasse à courre, on dirait que les points indiqués par l'illustre écrivain sont l'œuvre d'un de nos meilleurs connaisseurs modernes. « Il doit être, dit Xénophon, léger, bien porportionné, alerte, bien gorgé, collé à la voie ; la tête doit être courte et nerveuse, le front haut, large et ridé, les yeux noirs et brillants, le cou long et souple, la poitrine large, les reins charnus, les hanches arrondies, la queue droite, longue et fine, les cuisses musclées et les pieds ronds. » Selon lui, il ne fallait se servir des jeunes chiens qu'à l'âge de huit mois, et le

5

veneur devait les retenir avec de longues courroies, de peur que la trop grande ardeur à courir ne leur fît mal. Il n'oublie aucun détail; il veut pour les chiens des noms courts, « afin qu'on les puisse rappeler plus facilement ». Il en a dressé une longue liste : « Psyché, qui signifie l'âme ; Thymus, le courage ; Poyrax, l'agrafe ; Styrax, la pointe ;

Diane à la biche (Musée du Louvre)

Lonchè, la lance ; Rhomè, la vigueur ; Getheus, le joyeux ; Taxis, l'ordonnance ; Xiphon, le glaive ; Phonex, le meurtrier ; Teuchon, l'attrapeur ; Hyleus, le sauvage ; Chara, la joie ; Porthon, le ravageur ; Hébé, la jeunesse » ; et quantité d'autres noms analogues qui rempliraient cette page.

Les Grecs estimaient beaucoup les chiens indiens, ceux de Sparte, de Crète et les locriens : avec ces chiens, les Spartiates et les Macédoniens, non seulement couraient le lièvre, le cerf, le sanglier, chassaient l'ours et la panthère, mais ils attaquaient le lion, qu'on trouvait encore en Grèce à cette époque.

Pour ces fauves ils se servaient surtout des chiens indiens, « si ardents, dit Strabon, qu'ils ne lâchaient prise lors même qu'on leur coupait la jambe ».

Leurs armes étaient le javelot, la flèche et l'épieu muni d'une large pointe aiguisée.

Le vase d'Androcidès, dont nous reproduisons ici un fragment, nous laisse supposer que la chasse n'était pas seulement le plaisir des hommes dans un pays où les jeunes filles se livraient à tous les exercices du corps et en particulier à l'équitation.

Plutarque, dans sa *Vie d'Alexandre*, raconte que Cratenus, un de ses lieutenants, fit exécuter, après la conquête de l'Asie, un bas-relief en bronze représentant un lion, des chiens, le roi combattant le lion, et lui-même venant au secours du monarque. Alexandre est représenté avec sa cuirasse, monté sur un cheval fougueux, courant le lion.

Les Grecs et les Romains chassaient ce fauve de différentes façons, mais d'une surtout qui m'a paru originale. Les sépulcres des Nasons nous en ont conservé une représentation. Huit hommes armés de grands boucliers combattent contre deux lions. « L'adresse de l'un des veneurs paraît, nous dit Montfaucon *(Antiquité expliquée)*, en ce qu'étant terrassé, tout couché qu'il est, il couvre tellement son corps de son bouclier que le lion ne sait où mordre. »

Certains Cafres, les Kaal Kaffers, qui habitent le Cap, procèdent encore aujourd'hui de la même façon. Quand ils savent un lion quelque part, « ils se réunissent en certain nombre. L'un d'eux, porteur d'un bouclier concave à l'intérieur et plus grand que lui, va provoquer l'animal et le blesser avec sa sagaie. Celui-ci, furieux, se précipite contre son agresseur. Mais le Cafre a soin de se coucher immédiatement à terre sur le dos, recouvrant tout son corps avec son bouclier, dont il appuie fortement les bords contre le sol. Le

Chasse au lion (Sépulcre des Nasons)

bouclier est en solide peau de buffle, dure et épaisse, n'offrant aucune prise aux griffes et aux dents du lion. Les autres chasseurs se rapprochent de l'animal et le criblent de sagaies, pendant que, de plus en plus furieux, il s'obstine vainement à vouloir se venger du premier agresseur. » (MORTILLET.)

Chasse du tigre au miroir (Sépulcre des Nasons)

La manière de chasser le tigre avec un miroir, que Montfaucon nous révèle ensuite, avec scène à l'appui provenant également des sépulcres des Nasons, n'est, il faut l'avouer, pas moins originale, et je déclare qu'avant de lire ces lignes, je n'eusse jamais imaginé de chasse au miroir autre que celle des alouettes.

Deux tigres sont attaqués par dix chasseurs tous armés de javelots et de grands boucliers (pour s'abriter, comme nous venons de le dire, en cas de danger). L'un des tigres est déjà abattu les quatre pieds en l'air ; l'autre, au lieu de s'enfuir pour éviter le même sort, a un miroir mis là exprès pour le tromper et lui faire croire que l'image représentée est un autre tigre. En même temps qu'il s'y arrête l'un des veneurs se dispose à lui porter un coup de javelot. La chasse au tigre avec le miroir était anciennement en usage, comme nous l'apprend Claudien, dont les vers rapportés par Le Bellori à l'occasion de cette image l'expliquent fort bien. « La tigresse, dit-il, à laquelle un cavalier a enlevé ses petits pour les porter au roi de Perse, court en furie sur le mont Niphate; elle va plus vite que le vent; sa fureur se répand même sur les taches qui varient sa peau et les fait changer de couleur; mais lorsqu'elle est sur le point de dévorer cet homme, elle trouve un miroir qui l'arrête par la représentation de sa propre image et qui retarde l'impétuosité de sa course. »

Les sépulcres des Nasons nous fournissent une autre chasse au tigre qui dénote la

Retour de chasse (Vase grec)

hardiesse déployée à ces époques-là pour pourvoir d'animaux d'abord les *paradis* des rois et plus tard les amphithéâtres. Trois tigres en furie sortent contre les chasseurs. La tigresse démonte l'un des cavaliers et s'attache au cheval, qu'elle renverse à terre pour l'étrangler. Trois cavaliers fuient devant les tigres pour se jeter dans une barque qui les attend au bord de la mer; l'un des cavaliers semble faire signe au cavalier démonté de lâcher le petit tigre qu'il a tiré de la tanière, afin que la mère, s'y arrêtant, cesse la poursuite.

« Les tigresses, dit Pline, trouvant leurs tanières vides, courent à la piste après les chasseurs. Les mâles ne se mettent guère en peine de leurs petits. Lorsque celui qui emporte les petits voit approcher la mère, il en lâche un; elle le prend avec les dents et le rapporte encore plus vite que devant, bien loin que ce poids retarde sa marche; elle revient après à la poursuite; cependant le chasseur se jette dans la barque, et la tigresse, que la vengeance anime frémit en vain au bord de l'eau. »

Dans la *Revue Archéologique*, publiée sous la direction de MM. Bertrand et Perrot, membres de l'Institut, M. C. Fossey a publié une curieuse étude sur plusieurs vases grecs inédits, représentant des scènes de chasse.

Le premier, portant la signature d'un peintre attique, « Tléson, fils de Narchos », représente un retour de chasse. Précédé d'un lévrier blanc, le chasseur porte sur ses épaules un lièvre et un renard suspendus à un épieu rouge ; le chasseur, dont la barbe et les cheveux sont également rouges, est vêtu d'une tunique courte et quadrillée.

Un autre vase semble développer le même sujet. Accompagné d'un lévrier, le chasseur porte sur l'épaule droite, suspendus à un bâton, un lièvre et un renard ; les deux personnages qui accompagnent le groupe sont appuyés sur de longs bâtons : ils semblent avoir attendu l'arrivée du chasseur : une riche et longue tunique, dont les pans sont rejetés sur le seul bras resté libre, couvre entièrement leur corps. Ces deux scènes nous ont paru d'un réel intérêt, au point de vue de la chasse pratiquée par les Grecs, comme à celui du costume adopté par les veneurs de ce pays et de cette époque[1].

§ II. — LES ÉTRUSQUES

L ES Pélasges, ces Indo-Germains qui en même temps que la Grèce vinrent peupler l'Italie, furent les premiers chasseurs de la Péninsule, et les Étrusques, qui passent pour leurs descendants, ont souvent reproduit les prouesses cynégétiques de leurs ancêtres.

---

1. Extrait de la *Revue Archéologique* et reproduit avec la bienveillante autorisation de M. Bertrand.

Dans son livre *L'Italie avant la domination romaine*, traduit de l'italien en français par M. Raoul Rochette, M. J. Micalli nous en offre trois échantillons.

1° Une plaque de bronze d'une seule pièce ciselée en bas-relief et du plus ancien style, ayant appartenu à un char votif, sur le bois duquel elle devait être retenue par des clous, nous fait assister à une chasse au sanglier. L'animal, assailli par deux chiens de force, a la gorge percée par un épieu; derrière le premier veneur, un serviteur tient un chien en laisse; un animal fantastique, peut-être un cheval marin, suit le molosse. Dans l'autre partie, deux archers en tunique courte, armés d'arcs, précèdent une femme dont la longe chevelure est dénouée et qui porte des nageoires au dos et sous le ventre. Que signifie cette espèce de sirène? — Il manque une partie de cette pièce, trouvée en 1812 près de Pérouse et acquise par un savant italien, M. Ed. Dodwel.

2° Un vase étrusque découvert, en 1809, dans les sépulcres de Tarquinie en présence

Scène de chasse (Bronze étrusque)

de M. Micalli, qui se l'est approprié, et dont la frise, peinte en noir et finement dessinée sur un fond de couleur naturelle d'argile rougeâtre, ne nous semble pas moins intéressante que le bronze précédent au point de vue de la forme des chiens aux prises avec un sanglier, un cerf et un aurochs.

Les anciens, pour augmenter les qualités de leurs chiens, en croisaient, dit-on, les lices avec des fauves (loup, lion, tigre); nous nous demandons si nous ne sommes pas en face de quelques-uns de ces animaux, à moins que ce ne soit excentricité d'artiste. Je ne parle pas du guépard, trop facile à reconnaître.

3° Un fragment de vase de même provenance, trouvé à Arezzo, nous offre des chiens de race complètement différente, qui tiendraient du lévrier avec des colliers d'importation égyptienne.

L'analogie qu'on peut remarquer entre ces dessins et ceux des vases grecs s'explique par l'influence que l'art grec a de bonne heure exercée sur l'art étrusque.

Sans doute, les Pélasges ont donné le premier essor à l'art italiote; mais la civilisation grecque a pénétré en Toscane dès le cinquième siècle, et c'est à son contact que les artistes étrusques ont produit leurs œuvres les plus remarquables. Corinthe paraît avoir été la première ville de la Grèce où se soit constituée une grande école de céramique artistique.

§ III. — LES ROMAINS

Les Romains, dont l'action civilisatrice empruntée à la Grèce ne tarda pas à s'emparer du monde entier, adoptèrent relativement tard les traditions de leurs maîtres et devanciers.

Ce fut seulement sous les Scipions, deux siècles environ avant notre ère, que se développa chez eux le goût de la chasse. Diane en resta la déesse et vit les Romains lui élever des autels. Les patriciens, maîtres de Rome, et après eux les empereurs, cultivèrent ce noble exercice avec autant de passion que les peuples orientaux, et comme eux, les Romains nous laissèrent sur leurs monuments des témoignages de leurs prouesses cynégétiques.

Pour n'en citer qu'un exemple, l'arc de Constantin nous représente plusieurs fois l'empereur Trajan : d'abord partant pour la chasse accompagné de trois amis ou serviteurs armés de cette lance appelée *venabulum*; une autre fois chassant l'ours; puis, avec un *nimbus* autour de la tête, levant son arme contre un sanglier. Huit fois sur dix, ces bas-reliefs représentent des chasses au sanglier, dont les Romains aimaient beaucoup la chair : *Animal propter convivia natum,* disait Juvénal. (*Sat.,* I, 142.)

Comme les Grecs : *Agitabant cervum, capream, damam, aprum, lupum, leporem, vulpem, aliquando herem,* soit dans les parcs où ils étaient tenus en réserve, soit en pleine campagne; ou encore parfois on entourait de rets et de palissades les lieux fréquentés par le gros gibier. Les sépulcres des Nasons nous en fournissent un exemple où nous voyons mis en pratique les conseils de Xénophon : nous remarquons en effet un chasseur qui tient avec une double courroie son jeune chien, « de peur que sa trop grande ardeur à courir ne lui fasse mal ».

Malgré ces deux manières de chasser, la chasse au gros gibier ne fut longtemps pour les Romains, au dire de Montfaucon, « qu'un exercice d'amphithéâtre et de cirque où l'on faisait battre des bêtes contre des bêtes, ou contre des criminels condamnés au supplice, ou contre des hommes à gages, ou contre des hommes qui se présentaient volontiers pour faire montre de leur force et de leur adresse ».

Ces *tueries* étaient indignes de porter le nom de chasses, comme le fait justement remarquer dans sa thèse *De Venatione apud Romanos* le comte Baguenault de Puchesse, en citant ce passage de Tullius : *Quæ potest esse homini polito delectatio, cum aut homo imbecillus a valentissima bestia laniatur, aut præclara bestia venabulo transverberatur ?*

Chasse du cerf au filet (Sépulcre des Nasons)

Nous mentionnons sans nous y étendre ce genre de spectacle, après tout aussi attrayant que les courses de taureaux actuelles, à coup sûr aussi émouvant quand il s'agissait de combats avec les fauves les plus robustes et les plus féroces.

Comme les Grecs, les Romains eurent pour enseigner la chasse des écrivains chasseurs, et pour la chanter les plus illustres de leurs poètes. Si tous les auteurs latins ne l'ont pas pratiquée, tous en ont parlé. Parmi eux, le consul Arrien, vivant sous Adrien, écrivit le traité *De Venatione,* qui lui valut le surnom de Xénophon le Jeune. Entre autres détails, il nous a laissé, dans son troisième chapitre, la description d'une espèce de chiens gaulois excellents pour le *rapprocher* et le *lancer.* Il parle avec passion de la vénerie, conseille aux Romains de dédaigner la chasse aux filets, leur enseigne la manière de chasser le lièvre avec des chiens courants, comme cela se pratique dans les Gaules. « Ceux qui ont de bons chiens et de bons chevaux, dit-il, n'ont pas besoin de panneaux ; ces moyens sont déloyaux et inutiles ; ils attaquent les animaux ouvertement et de bonne guerre. »

Ovide et Virgile ont glorifié Diane et ses disciples, et Horace, parcourant les différents genres de passions de ses contemporains, ne passe pas sous silence cette ardeur bouillante qui emporte le chasseur au milieu des forêts, lui fait braver l'intempérie des saisons et oublier les caresses d'une épouse chérie.

> *Manet sub Jove frigido*
> *Venator, teneræ conjugis immemor,*
> *Seu visa est catulis cerva fidelibus,*
> *Seu rupit teretes marsus aper plagas.*
>
> (Hor. Carm. lib. I, 1, v. 25.)

Chasse dans l'amphithéâtre
(Fragment de diptyque)

Comme les Grecs, les Romains chassaient ordinairement à cheval avec l'épieu, la lance et le javelot ; leurs chiens étaient surtout d'origine grecque ou gauloise ; ils se servaient des molosses, des chiens de Pannonie et de la Bretagne, des dogues gaulois, des chiens ibériens, indiens, libyens, et de ces chiens hircaniens tellement féroces qu'ils passaient pour issus d'un tigre et d'une chienne à cause de leur taille élevée et de leur force extraordinaire. Ceux qui passaient pour les meilleurs étaient les chiens de Crète, les étoliens, les chiens de Sparte, de Toscane et de l'Ombrie ; les gaulois, belges, ségusiens et sicambres étaient les plus vites.

Les écrits cynégétiques de Gratius nous décrivent la tenue du chasseur de condition infé-rieure. « Ses jambes sont proté-

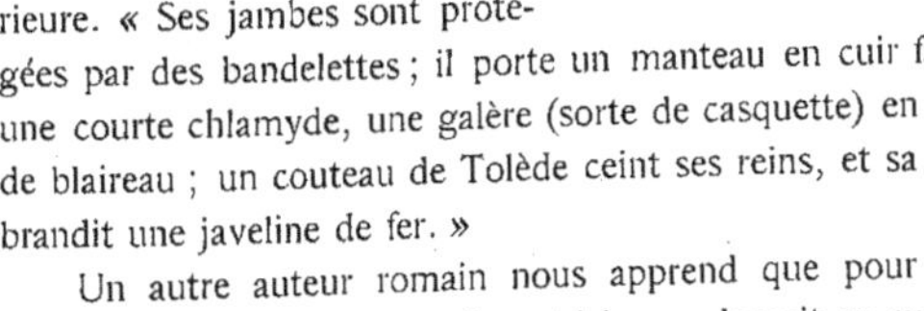

gées par des bandelettes ; il porte un manteau en cuir fauve, une courte chlamyde, une galère (sorte de casquette) en peau de blaireau ; un couteau de Tolède ceint ses reins, et sa main brandit une javeline de fer. »

Un autre auteur romain nous apprend que pour atta-quer à cheval un sanglier, le patricien endossait sa cuirasse et se garantissait les jambes avec des sortes de bottes en cuir appelées *cnémides*, tandis que d'autres à pied, nous le savons par la chasse de Narbonne, se protégeaient le corps à la façon des toréadors actuels, en détournant l'animal avec un morceau d'étoffe.

Les plus grands personnages de Rome ont été d'ardents chasseurs : les Scipion, les Emilien, les Appollinaire, Cornélius, Tacite lui-même, ce grave auteur des *Annales*, Pline Second, le plus illustre des naturalistes de l'antiquité.

6

Dans ses épîtres à Tacite, à Appollinaire et à ses nombreux amis, Pline parle sans cesse du plaisir de la chasse et des avantages que lui procure cet exercice.

Il se retire dans ses villas pour chasser et pour étudier : *Et venor et studeo*.

La chasse aide à ses observations et rafraîchit son esprit. Ses maisons de campagne, entourées de vastes plaines, sont dominées par des collines que couronnent de grands bois. C'est là, en courant les fauves, que le grand naturaliste surprend les secrets des plantes médicinales, et compose ses livres immortels : *Ibi animo, ibi corpore maxime valeo; nam studiis animum, venatu corpus exerceo*. Il se délasse de ses travaux littéraires en s'adonnant avec passion au culte de Diane.

Il écrit à son ami Tacite qu'il a pris trois très beaux sangliers : *Apros tres et quidem pulcherrimos*.

Pline était d'autant plus fier de cette prouesse que les sangliers étaient devenus assez rares à cette époque ; aussi écrit-il à l'immortel auteur des *Annales* : « La pénurie des sangliers est si grande que, malgré votre recommandation de cultiver également Minerve et Diane, je ne puis y parvenir. »

Dans une lettre à Caninius, Pline lui adressait ces questions : « *Studes? an piscaris? an venaris? an simul omnia?* Étudies-tu? pêches-tu? chasses-tu? ou te livres-tu à tous ces plaisirs à la fois? » et il ajoute : « toutes ces choses peuvent avoir lieu chez moi. »

A peine sorti de l'enfance, la jeunesse romaine se faisait remarquer par sa passion pour la vénerie : *Imberbus juvenis, tandem custode remoto, gaudet equis canibusque*. (HORACE.)

Philostrate le Jeune raconte ce qui se passait au retour de la chasse. « Gais et contents, les robustes chasseurs s'empressent de se laver à une claire fontaine et refont en peu d'instants leurs forces épuisées. Ils s'installent sur des lits tressés comme des filets ; l'un d'eux, se soulevant à demi, raconte la lutte qu'il a eu à soutenir, comment il a pu tuer un cerf et un sanglier enfermés dans des rets ; tous écoutent sans souffler mot, *intenti ora tenent*. Un autre repasse dans sa mémoire les diverses péripéties de la journée et les forêts qu'il a parcourues.

> *Venator defessa toro quum membra reponit,*
> *Mens tamen ad silvas et sua lustra redit.*
>
> (CLAUDIEN.)

« Celui-ci, élevant son verre de la main gauche et portant la main droite à sa tête, chante les faveurs de Diane, et ordonne à l'échanson de faire circuler la coupe autour de l'assemblée. » Le festin commence ensuite au milieu des joyeux propos d'une brillante jeunesse.

Horace, Juvénal, Pline, Martial surtout, nous ont laissé des descriptions fidèles des luxueux repas de leurs contemporains : les Romains aimaient la bonne chère, aucun sacrifice ne leur coûtait pour leur table ; le gibier, qui était rare autour de Rome et par conséquent à la portée seulement des plus riches patriciens, y tenait le premier rang.

La perdrix rouge, très répandue alors, et la grive passaient pour les oiseaux les plus délicats. Le lièvre n'était pas moins estimé.

> *Inter aves turdus...*
> *Inter quadrupedes gloria prima lepus.*
>
> (Martial.)

Mais le gibier le plus recherché était sans contredit le sanglier, *animal propter convivia natum*, surtout s'il était de haute taille et né dans un pays renommé pour produire une chair succulente.

Dans un repas chez Mécène, Horace nous apprend que le sanglier de Lucanie était le

Le sanglier de Calydon (Bas-relief du musée Capitolin)

plus estimé. Au milieu du repas parfois on présentait à l'admiration des convives un vieux sanglier dont la prise récente n'avait pas été sans danger.

Pétrone raconte avec enthousiasme un souper fameux donné par son ami Trimalchius.

« Déjà on mangeait depuis plusieurs heures, quand les domestiques couvrirent les lits d'étoffes précieuses, où étaient peints des filets avec des rabatteurs armés de lances, et tout l'appareil de la chasse. Nous ne savions ce que cela signifiait, quand tout à coup en arrière du triclinium s'éleva une immense clameur, et voilà que des chiens de Laconie se mirent à courir autour de la table... A leur suite on vit apparaître un dressoir sur lequel était étendu un sanglier énorme, couvert de sa peau poilue ; ses défenses soutenaient deux corbeilles tressées de fibres de palmier, et pleines, l'une de dattes ordinaires, l'autre de fruits de la Thébaïde. Tout autour on voyait une quantité de petits marcassins, confectionnés avec de la pâte et qui devaient être distribués aux convives en souvenir de leur présence. Ce ne fut pas le maître d'hôtel qui eut l'honneur de découper le solitaire ; mais un géant

Chasse au cerf et au sanglier (Peinture de Pompéi)

barbu, vêtu d'une alicule brodée et dont les jambes étaient entourées de bandelettes sanglantes, ouvrit brusquement, avec le couteau qui lui servait à la chasse, les flancs du monstre. Une volée de grives sortit aussitôt par la blessure ; des oiseleurs armés de légers roseaux eurent en un instant raison de ces oiseaux, qui voltigeaient autour du triclinium. Chacun demande à Trimalchius ce que cela veut dire. « Voyez, dit-il, combien de glands a dévorés ce forestier ! » Et aussitôt de jeunes esclaves, détachant des défenses du monstre les deux corbeilles, distribuent aux convives les dattes et les fruits de la Thébaïde. »

C'est ainsi que chez les Romains la chasse aidait à la gaieté des repas. Souvent le sanglier était farci de grives et d'autres volatiles, et telle était l'adresse du cuisinier que son ventre ne paraissait pas avoir été entamé. Les Romains appelaient *troyen* ce sanglier : *porcum trojanum,* en souvenir du cheval de Troie, dont les flancs étaient remplis de guerriers.

Les empereurs romains ne dédaignaient pas les violents exercices de la chasse : les monuments figurés, les sculptures, les mosaïques, les médailles qu'ils ont fait frapper, en sont la preuve irréfragable ; Suétone nous présente Domitien comme un sagittaire de premier ordre : « Il avait acquis une telle adresse qu'il pouvait placer deux flèches sur la tête d'une bête féroce, de manière à figurer deux cornes. Qui n'eût admiré la sûreté de son bras, quand on le voyait placer ses traits dans les intervalles que laissaient entre eux les doigts écartés d'une main d'enfant ? »

Hérodien disait de l'empereur Commode : « Il avait la main si sûre, qu'il perçait d'un dard ou d'une flèche tout ce qu'il voulait. Il avait toujours avec lui les plus habiles archers parthes et les meilleurs tireurs d'arc de Numidie, qu'il surpassait tous par son adresse. En courant tout autour des lions, des panthères et des autres bêtes féroces, il les perçait d'un dard; il ne tirait jamais un second coup, toutes les plaies qu'il faisait étaient mortelles. »

Pline vante l'adresse de Trajan : armé d'un simple glaive, il ne craignait pas d'attaquer les ours les plus monstrueux; quand il avait mis ordre aux affaires de l'État, il ne songeait plus qu'à courir les bois, à déloger les bêtes fauves de leurs tanières, franchissant le sommet des montagnes et grimpant à travers les précipices où nulle main, nul pied humain, n'avaient laissé son empreinte.

Adrien poussa cette passion jusqu'à la folie; il y risqua sans cesse sa vie. L'empereur Gratien, au témoignage d'Ammien Marcellin, « avait coutume d'entrer dans le cirque pour y combattre les bêtes féroces en présence du peuple »; un jour il perça de flèches jusqu'à cent lions lâchés ensemble, sans jamais être obligé de les frapper deux fois.

Le même auteur raconte que Valentinien avait toujours à la porte de son palais deux ours apprivoisés auxquels il livrait tous ceux qui lui portaient ombrage. Aussi cruel que les tyrans ses prédécesseurs, il fit mourir sous les verges un jeune homme auquel on avait prescrit de maintenir un de ces chiens de Sparte connus pour leur férocité; il lui avait échappé en se débattant et en le couvrant de morsures. Une très belle médaille représente Valentinien à cheval, brandissant un épieu et prêt à percer un félin, guépard ou panthère.

Les impératrices romaines suivirent souvent l'exemple des empereurs. Faustina Augusta fit frapper une médaille la représentant en Diane chasseresse assise sur un cerf, de la même manière que les femmes aujourd'hui montent à cheval. Cette reproduction a un certain intérêt, par la raison qu'on croyait généralement que Marie de Bourgogne, femme de l'archiduc Maximilien d'Autriche, morte d'une chute de cheval en 1481, avait été la première à se tenir la jambe droite sur l'arçon de sa selle.

Nous reproduisons un curieux dessin d'une pierre tombale trouvée dans les ruines de Rusicada : *Rous* signifie cap en langue punique, et *Cicada*, cigale en langue latine : Rusicada, cap des Cigales; Philippeville, d'où cette photographie nous a été envoyée, s'élève sur les ruines de cette antique cité numide, devenue romaine par droit de conquête; malheureusement, nombre de pierres sculptées et portant des inscriptions ont été employées dans la construction de la nouvelle ville française. Cette pierre tombale, tirée d'un sarcophage dont l'origine précise est inconnue, peut bien dater du troisième ou du quatrième siècle. Elle représente un sujet champêtre très complet et une chasse à courre : le veneur à cheval, les chiens courants, le lièvre, sont pleins de mouvement et de vérité.

Bien que la civilisation romaine ait pénétré chez la plupart des peuples occidentaux, les invasions successives qui ont fini par démembrer l'Empire ont enseveli sous la poussière des siècles, chez les peuples tributaires ou conquis, quantité de monuments sculptés, élevés

Bas-relief de Rusicada

çà et là par les conquérants. A mesure que les fouilles se poursuivent un peu partout, dans les pays anciennement occupés par les aigles romaines, elles mettent au jour quantité de sculptures ayant trait soit à la chasse, soit à la vie intime de ce grand peuple. Aussi est-ce avec reconnaissance et un plaisir extrême que nous avons reçu d'un ami la curieuse pierre tombale, inédite assurément, que nous avons la bonne fortune de présenter ici à nos lecteurs.

Lion et sanglier (Bas-relief gaulois, tiré de l'*Antiquité expliquée* de D. Montfaucon)

CHAPITRE IV

LES GAULOIS ET LES GALLO-ROMAINS

ÉSAR, dans le livre quatrième de ses *Commentaires*, dit que les Gaulois préféraient à toute autre chasse celle du bœuf sauvage (probablement celle de l'*urus* des anciens ou l'*aurochs* moderne), précisément parce qu'elle était la plus périlleuse. « Ils aiment à attaquer ces animaux doués d'une force et d'une agilité surprenantes, n'épargnant ni les bêtes ni les hommes qu'ils trouvent devant eux ; c'est ainsi que se forment les jeunes Gaulois ; ceux qui en tuent plus que les autres et en rapportent les cornes, méritent les plus grands éloges. » Aussi voyons-nous avec orgueil nos ancêtres gaulois, formés à cette école, faire trembler deux fois Rome à l'apogée de sa puissance.

Après la conquête et pendant la période gallo-romaine, les chefs gaulois, refoulés dans leurs forêts, n'en continuèrent pas moins leurs exploits cynégétiques.

Les nombreuses et récentes découvertes, en bas Poitou surtout, des puits funéraires contenant leurs cendres, prouvent que la passion de la chasse n'a pas sombré avec la liberté de la patrie. Recouverts à un mètre de terre au-dessous du sol arable par une voûte en maçonnerie très soignée, ces puits, d'une profondeur variant de cinq à dix mètres, contiennent en grande quantité, outre des objets curieux, colliers, parures, bagues, fibules, des défenses de sangliers, des bois de cerfs très bien conservés, des dents de loups, de renards et de chiens.

D'après Arrien, les Gaulois achetaient, chaque année, une victime qu'ils immolaient à Diane. « Cette solennité se terminait par un festin où les chiens servant à la chasse paraissaient tenus en laisse et couronnés de fleurs. » (*De Venatione.*)

Chasseur gaulois

Les Gaulois se servaient d'une grande variété de chiens ; ceux de combat, de race celtique, étaient renommés pour leur vaillance : après la défaite des Cimbres par les aigles romaines, on vit les chiens des barbares défendre avec acharnement le camp des vaincus.

Pour le courre du lièvre on faisait grand cas des ségusiens, originaires de la Gaule Lyonnaise ; assez lents, au poil rude et hérissé, à l'air triste, très fins de nez, ils étaient doués d'une voix prolongée. Il existe encore des vestiges de cette race en Bresse, et nous en reproduisons le type actuel.

Les Gaulois tiraient aussi de la Belgique et de la Bretagne *isolée* (l'Angleterre) des chiens renommés pour la chasse et le combat ; ces derniers, grands et forts, servaient aussi pour attaquer l'aurochs et pour coiffer l'ours et le sanglier.

Une des plus intéressantes représentations de scènes de chasse qui nous soient parvenues de l'époque gallo-romaine est certainement la mosaïque découverte en 1870 à Lillebonne (Seine-Inférieure), l'antique *Juliobona*.

Cette mosaïque, qui ne mesure pas moins de cinquante-huit mètres carrés, se compose d'un sujet central : Apollon poursuivant Daphné, et de quatre sujets latéraux, formant quatre tableaux distincts, dont les personnages atteignent quatre-vingts et quatre-vingt-dix centimètres de hauteur.

Le premier sujet peut être appelé le départ pour la chasse. Nous voyons se diriger vers la gauche un homme qui conduit un cerf apprivoisé, puis un autre chasseur portant

Guerrier gaulois

quelque engin de chasse, deux chiens, un homme qui conduit un cheval par la bride, enfin un cavalier ; dans le fond, plusieurs arbres indiquent la forêt où la scène se passe. Le second sujet représente une chasse au cerf avec le cerf apprivoisé servant d'appelant, et tenu en laisse par son conducteur caché dans un buisson. En arrière, un chasseur apprête

LA MOSAÏQUE DE LILLEBONNE

GAULOIS REVENANT DE LA CHASSE AU LOUP

(Tableau de Luminais)

son arc pour tirer sur un cerf et sur deux biches qui sortent du bois. Le troisième tableau nous montre une chasse à courre ; trois cavaliers lancés au galop et trois lévriers traversent la forêt à toute vitesse. Le quatrième côté représente, au retour de la chasse, un sacrifice à Diane : au centre, la statue de la déesse sur un piédestal ; sur le devant, deux enfants en surplis blancs, dont l'un entretient le feu d'un autel et l'autre tient à la main un vase et une coupe pour faire des libations ; derrière chacun de ces enfants, deux hommes semblent prendre part au sacrifice ; à droite on voit un chasseur armé d'un épieu, puis un chien et un homme tenant par la bride un cheval vu de face ; à gauche, un chasseur tient en laisse le cerf apprivoisé que nous avons vu dans les compositions précédentes.

Le travail de ces ingénieuses compositions paraît être du second siècle de notre ère, de l'époque des Antonins. L'ensemble est imposant et comparable aux plus belles fresques de Pompéi ; les scènes sont pleines de mouvement et de vie ; la couleur possède un charme dont les mosaïques modernes ne donnent qu'une faible idée.

Deux inscriptions, placées l'une en tête, l'autre à la base de la composition centrale, nous ont conservé les noms des deux artistes qui sont venus composer cette mosaïque dans la vieille cité gallo-romaine de Juliobona : Titus Fennius Felix de Pouzzoles, et son élève Amor de Carthage.

Sous ce titre : « Un témoin des âges antiques à Lutèce. — Découverte d'une voirie romaine », dans la *Revue Archéologique* de mai-

Chasseur gaulois

juin 1890, M. Eugène Toulouze a publié une étude sur quantité d'objets de toutes sortes trouvés récemment à Paris dans des fouilles faites à l'angle des rues Gay-Lussac et Royer-Collard, remontant depuis le dix-septième siècle jusqu'à la période gallo-romaine et gauloise. Au nombre de ces derniers nous trouvons trois fragments de poterie en terre sigillée qui offrent, comme on peut le voir, certain intérêt au point de vue de l'art cynégétique dans les Gaules à cette époque.

Les deux premiers, d'origine gauloise, trouvés en bordure de la rue Le Goff, présentent des scènes de chasse en relief.

Le troisième, gallo-romain, nous montre un petit guerrier armé du glaive et du scutum, se disposant peut-être à combattre des lions dans l'amphithéâtre.

Les Germains, moins civilisés que les Gallo-Romains, font la guerre aux animaux, dit Tacite *(De Mor. Germ.)*, quand ils ne la font pas aux hommes, bien que d'ailleurs ils aiment le sommeil et la bonne chère : *Quoties bella non ineunt, multum venatibus, plus per otium transigunt, dediti somno ciboque.*

On croit qu'ils importèrent dans la Gaule l'art de la fauconnerie, lors de leur première invasion, art qu'ils avaient eux-mêmes appris des peuples de l'Orient. L'embarras où nous étions d'attribuer la découverte de ce genre de chasse à un peuple plutôt qu'à l'autre nous a empêché jusqu'à présent d'en parler. Nous y reviendrons au moment où, pendant la féodalité, la France eut pour ce déduit un véritable engouement.

Les Franks, qui succédèrent à la domination romaine, apportèrent dans notre pays les mœurs rudes de leur sang barbare. Ils se distinguaient des autres tribus du Nord par leur vaillance et leur amour effréné pour la chasse. Comme les Gaulois, celle de l'aurochs les captivait surtout, pour le motif qu'elle était l'image de la guerre avec toutes ses ruses et ses dangers. Les Franks remplacèrent les sacrifices humains par des holocaustes d'animaux sauvages qu'ils prenaient à la chasse. Souvent ils en offraient les mânes à leurs dieux, en suspendant aux branches des chênes de leurs forêts les têtes des animaux tombés sous leurs épieux durcis au feu, ou sous les coups de leurs terribles framées.

Cet usage s'est conservé jusqu'à nos jours. Quelle vieille forêt n'a pas encore son *chêne au loup* ?

Scènes de chasse (Poterie gauloise en terre sigillée)

Les Franks amenèrent avec eux les chiens dont ils se servaient en Germanie ; ils trouvèrent dans les Gaules les diverses races mentionnées plus haut et les croisèrent entre elles. Ils tinrent les chiens courants en si grande estime qu'ils établirent dans leur Loi salique des amendes considérables variant, d'après M. de Noirmont, pour la destruction ou le vol des chiens de tête et des chiens de meute ordinaires, de dix-huit cents à deux mille francs de notre monnaie actuelle.

L'amende pour un limier ordinaire était fixée, toujours d'après le même auteur, à quatre mille cinq cents francs, et la Loi bourguignonne allait plus loin ; outre cela elle disait : *Jubemus ut convictus coram omni populo posteriora ejus osculetur.*

Chien de la Bresse

Saint Hubert (Château d'Amboise)

CHAPITRE V

LES MÉROVINGIENS ET LES CAROLINGIENS

Es chroniqueurs du temps nous disent que les rois de la première race furent d'ardents chasseurs. Plusieurs d'entre eux perdirent la vie à la suite d'accidents causés par l'abus de cet exercice.

Clovis dut à la chasse sa victoire sur Alaric. Une biche poursuivie par des chasseurs lui aurait découvert un gué qu'il avait inutilement cherché. Ses fils et petits-fils héritèrent de ce goût national. Théodebert périt sous les coups d'un aurochs furieux. Chilpéric fut assassiné au retour d'une chasse, par le maire du palais Landri. Clotaire se fût noyé dans l'Aisne si l'un des chasseurs de sa suite, Authaire, ne l'eût retiré de la rivière. En 673, Childéric II fut assassiné dans la forêt de Lagny pendant une partie de chasse.

Le bon roi Dagobert s'y exerça dès sa première jeunesse et, malgré la chanson ridicule dont les veneurs de nos jours se sont emparés pour composer la fanfare du lapin, ce fut un grand roi et un chasseur illustre, qui mérite que nous apposions ici son sceau.

Un jour, chassant un cerf, Dagobert vit tout à coup la meute s'arrêter, saisie de respect; le roi voulut en connaître la cause; on creusa la terre et on découvrit les ossements du martyr saint Denis.

Le roi d'Austrasie, Dagobert II, fut assassiné en chassant dans la forêt de Woivre, non loin de Montmédy, par son filleul, le Frison Grimoald.

L'auteur des *Moines d'Occident* (tome II) mentionne un fait curieux pouvant servir à l'histoire du duel judiciaire, dont il paraît être le premier exemple connu. Gontran, fils de Clotaire, chassant un jour dans la forêt des Vosges, trouva les restes d'un aurochs qui venait d'être tué : son chambellan, accusé par le garde forestier d'avoir commis ce braconnage, demanda le combat judiciaire pour prouver son innocence ; il se fit remplacer par son neveu. Mais les deux adversaires s'étant entretués, Gontran fit lapider son chambellan. Une autre fois, le même prince fit subir la question à des nobles soupçonnés de lui avoir dérobé son cornet de chasse.

Les seigneurs franks suivirent l'exemple des rois. Aussitôt que leur âge pouvait le leur permettre, ils apprenaient à monter à cheval, poursuivant d'abord les petits animaux, ce qui, peu à peu, augmentait leur vigueur, les endurcissait à la fatigue et leur inspirait ce courage viril qui, dans les combats corps à corps des temps mérovingiens, décidait habituellement de la victoire.

Les Franks connaissaient dès cette époque la manière de démêler les voies et les traces des animaux, comme aussi celle de les attaquer et de les forcer à l'aide de chiens

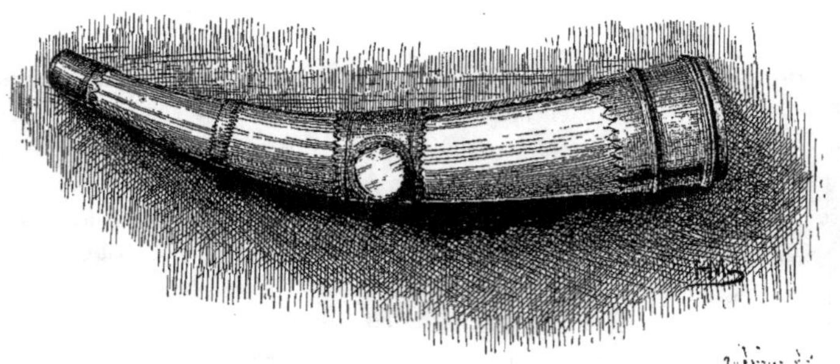

Olifant en ivoire de saint Hubert (conservé à l'abbaye Saint-Hubert, province de Namur)

courants. « L'historien de Childebert nous apprend qu'on découvrit dans les bois une bête très extraordinaire : c'était un buffle qui se tenait dans son fort. Le roi, très content de cette découverte, ordonne aux veneurs de faire pour le lendemain les préparatifs nécessaires, d'amener des chiens et de se procurer une ample provision d'arcs et de flèches. L'aurore ne paraissait pas encore, et déjà la troupe des chasseurs s'était mise en marche pour se rendre au fond de la forêt. A peine commençait-on à distinguer les objets, que chacun s'empresse à démêler d'un œil curieux les voies de l'animal. On découvrit enfin son gîte ; les chiens sont découplés, les veneurs le suivent, guidés par le cri des chiens. » (Noirmont.)

Rien dans cette description n'est oublié. Nous assistons au rapport de la veille, puis au travail matinal des valets de chiens et des limiers, comme cela se pratique aujourd'hui : la quête, le lancer, le laisser-courre, tout est décrit.

Sous les rois fainéants, fils dégénérés des Mérovingiens, on ne parle plus des chasses de nos rois ; cependant ce fut sous Clotaire III que naquit, en 656, le célèbre patron des chasseurs. Arrière-petit-fils de Clovis et fils de Bertrand, duc d'Aquitaine, Hubert chassait, le jour du vendredi saint de l'année 683, un superbe dixcors dans la forêt des Ardennes, entre Andain et Bouillon. Au moment de l'hallali, soudain le cerf se retourne du côté du

Saint Eustache (Retable au musée de Cluny)

chasseur : une croix lumineuse brille entre ses bois. Hubert tombe à genoux ; il entend une voix qui lui reproche de chasser le jour anniversaire de la mort du Sauveur, et l'engage à changer de vie. Après la mort de saint Lambert, Hubert lui succéda sur le siège épiscopal de Liège et mérita par ses vertus d'être placé sur nos autels.

La légende de saint Hubert rappelle celle de la conversion de saint Eustache, qui, au commencement du deuxième siècle, fut, sous Adrien, martyrisé avec sa femme et ses deux fils.

Ce n'est pas la croix, mais la tête nimbée de Notre-Seigneur, qu'il vit entre les bois du cerf. Ce fragment de retable, que possède depuis peu le musée de Cluny, nous retrace cette scène. Nous ne l'avons pas mentionné à sa place parce que, la sculpture étant française et du treizième siècle, nous voulions établir un rapprochement entre ces deux visions.

Une des verrières du chœur de la cathédrale de Tours, Saint-Gatien, représente la vie

SAINT HUBERT

(Gravure d'Albert Dürer)

8

de saint Eustache : les cartels 1, 2, 3, 4 contiennent la première partie de la vie du premier patron des chasseurs. On l'y voit à cheval, sonnant de l'olifant, à la poursuite d'un cerf, puis à genoux devant la figure de Notre-Seigneur qui brille entre les bois du cerf, entourée du nimbe crucifère ; les cartels 5 et 6, le baptême d'Eustache, de sa femme et de leurs deux enfants ; 7 et 8, la famille du saint, fuyant vers la mer et s'embarquant. — (*Note de* M. Léon Palustre.)

Saint Eustache (Verrière de la cathédrale de Tours)

Nous ne pouvons passer sous silence qu'en Irlande saint Étienne est le patron des chasseurs. On le fête de la même façon que l'on fête la saint Hubert en France. Remarque intéressante : ce jour-là, tous les paysans ont le droit de chasser. Il existe aussi en Bretagne un saint, dont j'ignore le nom, qui, paraît-il, guérit de la rage comme saint Hubert.

Il ne nous est pas non plus possible de donner de représentations de saint Hubert de l'époque où il avait vécu, pour cette raison qu'il n'est devenu réellement célèbre que par sa canonisation, qui a eu lieu bien longtemps après. Celles qui nous sont parvenues portent l'empreinte des siècles qui les ont produites. Nous en donnons plusieurs gravures.

Transporté, après sa mort, à l'abbaye d'Andain, qui prit plus tard le nom d'abbaye Saint-Hubert, le corps de saint Hubert devint bientôt le but d'un célèbre pèlerinage.

Louis le Débonnaire l'inaugura par son exemple. Mais ce ne fut que deux cents ans après sa mort, au dixième siècle, que saint Hubert devint le patron des chasseurs et le grand guérisseur de la rage. La translation de son corps ayant eu lieu le 3 novembre 837, ce fut aussi le jour qui fut adopté par les veneurs pour célébrer avec pompe la fête de leur patron.

Les moines de cette abbaye eurent une race de chiens célèbre, dite de Saint-Hubert ; chaque année, ils faisaient don au roi de France de ces

Chien de Saint-Hubert
(Gravure extraite du *Traité de la Chasse* de Du Fouilloux)

chiens comme limiers. Du Fouilloux nous en donne plus tard un type dans sa *Vénerie*.

« Autrefois, dans les campagnes, dit Leverrier de La Contrie, à la chapelle du vieux manoir, ou au fond des forêts, sur l'autel en ruines élevé, par la piété d'un pèlerin ou d'un chasseur en péril, à saint Hubert ou à Notre-Dame des Bois, un clerc, lisant un missel enfumé, dépêchait la messe du bienheureux patron ; autour se pressaient les veneurs, debout et découverts, la trompe au col, le couteau de chasse à la ceinture, les valets tenant les limiers à la botte, les piqueurs contenant sous le fouet la docile impatience des chiens couplés. A la consécration, les trompes faisaient entendre la Saint-Hubert : à ce bruit tant aimé, les chevaux hennissaient, les chiens se récriaient. Cependant, le clerc bénissait le pain des veneurs qui devait, pendant l'année, préserver les chiens de la rage ; puis, quand la dernière prière s'envolait des lèvres, les veneurs étaient en selle et la chasse partait entraînante, avec ses voix pressées et confuses ; les chevaux dévoraient l'espace ; et le soir on disait les légendes naïves, les merveilleuses histoires ; on lisait les grands maîtres, le chevaleresque Gaston Phébus, le gai du Fouilloux, naïf conteur des mœurs de son temps ; c'était une belle fête que la saint Hubert. »

Contemporaine d'Hubert, Geneviève, fille du duc de Brabant, mariée, en 710, à Siffroy, seigneur de Trèves, fut accusée, en l'absence de son mari, par Golo, son intendant, auquel elle n'avait pas voulu céder, du crime d'adultère. Siffroy ordonne de la faire périr : les exécuteurs, ne pouvant s'y résoudre, l'abandonnèrent avec son enfant dans les bois, où, selon la légende, tous deux furent nourris du lait d'une biche pendant six ans.

Siffroy retrouve, par hasard, Geneviève dans une chasse où il poursuivait la biche nourricière. Il reconnut son innocence, lui rendit son rang et ses honneurs et mit à mort le perfide Golo. Geneviève fit bâtir, à l'endroit où elle avait été retrouvée, une chapelle à la sainte Vierge. Elle est, de nos jours, honorée d'un culte spécial par les Belges, qui la regardent comme une sainte et la considèrent comme une des patronnes de la chasse.

Charles Martel, dont la lourde framée abattit, dans les champs de Poitiers, les fiers cavaliers d'Abdérame, avait passé sa jeunesse à poursuivre l'ours, le sanglier et l'aurochs, dans les sombres forêts d'Austrasie.

Pépin le Bref suivit l'exemple de son père : non moins énergique et aussi ardent que brave, il s'élance seul dans l'arène où un lion et un taureau sont aux prises ; d'un revers de son épée, il abat la tête du lion, aux applaudissements des guerriers franks, témoins de sa téméraire audace.

L'empereur Charlemagne, héritier de la force et de la bravoure de Pépin, n'hésitait pas à se mesurer avec les animaux les plus dangereux ; nombre de ces terribles aurochs, qui de son temps existaient encore dans les Vosges et dans les collines boisées des Ardennes, tombèrent sous ses coups.

Après lui, l'aurochs disparut de nos contrées et se réfugia dans les déserts de la Lithuanie ; conservé avec soin par le gouvernement impérial russe, il en existe de nos jours un dernier troupeau de 40 à 50 têtes, dans l'immense forêt de Bialowicz, située au centre de l'ancien royaume des Jagellons.

Le secrétaire de Charlemagne, Eginhard, dit dans ses mémoires qu' « un jour, Karl, combattant corps à corps un ours blessé, le lança du haut d'un rocher aux pieds de ses leudes émerveillés : ce fut la première fois que les compagnons de l'intrépide monarque lui décernèrent le titre de grand *(Magnus)*, et dès lors Karl devint Karl le Grand ou Charlemagne ».

Il chassait le cerf au mois d'août, le sanglier pendant l'automne. Ces dernières chasses étaient plutôt des battues ; de nombreux traqueurs poussaient les animaux dans des enclos garnis de toiles, tandis que, montés sur leurs chevaux de guerre, l'empereur et ses seigneurs les perçaient à coups de lance.

Dans les *Gestes de Charlemagne*, le moine de Saint-Gall raconte que les envoyés du calife Haroun-al-Ralschid étant venus à Aix-la-Chapelle pour complimenter le nouvel empereur d'Occident, celui-ci voulut leur montrer une chasse à l'aurochs. « A la vue de ces terribles animaux, les Persans, saisis de frayeur, prennent la fuite : mais le héros Karl, qui ne connaît pas la crainte, monte sur un cheval plein de vitesse, joint une de ces bêtes sauvages, tire son épée et s'efforce de lui abattre la tête. Le coup manqué, le féroce animal brise la chaussure du roi avec les bandelettes qui l'attachent, froisse, mais seulement de l'extrémité de ses cornes, la partie antérieure de sa jambe : rendu furieux par sa profonde blessure, le taureau s'enfonce dans un épais fourré ; les chasseurs, empressés de secourir leur seigneur, veulent le dépouiller de sa chaussure ; mais il s'y refuse en disant : « Il faut que je me montre en cet état à ma chère Hildegarde. »

Cependant, Isambart, fils de Warin, a poursuivi la bête : n'osant l'approcher de trop près, il lui lance son javelot, l'atteint en plein cœur et la présente encore palpitante à l'empereur.

Charlemagne envoya au calife musulman une |meute de ses vaillants chiens bretons et germains. Ayant appris que ces animaux n'hésitaient pas à attaquer les bêtes les plus féroces, Haroun-al-Ralschid voulut que les Français qui les avaient amenés les conduisissent, dès le lendemain, à une chasse au lion. La meute s'élance intrépidement et aussitôt coiffe un lion ; les veneurs francs, armés de leurs épées, *d'un acier du Nord trempé dans le sang des Saxons,* accourent à son secours et achèvent ce roi du désert.

A cette vue, Haroun s'écrie : « Je reconnais maintenant combien est vrai tout ce que j'entends raconter de mon frère Charles ; je vois que, par son assiduité à la chasse et son soin infatigable d'exercer sans cesse son corps et son esprit, il s'est accoutumé à tout vaincre sous le ciel. »

Nous trouvons dans Noirmont[1] l'intéressante description d'une chasse qui précède

____

1. *Histoire de la Chasse.*

l'entrevue de Charlemagne et du pape Léon III, en 799 : elle est empruntée à une chronique
du neuvième siècle.

« Dès que l'aurore commence à se montrer, les jeunes princes sautent hors du lit,
revêtent précipitamment leurs armures. La reine et ses filles procèdent, mais plus lentement,
à leur toilette ; les leudes se rassemblent dans les cours du palais, tandis que les cors ré-
sonnent, que les écuyers contiennent les chevaux impatients et que les meutes répondent par
des aboiements au claquement des fouets.

« Le roi entend d'abord la messe, puis il s'élance sur son coursier harnaché d'or, et donne
le signal du départ ; la troupe joyeuse, qu'il dépasse de toute la tête, se précipite après lui.
Les chasseurs sont armés d'un épieu, quelques-uns portent un filet carré ; une rangée de
leudes, richement vêtus, sert de cortège au roi. La belle épouse de Charles, la reine Luitgarde,
chevauche en tête de la famille royale. Un ruban de couleur vive qui entoure ses tempes se
relie à ses cheveux, que couronne un diadème de pierreries ; sa robe est
de pourpre deux fois teinte, et une chlamyde, retenue au cou par une
agrafe d'or, flotte gracieusement sur son épaule. Entourée de ses
écuyers, elle monte un cheval superbe.

« La royale lignée la suit à distance ; c'est d'abord Charles, le fils
aîné du roi, qui porte le nom et les traits de son père et fait bondir sous
lui une cavale indomptée ; puis Pépin, le vainqueur des Avars, en qui
revit la gloire ainsi que le nom de son aïeul, et qui porte au front le
diadème des rois. Mais Louis d'Aquitaine est absent.

« Arrive ensuite l'escadron des jeunes filles, déployant ses lignes
étincelantes : Rothrude, Berthe, Rhodaïde, Théodrade, Kildrude ; ces
deux dernières, encore enfants, s'élancent vers la forêt, montées sur
des chevaux fougueux, couvertes de pourpre, d'hyacinthe, d'or, de pierreries, de fourrures
de taupes et d'hermines. Gizelle même a quitté son cloître pour suivre les pas de son père
chéri, vêtue d'une modeste robe, tissue de fils mauve et or. »

La chasse à laquelle ce brillant défilé sert de prélude était une battue aux sangliers à
l'aide de panneaux ; après une hécatombe de ce gibier royal, Charles offre, sous des tentes, un
somptueux repas à toute sa cour.

L'empereur, qui avait dit dans ses *Capitulaires* : « Personne ne fera jamais la paix avec
les ours et les loups », chassa toute sa vie quand il en eut le loisir. Nous le trouvons, à
soixante et onze ans, peu d'années avant sa mort, chevauchant à la poursuite des bêtes fauves
dans la forêt d'Aix-la-Chapelle, sa résidence favorite.

Une note du comte Le Couteleux nous apprend que Charlemagne prenait plaisir à se
faire habituellement suivre par Hildegarde, « la plus chérie de ses femmes, parce qu'elle était
la plus habile à planter le fer dans le col charnu d'un bison ». « Maintes fois, ajoute l'auteur,
c'est l'escadron de ses huit filles, comme nous venons de le voir plus haut, qui l'accompagne
la lance au poing. »

Les meutes impériales se composaient de chiens de force, bretons et germains, et de ces

CHASSE A L'ÉPOQUE CAROLINGIENNE

(Tableau de Luminais)

Cliché de MM. Braun, Clément et Cie, Paris

ségusiens, fins de nez, bons rapprocheurs, si prisés par les Gaulois et les Franks. Les premiers servaient à joindre et à maintenir les grands animaux, les autres à les lancer par la voie.

Le calife Haroun ayant envoyé à Charles des défenses d'éléphant, celui-ci fit faire l'olifant d'ivoire dont il se servit constamment ; on le conserve précieusement dans le trésor d'Aix-la-Chapelle.

L'olifant de Charlemagne existe à Aix-la-Chapelle. Il est formé d'une dent d'éléphant en son entier, taillée à pans dans le sens de sa longueur. Le contour du pavillon est décoré d'animaux sculptés en faible relief. Le moyen âge, qui considérait, vu son origine, un pareil instrument comme une relique, l'a fait monter en or avec cabochons. Il est suspendu aujourd'hui à un baudrier du quinzième siècle qui porte, en lettres d'or brodées sur velours rouge, une inscription allemande plusieurs fois répétée, qui signifie : « Sers une seule. » (Léon Palustre.)

L'olifant de Roland, que sonnait le héros mourant dans les gorges de Roncevaux en 778 et que, d'après la légende, « son oncle Charlemagne entendait à trente lieues », existe actuellement dans le trésor de Frohsdorf. S. M. le roi Charles VII a daigné m'en faire adresser la photographie que nous reproduisons. L'historique qui l'accompagne est dû au baron de Longuerue.

La maison de Montdor, au comté de Lyon, avait la prétention de descendre du fameux paladin Roland, marquis de Bretagne et neveu de Charlemagne, celui-là même qui périt à Roncevaux en 778.

Quelque fabuleuse que puisse paraître cette prétention, elle semble appuyée par deux faits. Sous le règne des fils de Charlemagne, Alwalo de Montdor fut élevé à la dignité d'archevêque de Lyon et de primat des Gaules, après avoir été précepteur de Louis, roi de Bourgogne, puis empereur. Ce prélat mourut à Lyon, le 4 juin 895.

En second lieu, la maison de Montdor portait d'hermines à la bande de gueules, et le champ d'hermine de la famille lyonnaise n'est autre que les armes de Bretagne. La bande de gueules ne serait donc qu'une brisure de l'écu primitif, destinée à différencier les diverses branches d'une même race.

On conservait dans la maison de Montdor le cornet d'ivoire qui avait appartenu au

Olifant de Charlemagne

paladin Roland, et le chef de la branche aînée avait le privilège de l'exposer chaque année le jour de l'Ascension, avec les reliques de l'abbaye de l'Isle-Barbe.

Cette exposition avait lieu régulièrement au quinzième et au seizième siècle.

Après les dévastations commises par les huguenots, le cornet fut perdu, et retrouvé peu après par les religieux, entre les mains desquels il resta jusqu'à l'année 1745.

Les religieux de l'Isle-Barbe, réunis en chapitre ordinaire, à l'issue de la grand-messe, le 5 janvier 1745, firent hommage de ce célèbre cornet à M. Lafond, seigneur de Curys et de Juys, en reconnaissance des soins qu'il avait donnés à leurs affaires.

La délibération indique que ce cornet est en ivoire, qu'il pèse six livres et demie, et n'a pas d'embouchure ; qu'en dedans on voit écrite en lettres rouges cette inscription : « *L'an 1491 et le XIe jour de juillet, d'Albon, abbé de la dite Isle* » ; que ce cornet est bien le même dont il est fait mention par Le Laboureur, à la page 166 du tome I de son ouvrage *Des mazures de l'Isle Barbe,* et qui de toute antiquité est conservé dans les archives du chapitre de ladite Isle, dans le temps même de la régularité de ladite église, et nommé par les anciens titres d'icelle « le Cornet de Roland ».

M. Laurent de Montdor réclama ce cornet comme la propriété de sa famille, et il lui fut restitué le 20 août 1769. Le 30 novembre de la même année, il le déposa aux archives de Saint-Jean de Lyon. Lors des décrets de 1791, l'administration du département s'empara des archives, et le cornet fut confisqué avec elles.

Mais Charles-Louis, marquis de Montdor, député de la noblesse du Lyonnais aux États généraux, adressa au département de Rhône-et-Loire une demande en restitution de cette relique, qui ne pouvait, disait-il, être considérée comme une propriété communale. Le cornet lui fut encore rendu, et depuis lors il est resté dans la famille jusqu'à la dernière héritière des branches établies en France.

Il arriva ainsi à M. Charles-Frédéric de Ranglaude, chevalier de Saint-Louis, père de M. de Maccarthy, et agent

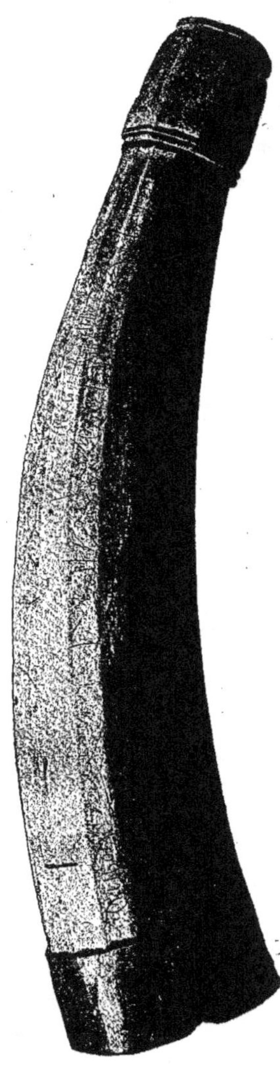

Olifant de Roland

de la marquise de Vaugiraud. M. de Ranglaude fit hommage du célèbre olifant à Mgr le duc de Bordeaux, et M. le baron de Damas, gouverneur du jeune prince, en donna un reçu daté du pavillon de Marsan, le 8 janvier 1829. « Reconnaissant que ce don avait été inspiré par un sentiment d'amour pour ses princes légitimes, le baron de Damas joignit à ce reçu, en signe de reconnaissance, un petit paquet de cheveux de Mgr le duc de Bordeaux. » Le cornet resta plusieurs années entre les mains du baron de Damas, et il échappa ainsi au pillage des Tuileries en 1830. M. de Damas le remit enfin à son royal élève, et depuis lors le cor de Roland fait partie des collections du château de Frohsdorf.

A la mort de M. le comte de Chambord, en 1883, le cor devint, comme le château de Frohsdorf, la propriété de Don Jaime, fils aîné de Don Carlos. (Baron DE LONGUERUE.)

Louis le Débonnaire se signala par le luxe de ses équipages. Devenu empereur, il donna en l'honneur du chef danois Hérold, venu à la cour pour faire sa soumission et recevoir le baptême, une chasse merveilleuse décrite ainsi par le poète Ernold.

« Louis monte un coursier qui foule la plaine sous son pied rapide ; Viton, le carquois sur l'épaule, l'accompagne à cheval ; de toutes parts se pressent des flots de jeunes gens, au milieu desquels se fait remarquer Lothaire, porté sur un agile coursier ; la superbe Judith, la pieuse épouse de César, parée et coiffée magnifiquement, monte un fier palefroi ; les premiers de l'État et la foule des grands précèdent ou suivent leur maîtresse ; déjà toute la forêt retentit des aboiements redoublés des chiens ; ici les cris de la meute, là les sons répétés du cor, frappent les airs.

« Louis, Lothaire et les chasseurs tuent une foule de cerfs, d'ours et de sangliers, puis vont faire halte dans une salle construite avec des toiles et ornée de verdure ; ils s'asseoient sur un lit d'or, tandis que les autres chasseurs s'étendent sur le gazon ; on apporte la venaison, les vins généreux coulent à flots. Après le repas, le pieux empereur distribue le gibier, sans oublier d'en assigner une bonne part aux clercs. »

Héritier des innombrables meutes de son père, il fut le dernier de nos rois dans les équipages duquel il soit fait mention de cette race de chiens ségusiens décrite par Arrien au deuxième siècle.

Les successeurs de Louis le Débonnaire, bien qu'ils aient eu à soutenir d'incessantes luttes intestines et de terribles guerres contre les Normands, imitèrent leurs prédécesseurs. Cette passion pour les exercices violents leur fut aussi funeste qu'aux Mérovingiens.

Carloman II fut blessé grièvement en courant un sanglier, et il mourut de la gangrène.

Louis IV d'Outre-Mer, en poursuivant un loup sur la route de Laon à Reims, fit une chute mortelle.

A cette époque, les clercs chassaient, malgré les canons des conciles, malgré les règlements les plus sévères. En vain les *Capitulaires* de Charlemagne et de ses fils défendaient-ils « aux évêques et même aux abbesses de courir les forêts, d'entretenir chiens et faucons, et de les introduire jusqu'au pied des autels ». En vain Louis tenta, nous apprend le baron de Noirmont, « de dépouiller les clercs de leurs éperons, de leurs ceinturons d'or et de leurs coutelas ornés de pierreries; ils continuèrent de courir par monts et par vaux ».

Toujours d'après le même auteur, les moines de Saint-Denis et de Saint-Bertin avaient usé de ruse pour se faire autoriser par Charlemagne à chasser les chevreuils et les cerfs dans les bois avoisinant leurs abbayes. L'empereur s'était rendu à leurs prières parce qu'on lui avait fait entendre « que la chair de ces animaux servirait de nourriture aux frères infirmes pour rétablir leur santé, et que les peaux seraient employées à couvrir les livres de leurs bibliothèques et à faire des ceintures et des gants pour les religieux ».

La coutume de donner aux abbayes des peaux de cerfs et d'autres animaux sauvages pour confectionner leurs précieux manuscrits s'est longtemps conservée. Parmi les dons que Geoffroi Martel, duc d'Anjou, fit à l'abbaye de la Trinité de Vendôme, fondée par lui de concert avec Guillaume le Gros, duc d'Aquitaine, nous notons : « La dîme des peaux de cerfs pris à la chasse à courre dans l'île d'Oléron, la Saintonge, le Vendômois et l'Anjou, plus cinq cents peaux de lapins à Oléron, et trois cents dans l'île de Héro[1]. »

Ce n'étaient pas les seuls usages auxquels on employait les peaux de cerfs; on s'en servait pour ensevelir les rois ; chasseurs passionnés, ils emportaient avec eux au tombeau les trophées de leurs exploits. Peut-être aussi qu'une peau de cerf paraissait le plus distingué et le plus honorable des linceuls, dans un temps où il n'était permis qu'aux souverains de tuer ce noble animal.

---

1. Charte de la fondation de l'abbaye de la Trinité de Vendôme, 1032, dédicace 1040 : « Dedit (Gauffredus) namque monachis Domino servientibus, unoquoque anno, quingentos cuniculos apud Olorum, trecentos vero apud insulam quæ vocatur Hero, decimam quoque de cervorum pellibus, qui apud Olorum canibus venantur, sed non solum inibi, sed etiam de omni Sanctonico, necnon et de Andecavensi et Vindocino pago. » (*Manuscrit Philipps*, 25,058, fol. 94.)

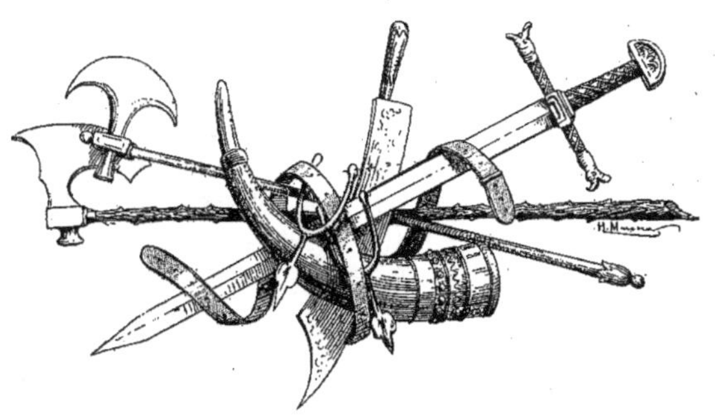

Scènes de chasse (Tapisserie de Bayeux)

CHAPITRE VI

LES CAPÉTIENS

ROBERT LE PIEUX — PHILIPPE-AUGUSTE — SAINT LOUIS — CHARLES LE BEL

UAND la féodalité s'organisa, chaque duc, chaque baron, devenu maître chez lui, s'arrogea le privilège de la chasse; aussi voyons-nous sous les Capétiens les grands feudataires de la couronne entretenir meutes et faucons, et, à l'exemple des rois, se faire accompagner dans leurs expéditions guerrières par leurs brillants équipages. « A la première croisade, alors que cinq cents guerriers venaient de périr de soif dans une seule journée, les chiens de chasse qui la suivaient sauvèrent l'armée d'une destruction complète en découvrant une rivière. »

Cet usage de joindre la chasse à la guerre subsista encore longtemps.

Nous ne savons, au point de vue qui nous occupe, que peu de chose des premiers Capétiens; cependant, Robert le Pieux, fils de Hugues Capet, fit bâtir un pavillon de chasse dans l'endroit qui, plus tard, prit le nom de Fontainebleau.

Louis le Gros et son fils Louis le Jeune entretinrent une meute peu considérable. Ce dernier se rendit à une entrevue avec Frédéric Barberousse, accompagné de ses meutes et de ses oiseaux de haut vol.

Vers le milieu du douzième siècle, Garin le Loherain (le Lorain) écrivit *La Chanson de*

Gestes. Nous y lisons le laisser-courre d'un sanglier lancé avec un limier et forcé dans toutes les règles.

M. de Noirmont résume ainsi la narration naïve du premier auteur cynégétique écrivant en français.

« Le duc Bégon s'ennuie dans son château de Bélin ; il a ouï dire merveille d'un

Scènes de chasse (Tapisserie de Bayeux)

sanglier monstrueux qui hante les forêts de Puelle et de Vicoigne, il forme le projet d'aller le chasser et d'en porter la hure à son frère Garin, duc de Lorraine.

« Bégon se met en route avec trente-six chevaliers, des veneurs *sages et bien appris,* dix meutes de chiens et quinze valets *pour les relais tenir.* Arrivé à Valenciennes, il prend gîte chez un riche bourgeois, nommé Béranger Legris, auquel il demande des renseignements sur le fameux sanglier. « Je vous mènerai demain jusqu'à son lit », lui répond le bourgeois complaisant.

« De grand matin, le Loherain s'équipe pour la chasse, le cor au col, l'épieu au poing ; il est monté sur son *chasceor de pris*, et, sous la conduite de Béranger, il se dirige vers le canton de la forêt de Vicoigne où le *porc se gist*.

« Le duc se fait amener son limier Brochard, le caresse et le met dans la voie ; *le vrai limier* conduit les veneurs droit au *lit* du sanglier ; au moment où Bégon *paumoiait* son épieu, le sanglier prend parti et s'enfuit.

« Plus de dix chevaliers descendent de leurs coursiers pour mesurer les *ongles* de ses pieds : « Voyez quel *aversier* (adversaire) ! ! ! » s'écrient-ils.

« Cependant le porc a gagné Gaudimont, le couvert où il fut nourri ; il boit de l'eau et se couche dedans ; mais la *grant presse* des chiens le fait repartir. Il débuche et se fait chasser en plaine pendant quinze lieues, sans le moindre semblant de retour.

« Coursiers et *roncins* tombent fourbus ; tous les veneurs perdent la chasse, à l'exception du duc Bégon, qui, monté sur son vaillant cheval, le bon *Baucent*, chasse le porc et moult souvent le vit. Cependant, ses chiens sont à bout de forces ; il prend les deux meilleurs entre ses bras pour les reposer, puis les remet à terre près d'un abattis ; les autres accourent à la *voie*.

« Le sanglier, voyant qu'il ne peut durer plus longtemps, entre dans la forêt de Puelle. Il s'arreste sous un *fau* (hêtre), boit et se repose ; la meute arrive et l'entoure.

> Li pors les voit, s'a les sorcis levés,
> Les iex (yeux) roolle (roule), si rebiffe du nez :
> Fet une heure, si s'est vers eus tornés,
> Trestous les as ocis et affollés (blessés).

« Bégon, furieux, l'interpelle moult durement :

> Hé, fils de truie, com tu m'as hui pené !
> Et de mes hommes m'as tu bien desevré (séparé).

« Le porc l'a *écouté*, il vient sur lui plus vite qu'un *carreau empenné* :

> Begues l'attend qui l'a petit douté (craint).
> En droit le cuer li a l'espié branlé,
> Outre le dos li a le fer passé. »

(NOIRMONT, Histoire de la Chasse.)

Il résulte de ce récit que souvent au moyen âge on savait se passer de lévriers d'attache et de molosses pour forcer le sanglier.

Malgré le peu d'intérêt que puisse, après pareil exploit, offrir une chasse aux filets, nous ne pouvons nous dispenser

de mentionner à cette époque ce genre de chasse qui nous est signalé par un sarcophage du douzième siècle (probablement celui d'un veneur), conservé au musée de Niort, et dont les sculptures représentent, d'un côté, un homme à cheval, le faucon sur le poing, précédé d'un quadrupède qui rentre dans une forêt figurée par des feuillages et des entrelacs perlés, au milieu desquels un chasseur à pied tient son arc bandé pour percer l'animal; de l'autre, un personnage, « qui semble être une femme », dit M. de Caumont dans son *Abécédaire d'archéologie, architecture religieuse*, poursuit, précédé d'un chien, un quadrupède et des oiseaux qui se dirigent vers un engin carré surveillé par un homme placé en arrière et prêt à se saisir des oiseaux à mesure qu'ils seront pris dans le piège.

On conserve au musée Saint-Jean, à Angers, un curieux olifant en ivoire, travail oriental du douzième siècle, représentant au pourtour du pavillon des scènes de chasse. « On y voit, en effet, d'après l'abbé Corblet, une lionne blessée par une flèche, que trois chiens, acharnés après elle, vont mettre en pièces; mais un chasseur arrête de la main gauche un de ces animaux furieux, et se prépare à frapper la lionne du coutelas qu'il tient à sa main. En avant, un jeune homme nu, assis sur un chameau caparaçonné à l'orientale, considère cette victoire et sonne l'hallali avec un olifant. Le chameau est tenu par un personnage également nu, qui est sans doute un Éthiopien. Ce triomphe des chasseurs doit effrayer tous les animaux de la forêt. Pour en exprimer l'idée, l'artiste a représenté deux animaux qui s'enfuient en foulant aux pieds des arbres, et un pauvre lièvre également plein d'effroi. Leurs queues se terminent en têtes de chiens aboyants; c'est sans doute pour faire comprendre que les chiens sont à leurs trousses. S'ils ont des ailes, c'est probablement par suite d'une fantaisie d'artiste, qui a voulu naïvement exprimer par là que la peur donne des ailes à tous les animaux de la forêt. Cette explication de M. l'abbé Corblet paraît très vraisemblable, au moins dans l'ensemble, sinon dans les détails. Elle est conforme au caractère oriental de cet olifant qui, après avoir servi à rassembler les chasseurs, s'est fait entendre durant des siècles dans les églises le jour du vendredi saint, où il remplaçait la crécelle. » (Léon Palustre, *Album de l'Exposition rétrospective de Tours en 1890*.)

Le même savant a découvert dans un ouvrage publié à Anvers vers 1580 : *Venationes ferarum, avium, piscium, depictæ a Joanne Stradano*, écuyer du duc Jean d'Autriche, un sujet identique qui explique ce bas-relief.

Des chasseurs sont occupés à pousser, dans une enceinte entourée de haies, des canards et des foulques, sur lesquels d'autres chasseurs ou de simples manœuvres laissent ensuite tomber un immense filet maintenu jusqu'alors en position verticale.

La *fulica* (foulque) est un oiseau d'eau, dont il est question dans Virgile.

Philippe-Auguste à quatorze ans commença à chasser dans la forêt de Compiègne.

« Monté sur un cheval de feu, il s'égare, et pendant deux jours erre à l'aventure sans pouvoir trouver sentier ni voye : après avoir prié la Vierge Marie et Monsieur saint Denis, il rencontre un charbonnier au *noir visage*, portant une hache à son col. L'enfant eut grand peur, mais le vilain, reconnaissant son seigneur, le ramena sain et sauf à Compiègne. » (Guillaume Le Breton.)

Non seulement Philippe-Auguste chassait à force avec les chiens appelés *alans*, employés à cette époque pour coiffer les grands animaux, mais une charte de 1207, octroyée à l'église Saint-Germain-des-Prés : « De ses droits de chasse à courre, *à tir* et à la *haie* », nous fait présumer que sous son régime on se livrait fort au noble passe-temps de la vénerie.

Ce prince entoura de murs le bois de Vincennes et le peupla de bêtes fauves.

Dans son cours d'histoire du Poitou à la Faculté des lettres de Poitiers, M. Alfred Richard, le savant archiviste de la Vienne, nous donne les règlements des délits et amendes de chasse : à Chizé (forêt des Deux-Sèvres), la capture d'un cerf entraînait une amende de 60 sous et un taureau ; celle d'une biche, 60 sous et une joincle ; celle d'un sanglier, 60 sous et un verrat ; celle d'une laie, 60 sous et une truie ; celle d'un chevreuil, 15 sous et un bouc ; celle d'une chevrette, 15 sous et une chèvre.

Pour encourager la répression des vols, il était spécifié que celui qui appréhenderait le preneur avait pour lui la bête prise.

Ces pénalités étaient moins dures que celles infligées par Savary de Mauléon, qui faisait pendre ceux qui tendaient des lacs dans ses forêts. Quand ce

Chasse des oiseaux d'eau au filet (Gravure de Jean Stradan)

seigneur se montrait clément, il se contentait de leur faire arracher des dents.

A cette époque, les seigneurs de Lusignan, de Couhé et de Parthenay, vassaux des abbés de Saint-Maixent, devaient chaque année, à cause des fiefs qu'ils tenaient d'eux, une peau de cerf pour couvrir les livres de l'abbaye.

Grand amateur de fauconnerie, Philippe-Auguste emporta des animaux de haut vol à la croisade à laquelle Richard Cœur-de-Lion et lui ont attaché leur nom. Dans une de ses savantes conférences à la Société nationale d'acclimatation (21 mars 1891), M. Am. Pichot raconte le fait suivant : « Lorsque Philippe-Auguste débarqua devant Saint-Jean-d'Acre, il avait un gerfaut blanc qui rompit sa longe et vola sur les murs de la ville, où il fut pris par les Sarrazins, qui ne voulurent pas le rendre même contre une rançon de mille écus d'or. » A la même époque, continue le conférencier, « Richard Cœur-de-Lion fit demander à Saladin des volailles pour nourrir les faucons que le roi d'Angleterre avait apportés avec lui, et l'envoyé du sultan, plus courtois, s'empressa de souscrire à ce désir de confrère en vénerie, non pas sans faire remarquer qu'après un si long et pénible voyage, c'était peut-être bien le chef des croisés qui, plus que ses oiseaux, avait besoin de bouillon de poulet. »

La chasse au faucon paraît avoir été ignorée des Grecs et des Latins, leurs langues n'ayant aucune expression pour la désigner. Ce déduit appartient surtout en propre à la féodalité, dont il fut un des exercices favoris. Certains auteurs attribuent son invention aux Orientaux ; bien que je n'y contredise pas, cette opinion semble controversée. Quatre cents ans avant que les croisades ne nous aient mis en rapport avec l'Orient, nous savons, par le roman de Garin le Loherain (le Lorrain), que cette chasse était alors en honneur en France.

> Braconnier[1] mestre en fist le Roy Pepin,
> Li chiens li baille, cil volontiers les prist ;
> Li dus (duc) Gilbert richement en sarvi.
> Celuy mestier li Roy li retoli (lui reprit),
> Fauconnier mestre de ses oiseaulx en fist.

L'histoire de la fauconnerie nous entraînerait hors du cadre de cette étude ; aussi n'en dirai-je qu'un mot.

« Ce genre de chasse, dit Gourdon de Genouillac, dont on avait formé un art très savant et très compliqué, fit les délices du moyen âge et de la Renaissance. Il était même en tel honneur à certaine époque, qu'un gentilhomme et une châtelaine ne se montraient jamais en public sans avoir un faucon sur le poing comme emblème de sa suzeraineté. Certains seigneurs avaient ou prétendaient même avoir le droit de déposer l'épervier ou le faucon pendant l'office soit sur les marches, soit sur le coin de l'autel. Ce que voyant, quelques évêques firent de même, en ayant soin toutefois de placer leurs oiseaux à gauche du côté de l'évangile, afin de bien marquer la supériorité des droits de l'Église, les nobles châtelains devant se contenter de placer les leurs à droite. »

Le chanoine Guillaume Crétin, poète et historiographe de Louis XII, composa un poème dans lequel il exprime ainsi le plaisir qu'il éprouvait à voir un héron précipité du haut des airs par la vigoureuse attaque des faucons :

> Qui auroit la mort aux dents,
> Il revivroit d'avoir tel passe temps.

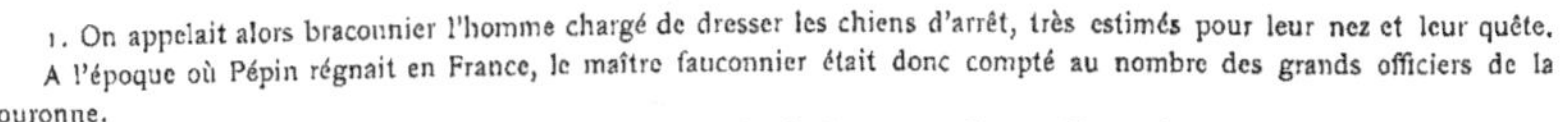

---

1. On appelait alors braconnier l'homme chargé de dresser les chiens d'arrêt, très estimés pour leur nez et leur quête.

A l'époque où Pépin régnait en France, le maître fauconnier était donc compté au nombre des grands officiers de la couronne.

Ce titre fut changé en 1406 en celui de grand fauconnier de France, en faveur d'Eustache de Gaucourt. Le duc de La Vallière clôt en 1788 la liste de ces grands dignitaires. La Révolution, en abattant et en brûlant les manoirs des vieux gentilshommes, abolit malheureusement cette noble chasse.

Un poète du douzième siècle donne cependant ce conseil aux oiseleurs :

> Oiseleur, mon ami, veux-tu estre riche homme ?
> Je t'enseigne un moyen pour fuir la pauvreté :
> Laisse tous tes oiseaux voler en liberté ;
> Ne tends qu'à un oiseau, oiseau qu'amour on nomme.

Pour rimer ce dernier vers, il fallait n'avoir pas pratiqué la fauconnerie avec gentes damoiselles, autrement le même poète se fût écrié avec le comte de La Ferrière : « Renoncer à la volerie, c'eût été se priver de tant de rencontres imprévues et inespérées ! Renoncer à la volerie, c'eût été faire perdre à la femme sa plus attrayante séduction ! Ils étaient si séants, leurs costumes de chasse ! Il était si plaisant de les voir, ces amazones, comme les nonnes de Thélème si bien décrites par Rabelais, « allant « sur leurs haquenées et portant sur le poing mignonnement « engantelé ung espervier, ung lancret, ung esmérillon ! »

Fauconnier
(Carte à jouer italienne du xvᵉ siècle)

Cet engouement de la volerie provenait en partie de ce que ce plaisir étant réservé, comme on vient de le voir, à la noblesse ; les dames le partageaient avec les gentilshommes ; ceux-ci y trouvant sans cesse des occasions d'exercer cette galanterie qui est le propre du caractère français, chacun s'empressait de témoigner combien il était jaloux de plaire à sa dame par les attentions, comme dit Lacurne de Sainte-Palaye, « qu'il avait pour son oiseau ». Il fallait savoir le lâcher à propos, le suivre à toute vitesse, ne pas le perdre des yeux, l'exciter parfois de la voix, courir lui arracher la proie dont il s'était saisi, le faire revenir au leurre, le rapporter triomphant, l'enchaperonner, le présenter et enfin le replacer avec dextérité sur le poing de sa maîtresse. Tout autant d'occasions de *flirter*, dont nos pères n'étaient pas plus dédaigneux que nous, et que leur offraient plus rarement les autres genres de chasse, trop fatigants et trop pénibles pour des tempéraments féminins. C'est ainsi que l'amour de la femme entretenait l'amour du faucon.

Les seigneurs mettaient leurs faucons sur les revers de leurs médailles ou sur leurs sceaux, comme celui que nous reproduisons ici, de Marguerite des Barres, troisième femme de Girard II Chabot, baron de Rais, et aïeule de Gilles de Rais, plus connu sous le nom de *Barbe-Bleue*.

Sceau de Marguerite des Barres

L'oiseau était, comme l'épée, une marque distinctive des gentilshommes qui, nous l'avons dit, allaient à la guerre le faucon au poing. Durant la bataille, ils faisaient tenir leurs oiseaux par des écuyers et les reprenaient sur leur main gantée quand ils avaient fini de combattre. Il leur était interdit par les lois de la chevalerie de s'en dessaisir, fût-ce même au prix de leur rançon, s'ils étaient faits prisonniers ;

Saint Louis

dans ce cas ils devaient donner l'essor au noble animal, afin qu'il ne partageât pas leur captivité, usage ancien, car l'histoire dit qu'en 887, lors du siège de Paris par les Normands, douze braves qui avaient avec acharnement défendu la tête du grand pont, se voyant cernés, coururent avant de mourir détacher les longes de leurs autours.

Les écrits de Jean de Franchières, grand prieur d'Aquitaine, de Guillaume Tardif, des sires de Boissoudan, d'Arcussias, de Morais, etc., etc., font autorité en fauconnerie. Nous y renvoyons nos lecteurs, et nous terminons cette digression sur la fauconnerie, avant d'arriver à saint Louis, en reproduisant son portrait, le faucon au poing, tel que, peint sur bois, il a existé longtemps à Paris à la Sainte-Chapelle ; il en est conservé au musée de Versailles une copie faite au dix-septième siècle.

Saint Louis, le plus grand de nos rois, fut aussi le plus grand veneur de son temps ; chassant dans la forêt de Fontainebleau, qu'il appelait ses *déserts*, il fut attaqué par des malandrins. Il dut son salut au dévouement de ses compagnons de chasse, accourus à son aide « aux appels de son cor d'ivoire ».

Recevant dans l'île de Chypre une ambassade du chef tartare El Kathaï, il accepta de ce prince une meute de chiens gris de Tartarie ; ces chiens, dit plus tard Charles IX, « sont ceux que l'on appelle *gris*, la vieille et ancienne race de la couronne ».

Le navire sur lequel cette meute fit la traversée de la Méditerranée pour venir en France fut, trois siècles plus tard, naïvement représenté dans le *Traité de Chasse* de du Fouilloux, en tête du chapitre où ce maître veneur fait l'éloge de cette précieuse lignée, dont l'abbé de Mortemer, Jehan du Bec Crespin, disait dans son livre intitulé *Antagonie du Chien et du Lièvre* : « Je fais grand cas de ces chiens rougeastres brûlés; ils se mettent à toute heurte, et chassent en tout temps; ils sont courageux, c'est tout feu! Et il semble qu'ils le vomissent; ils ont les yeux rouges avec cela ; croyez qu'ils sont de leur nature prompts, légers, ardents; qu'ils veulent tousiours estre en exercice, s'ennuyant au chenil; ne sont jamais las ni morfondus; vrais chiens de gentilshommes, qui les mettent à toute heurte et qui chassent à toute heure. »

On trouvera plus loin, sur les tapisseries du seizième siècle, le type et la physionomie de cette race, qui fut jusqu'à Louis XIII en si grand honneur pour le courre du cerf.

(Extrait de la *Vénerie* de Du Fouilloux)

Saint Louis créa en France la charge de grand veneur, et de son règne datent les premières règles de la vénerie française qui nous aient été conservées.

Dans le *Dictionnaire de la chace dou serf*, la connaissance du pied et des fumées, la chasse du sanglier et du lièvre, le lancer avec un limier, le courre, la curée et les six tons de chasse suivants, exécutés avec le cor : *l'appel, le bien-aller, le requêté, la vue, l'appel forcé, la prise,* sont réglés avec précision.

Écrite en rimes françaises vers la fin du douzième siècle, *La Chace dou serf*, dont l'auteur est inconnu, contient cinq cent trente-deux vers de huit syllabes, en forme de dialogue. C'est le plus ancien ouvrage français sur la vénerie.

Le jeune veneur demande à son maître la manière de forcer le cerf; après avoir appris comment on doit entraîner sa meute, faire le bois, détourner l'animal qu'il désire chasser, l'élève lui dit :

> Or vous pri-je, se ne vous poist,
> Que me dictes que je ferai
> Quand les fumées trouverai :
> Car je ne sais pas tot encor.

Le maître répond :

> Tu les metras dans ton cor
> Et d'erbe tu l'estouperas.

Suit le rapport :

> Et quand à lui venu seras
> Si lui montrerez les fumées
> Que vous aurez apportées.

Par la manière de reconnaître les portées, de faire ses brisées, d'attaquer et de forcer le cerf, l'auteur inconnu est intéressant à consulter. Il nous apprend que nous n'en savons

Les chevaliers croisés chassant le lion en Palestine

pas plus long que les chasseurs du temps passé, et que la langue de la vénerie est à peu de chose près la même qu'il y a sept ou huit cents ans. Il nous apprend aussi qu'à cette époque, on *accouait* le cerf de l'épée quand ses bois étaient en velours, mais qu'on le şervait à coups de flèches quand il avait frayé, attendu que sa tête étant alors dure, les blessures du cerf étaient mortelles. Un vieux proverbe, que savent tous les chasseurs, confirme le dire du maître veneur du douzième siècle :

> Après le cerf, la bière ;
> Après le sanglier, le barbier (le chirurgien).

La Vallée nous fait remarquer, dans le *Journal des Chasseurs*, cinquième année, qu'il n'est pas question de relais dans ce petit poème. Est-ce une lacune de l'auteur, ou bien

Chevaliers croisés chassant le lion (Gravure de Jean Stradan)

les relais n'étaient-ils pas encore en usage? Ce serait pour l'histoire de la chasse à courre une curieuse question à éclaircir.

Le sire de Joinville raconte le fait suivant : « Tandis que le roi fesait fermer Césaire en Palestine, il arriva un chevalier nommé Elenards de Séningaam, qui disait qu'il était parti du royaume de Noroue (Norvège), et de là monta sur la mer et vint environnant toute l'Espaigne (Espagne) après moult grands périls et dangers. Le roi le retint avec ses dix compagnons : quand celui chevalier fut accogneu au pays, il se prit à chasser aux lions lui et ses gens, et plusieurs en prinrent périlleusement et grand dangier de leur corps.

« Ils poursuivaient le lion à cheval et lui lançaient des flèches; le lion atteint courait sus au premier qu'il voyait, s'enfuyant et piquant des éperons : le chevalier laissait *cheoir* à terre, soit une couverture, soit une pièce de vieux drap; l'animal la prenait et *dessirait*, cuidant tenir *l'ome* qui l'avait frappé !

« Pendant que le lion s'arrêtait à déchirer cette pièce, les chasseurs lui lançaient des

« Comment l'on prent la truie à forche de chiens. » (Miniature du *Livre du roy Modus*, xiv° siècle)

traits; alors laissant sa proie factice, l'animal courait sus à son homme, lequel s'enfuyait de nouveau et laissait choir un autre morceau d'étoffe; le lion s'y arrestait et ainsi souventes fois ils les tuaient de leurs traits. »

M. Noirmont nous raconte que Roger, prince d'Antioche, voyant ses domaines sur le point d'être conquis par les Sarrazins, voulut chasser une dernière fois.

Départ d'une dame pour la chasse (Miniature du *Livre du roy Modus*)

« Au point du jour, dit Gauthier le Chancelier, il monta à cheval, se fit amener ses oiseaux, ses chiens et tout son appareil de chasse. Précédé de ses piqueurs, il se mit à parcourir les plaines et les vallées et à faire le tour des montagnes et des collines; il prit des oiseaux et força des bêtes fauves. Tout à coup, l'esprit frappé de ce qui allait se passer, il abandonna la chasse, se dirigea vers une tour pour observer les mouvements de l'ennemi. » Le soir même Roger tombait sous le cimeterre d'un émir.

Philippe le Bel entretint d'abord un modeste équipage, qu'il doubla dans la suite. Il mourut, en novembre 1314, des suites d'une chute de cheval en chassant un cerf dans la forêt de Fontainebleau : « Il *veit* venir le cerf à lui, si *saqua* son épée et *férit* son cheval des *esperons* et *cuida férir* le cerf, et son cheval le porta contre un arbre de si grande roideur, que le bon roi *cheut* à terre et fut *moult grandement blecié au cuœur*. » (*Chronique de Sauvage*, Lyon, 1572.)

Louis X et Philippe V conservèrent les équipages de leur père; nous manquons d'autres détails sur leur carrière cynégétique.

Sous Charles le Bel, le langage de la vénerie se forme et prend rang dans la langue

« Ci devise la nature et la propriété des deins et comment l'on les prent à forche de chiens. »
(Miniature du *Livre du roy Modus*)

française. C'est à ce règne si court qu'il convient d'assigner la date du livre du *Roy Modus et de la Royne Ratio*.

Cet ouvrage est un catéchisme de la chasse. L'apprenti interroge sur la manière de procéder un personnage allégorique nommé le roi Modus; celui-ci apprend les préceptes de l'art, et la reine Ratio, c'est-à-dire la raison personnifiée, y joint des dissertations morales et symboliques : toutes les chasses connues sont passées en revue. On apprend à connaître le cerf par *ses fumées, son frayoir, sa reposée* et *sa tête*; après avoir détourné l'animal à l'aide d'un limier, le valet de chiens fait le rapport au rendez-vous; on découple ensuite la meute sur la voie du limier, etc., etc...

Les préceptes de la fauconnerie n'y sont point oubliés. Nous reproduisons d'après des manuscrits du temps les principales gravures de ce traité de chasse.

Des ouvriers faïenciers persans, faits prisonniers par les chevaliers de Saint-Jean de Rhodes, furent établis par eux dans cette île et y créèrent une fabrique de faïence à Lindos, au commencement du quatorzième siècle, vers 1330 ; cette industrie disparut

11

en 1523. Le musée de Cluny possède de nombreux spécimens de cette fabrication. Sur un plat qui y est conservé figure une chasse au lièvre, menée par de grands chiens, sorte de lévriers à très longues queues, à oreilles droites et tachetés comme des chiens danois.

Deuxième Partie

La Chasse depuis les premiers Valois
jusqu'à la Révolution de 1789

Chasse au cerf (Diptyque en ivoire du xive siècle)

CHAPITRE I

LES PREMIERS VALOIS

PHILIPPE VI — JEAN II — CHARLES V — CHARLES VI — CHARLES VII
LOUIS XI — CHARLES VIII

A cour de Philippe VI était le rendez-vous des plus brillants seigneurs féodaux. Les courts loisirs que leur donnaient les guerres contre l'Angleterre étaient remplis par des fêtes splendides, chasses et tournois, suivis de joyeux banquets.

Philippe VI et son frère le duc d'Alençon possédaient, au dire de Gaston Phébus, « de meilleurs chiens qu'il *n'a nulz* maintenant au monde ».

Jean II le Bon entretint, avant comme après sa captivité en Angleterre, de somptueux équipages. Le personnel comprenait huit veneurs, quatre écuyers du *deduyct*, huit *aydes* et huit *archiers*, tous vêtus de vert en été et de gris en hiver. (LEBER, tome XIX.)

En tête du manuscrit laissé par Gaces de la Buigne ou de la Vigne, chapelain du roi Jean II, l'auteur y est peint en robe violette, avec un scapulaire noir; un genou en terre, il présente son livre à Charles V. « Gaces de la Vigne, jadis premier chapelain du très excellent prince Jehan de France, que Dieu absoulle, commença ce roman à Herefort, l'an MCCCLIX, afin que messire Phelippes son quart fils, duc de Bourgoigne, qui adonc étoit jeune, apprist les déduits pour eschever (éviter) le pesché oiseulx, et qu'il en fust mieulx enseigné en mœurs ; et depuis ledict Gaces le parfist à Paris. »

Notre auteur entremêle son intéressant plaidoyer d'une foule d'épisodes pleins de grâce naïve et de fraîcheur. Nous citerons en l'honneur des oiseaux une anecdote qui nous a semblé d'autant plus authentique qu'il la tient, dit-il, de Pierre d'Orgemont, chancelier de France, et témoin oculaire.

« Un chevalier du Berry, grand amateur de fauconnerie, fatigué de voir un de ses éperviers qui ne pouvait muer, lui ôte grelots et sonnettes, et lui donne la clé des champs. Mais l'oiseau, habitué au logis, vole sur le toit du manoir, où il reste perché jour et nuit, ne s'en écartant que pour aller butiner dans les environs.

La femme du chevalier,

> Bonne et belle,

et, ajoute judicieusement notre auteur :

> C'est grand trésor de l'avoir telle,

avait un étourneau bien appris qui parlait à ravir. Un jour qu'il faisait froid, elle ouvre sa cage et l'approche du feu : l'oiseau sort en sautillant, détire ses ailes, s'épluche, prend ses aises, au grand plaisir de la dame ; mais tout à coup l'épervier affamé fond à travers la fenêtre, happe l'étourneau et l'emporte. Grands cris et désespoir de la châtelaine ; toute la maison est en émoi. Le chevalier descend précipitamment dans la cour, et aperçoit le ravisseur au haut du toit. Il met aussitôt un gant, lui tend le poing, en l'appelant : l'oiseau obéissant vient s'y percher, et lui abandonne sa proie encore vivante.

> La dame avec grant joie le prist
> Et en sa cage le remist.
> Mais j'oys (j'ai entendu) depuis raconter
> Qu'il fust bien ung mois sans parler.

Des comptes de Jean II pendant son séjour en Angleterre (publiés par le duc d'Aumale, dans les *Miscellanées* de la Société Philobiblion de Londres), il résulte que, prisonnier, ce prince put néanmoins se livrer à sa passion favorite.

Dans ses écrits, Gaces emprunte au moyen âge les formes allégoriques recherchées à cette époque : il s'agit d'un débat entre chiens et oiseaux ; les avocats des deux *deduycts* plaident leur cause devant le roi ; les veneurs veulent être préférés aux fauconniers et réciproquement ; finalement, le grand maître des eaux et forêts de France, le comte de Tancarville, pris pour arbitre, les place au même rang et les renvoie dos à dos.

Le courre du cerf, que nous voyons pour la première fois appelé « la chasse royale », est surtout traité avec soin ; on sent que le chapelain du bon roi décrit avec amour la chasse préférée de son noble maître.

« Le limier est conduit à la botte pour connaître des allures ou *erres* du cerf, le juger par le pied, les fumées, le frayoir, les viandis et finalement pour le détourner. Le rapport est fait à l'assemblée où se trouve le roi, qui considère ses sages chiens d'Allemagne, ses bons chiens de Bretagne et autres meutes, et où se rendent aussi veneurs à qui l'on a distribué les cantons pour quêter; tous apportent leurs fumées, dont chacun parle, surtout les moins habiles. Puis on déjeune; les chiens arrivent ainsi que veneurs et valets. Le roi monte un fier coursier de Pouille, fait laisser en relais dix ou douze de ses bons chiens pour divertir lui et son maître veneur. Il en veut cinquante pour le laisser-courre; car chasse

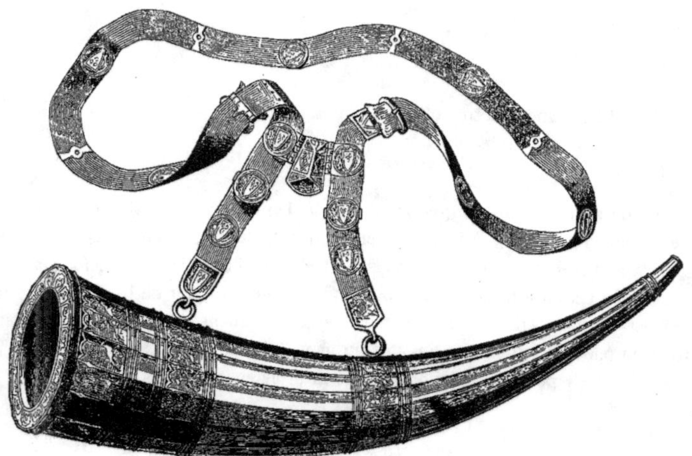

Olifant ou cornet de chasse en ivoire (xive siècle)

royale doit se faire à grands cris et à grand bruit. Le roy fait découpler la meute qui suit le limier; il sonne du cor, et baissant la main, il voit passer la bête aux vingt-huit andouillers; il attend que tous les chiens qui sont bien ensemble soient passés; puis il court le cerf, qui se forlonge; le roy, à qui l'on propose de donner une seule laisse de lévriers, la refuse, voulant que le cerf soit *forcé* sans relais.

« L'animal ruse, fait des retours et donne change. Les veneurs crient *arrière* pour faire requêter jusqu'à ce qu'un des chiens les plus sages, relevant le défaut, remette la meute en bonne voie. Le cerf prend l'eau, les chiens l'aboyent et l'en font sortir; abattu, le noble animal est percé par l'épieu. Les cors font alors si grande mélodie

Que il n'est home si or
Qui voulsist autre paradis !

Ce fut vers cette même époque que, non loin du Faouet, en Bretagne, fut bâtie une chapelle dédiée à saint Fiacre, dont le curieux jubé ne trouve d'analogue nulle part : il est tout en bois découpé en ogives, avec des rosaces de dentelles d'une finesse incroyable ; on y voit des centaines de figures habilement sculptées, et les plus singulières allégories qu'on puisse rêver ; celle-ci entre autres qui se rapporte à notre sujet :

Un loup vêtu en prêtre est dans le confessionnal, un renard qui se tient à côté engage

Hallali de cerf (Miniature du manuscrit des *Homages* du comte DE CLERMONT-EN-BEAUVOISIS)

1. Le sire de Nedonchel va présenter à la reine le pied du cerf et porte les bouteilles pour le vin ; — 2. Duchesse douairière de Bourbon ; — 3. Dame d'honneur ; — 4. Jean de Bourbon, chevalier d'honneur de la reine ; — 5. Jeanne de Bourbon, reine de France, épouse de Charles V ; — 6. La dame de Savoisy ; — 7. Marie de France, âgée de trois ou quatre ans ; — 8. Catherine de Bourbon, sœur de la reine ; — 9. Duchesse de Bourbon, dauphine d'Auvergne ; — 10. Marguerite de Bourbon, sœur de la reine ; — 11, 12, 13. Trois autres sœurs de la reine ; — 14. Le duc de Bourbon.

des poules à aller parler au loup. Plus loin, on aperçoit le renard mis en fuite par les poules qui le poursuivent en le criblant de coups de bec du nez à la queue. Je m'imagine que l'une d'elles a dû être croquée par le loup, et que les autres veulent punir le renard de les avoir attirées dans un piège. La troisième scène représente le renard mort dont les poules font curée. Bien que s'écartant un peu de mon sujet, j'ai pensé que cette fantaisie d'un artiste breton du quatorzième siècle pourrait intéresser mes lecteurs.

A la mort de Jean II, Charles V trouva la France envahie par le roi d'Angleterre et ses seigneurs, qui, traînant à leur suite de nombreux équipages, dévastaient nos contrées les plus giboyeuses. Aussi Charles le Sage, formé à l'école du malheur et d'ailleurs d'une complexion délicate, s'occupa-t-il plus des affaires de l'État que de vénerie. Il réduisit à six

Gaston Phébus enseignant l'art de la vénerie
(Fac-similé d'une miniature de *Phebus, des deduiz de la chasse des bestes sauuaiges et des oyseaux de proie*)

les offices des grands maîtres. L'un d'eux, le comte de Tancarville, célébrité cynégétique du quatorzième siècle, dut cumuler avec sa charge celle des eaux et forêts. Gaces de La Buigne ne termina que sous ce règne son roman des deduycts. Il raconte cependant que Charles V chassait quelquefois. « Le bon roi, étant allé après dîner voir voler les grues, essaya deux faucons venant de Barbarie, présent du connétable Bertrand Duguesclin. » Une grue qu'ils portèrent à terre fut prise par deux lévriers ; on se servait de ces chiens lorsque les faucons abattaient des oiseaux plus forts qu'eux et ne pouvaient les achever sans courir des risques. Tancarville, transporté de joie, n'eût pas voulu « donner le plaisir que lui faisait ce vol merveilleux pour mille petits florins ».

Charles VI monta sur le trône à l'âge où l'on commence à se livrer à tous les exercices du corps. Dominé d'une passion égale pour la guerre et pour la chasse, il nous est représenté par Froissart « l'esprit toujours en éveil, l'imagination échauffée par de grands desseins, poursuivant jusque dans des songes les aventures conformes à ses désirs ». Il régularisa les offices de son grand veneur et de son grand fauconnier. Ambitieux à la chasse, il destitua messire de Gamaches, « parce qu'il l'avait plusieurs fois fait faillir de prendre du gibier ». (Du Tillet.)

« Comment on puet porter la toile pour traire aux bestes. »
(Miniature du manuscrit de Gaston Phébus)

« A la tombée de la nuit, le roi, chassant près de Toulouse, s'égara dans la forêt de Bouconne ; il fit vœu, s'il sortait de peine, d'offrir le prix de son cheval à Notre-Dame de Bonne-Espérance. La nuit s'étant éclaircie, il regagna son gîte et s'acquitta immédiatement de son vœu ; il fonda en conséquence un ordre de chevalerie sous le nom de Notre-Dame d'Espérance. On voyait autrefois dans le cloître des Carmes de Toulouse, près de la chapelle de Notre-Dame, une peinture où le roi était représenté à cheval, adressant une prière à la sainte Vierge. Près de lui se tenaient ses grands seigneurs ; le fond de la peinture était rempli de loups, de sangliers et d'autres bêtes sauvages. » (Dom Vaissette.)

Charles VI, même après son attaque de folie furieuse, continua à chasser dans les intervalles lucides. Vers 1404, il institua la *Louveterie*. Au nombre de ses ordonnances concernant le droit de chasse, il établit que les veneurs et les fauconniers, même ceux du roi, ne logeraient plus à l'avenir en aucun lieu « *fors bébergeries, où l'on a accoustumé bébergier pour l'argent* ».

La vénerie se composait alors d'un *grand veneur*, ayant sous ses ordres un nombreux personnel ; la meute du cerf comprenait vingt-deux chiens courants, huit limiers et trente lévriers ; autant pour le sanglier, plus huit limiers et vingt-quatre autres, « *tant lévriers que mastins* ».

A cette époque appartient le fameux Gaston de Foix, seigneur de Béarn, surnommé Phébus à cause de la beauté de ses traits. Se rendant un jour à la cour de ce prince, l'historien Froissart lui amena quatre lévriers anglais, dont il nous a transmis les noms :

Tristan, Hector, Bran et Rolland. Après avoir décrit les magnificences de la cour d'Orthez et le nombre des équipages, Froissart ajoute : « La vérité est que, de tous les esbats de ce monde, souverainement il aimoit le deduyct des chiens, et de ce estoit très bien pourveu, car toujours en avoit-il à sa délivrance plus de seize cents. »

Dans son livre *Le Miroir de Phébus, des deduycts de la chasse des bestes sauvaiges et des oiseaux de proie,* le comte de Foix nous dit qu' « il s'est délecté toute sa vie par *espécial* en trois choses : en armes, en amour et en chasse ». C'était cependant un rude guerrier que ce seigneur, qui ne craignit pas de batailler contre les rois de France, d'Angleterre et d'Espagne, et contre eux « s'est bien maintenu et comporté ».

Néanmoins, notre héros avoue modestement que des deux premiers *offices*, il y a eu

« Comment on puet mener la charrette pour traire aux bestes. » (Miniature du manuscrit de Gaston Phébus)

« de meilleurs mestres trop que lui, mès du tiers office, de que je ne doute que j'aye nul mestre ».

Gaston Phébus fut jusqu'en Suède et en Norwège forcer « les rangiers » (rennes), animaux inconnus en France. Ses chasses à l'ours sont légendaires.

Détourné par un limier, l'ours était attaqué par des chiens courants, croisés de mâtins, qui ne tardaient pas à le mettre aux abois ; on lâchait alors pour le coiffer des alans, mais l'ours, se dressant sur ses pattes, affolait les chiens en les mordant, et souvent les étouffait entre ses bras. Phébus recommande de se mettre deux pour attaquer cet animal avec de forts épieux, et « de se faire bonne compagnie ».

Passionné pour ces émouvants hallalis dans les forêts qui couronnaient les Pyrénées, il fit une mort digne de sa vaillance.

« Le comte de Foix, étant allé chasser ès bois de Sauveterre, près Orthez, avoit poursuivi un ours jusqu'à l'heure de midi. La prise et la curée une fois faites, jà estoit basse none. Il s'en fut à l'hospital de *Rion*, et y entra dans une chambre toute jonchée et pleine de verdure fresche et nouvelle, et les parois d'environ toutes couvertes de rameaux verts pour y faire plus frais et odorant. Charmé de ces prévenances, il se mit à deviser gaîment de ses chiens, lesquels avoient le mieux couru ; puis il demanda de l'eau pour se laver. Deux écuyers en apportèrent, un troisième prit le bassin d'argent, et un autre chevalier la *nape*. Sitôt que l'eau froide descendit sur ses doigts qu'il avoit beaux et droits, le visage lui pâlit et le cœur lui tressaillit. Il tomba sur un siège en disant : « Je « suis mort ! Sire Dieu, merci ! » Et oncques depuis ne parla. » (FROISSART.)

Gaston Phébus nous a laissé les détails les plus pratiques sur la manière de prendre les animaux, soit à force, soit à courre, et sur le choix des chiens. D'après lui, « on évite en chassant le peché d'oysiveté, car qui fuyt les sept pechés mortels, selon nostre foi, devroit être sauvé ; donc bon veneur sera sauvé. » Quant au mauvais veneur, « tout au moins sera logé ès faubourgs ou basses-cours du paradis ». Après cette leçon de morale, il énumère les avantages qui en résultent pour la santé. Il dédaigne les exercices qui demandent le moins d'action, partage des gens chargés d'embonpoint et des *prélats* ; à ceux-là, il n'accorde là-haut que la seconde place. Il s'attendrit en parlant du chien « loyal à son seigneur ».

Du reste, au moyen âge, si le noble aime son compagnon fidèle, celui-ci le paie de retour ; quand les forestiers apportèrent le corps du duc Bégon, ses chiens qui le suivent « hulent, braient et mènent grand tempier ». C'était un gentilhomme, s'écrie Garin, « car ses chiens l'aimoient fort ».

Phébus employait pour « assaillir, mordre et retenir sanglier, ours ou loup », deux espèces d'alans (race introduite dans la Gaule par les Alains) : 1° l'alan *gentil*, taillé droitement comme un lévrier avec la tête grosse et courte, blanc *avec une tache noire environ l'oreille*, les yeux petits, le nez blanc, les oreilles droites, taillées en pointe. Ce chien, fort difficile à dresser et même féroce, était, « une fois bien *duit* », le plus parfait de tous ; aussi vite qu'un lièvre, il tient plus fort de sa morsure *que ne feroient les trois meilleurs* ; 2° l'alan *vautre*, plus corsé, moins vite, avec une grosse tête, de grosses lèvres et de grandes oreilles ; la bête une fois jointe par les premiers, les vautres la coiffent hardiment ; s'ils sont tués ce n'est « mie grande perte, car ils sont pesants et laids ». Ces terribles alans, munis de colliers et de cuirasses, étaient tenus muselés hors le moment où on les employait. Le poète anglais Chaucer nous montre « un roi assis sur son trône, entouré d'alans blancs,

Alan (Miniature du manuscrit de GASTON PHÉBUS)

aussi grands que taureaux, portant des muselières bien attachées, des colliers d'or et des tourets de laisse bien travaillés ».

Les alans, sous la désignation plus récente de vautres, dogues et mâtins, continuèrent à être longtemps employés en France pour « tenir quoy » loup, cerf et sanglier.

La meute royale a conservé jusqu'au règne de Henri IV le nom de *vautrait*, dérivé du vieux mot *vautre*.

« Des maladies des chiens et de leurs curations. » (Miniature du manuscrit de Gaston Phébus)

Phébus veut que les lévriers aient une longue tête, en forme de brochet, avec de bons crocs, des jarrets droits, le rein large « de pleine paume et plus ».

On lui attribue généralement la création de la race bleue de Gascogne; il dut croiser les chiens indigènes existant alors dans son pays avec les chiens blancs et noirs de l'abbaye de Saint-Hubert. Sans nous attarder à des recherches rétrospectives, si souvent dépourvues de preuves certaines, à propos de l'origine des chiens de cette époque, il nous semble bon, au point de vue de la science actuelle de la vénerie, de faire remarquer que Phébus distinguait dans sa meute trois classes de chiens *sages* : les *bauds et lies*, c'est-à-dire les chiens gais et requérants; les *cerfs bauds*, ne chassant que le cerf, et ne criant plus quand celui-ci s'accompagnait; les *cerfs bauds restifs,* s'arrêtant sur le change. Aujourd'hui avons-nous de meilleurs chiens courants? Oui, quand nos chiens, à la suite de leur animal de chasse, traversent sans prendre le change les hardes avec lesquelles le chevreuil ou le cerf s'est accompagné.

En 1394, Harduin de Fontaines-Garin fit un manuscrit intitulé *Trésor de Vénerie.*

Les vingt miniatures qui enluminent l'ouvrage sont d'une exécution parfaite.

Le seigneur de Fontaines-Garin ne s'occupe que de la chasse au cerf; il le fait en maître consommé, pour l'avoir apprise de ses parents, tous veneurs de père en fils. Nous assistons au travail du valet de limier, au *découpler* après que le chien a détourné l'animal, à toutes les péripéties du courre du cerf, et à la manière de « chassier environ la Magdeleine que le cerf est *fréé bruni* ».

Remarquons combien la langue de la vénerie est immuable. Les expressions dont se sert le veneur du quatorzième siècle sont presque toutes identiques aux nôtres : on dit encore du cerf qu'il a *frayé-bruni,* quand, après le frayoir, il a bruni ses bois en les frottant le long des arbres pour en dépouiller les lambeaux. Le livre se termine par la description « des sens du cerf et des vertus qui sont en lui ».

Vingt miniatures représentent le seigneur offrant son livre au roi; son portrait et les diverses péripéties de la chasse du cerf accompagnent le texte explicatif, soit au recto soit au verso de chaque feuillet.

Remarque curieuse et unique : au-dessus de chaque miniature, les notes de la *cornure* sont représentées par une série de petits carreaux noirs et blancs, indiquant le nombre de sons que le veneur doit tirer de son cornet, suivant tel ou tel épisode du laisser-courre.

Suivant nous, ces cornures n'indiquent que des sons brefs, longs, semilongs ou doublement longs. Les cornes de chasse ne pouvant donner qu'un son, les cornures ne devaient différer que par l'étendue des sons.

Cette explication semble résulter du précepte suivant enseigné par l'auteur du *Trésor de Vénerie* dans ces cinq vers :

> Et si vous plaist l'eauve corner
> Un lonc mot, et puis quatre après,
> Doubles de chasse près à près;
> Et tout autant d'une autre alaine,
> Dont cy véés figure plaine.

Le seigneur, monté sur un cheval gris, est seul muni d'un cornet recourbé en forme d'olifant, retenu par une enguichure.

Il en sonne quatorze fois. (L'espace ne nous permet de reproduire ici que huit son-

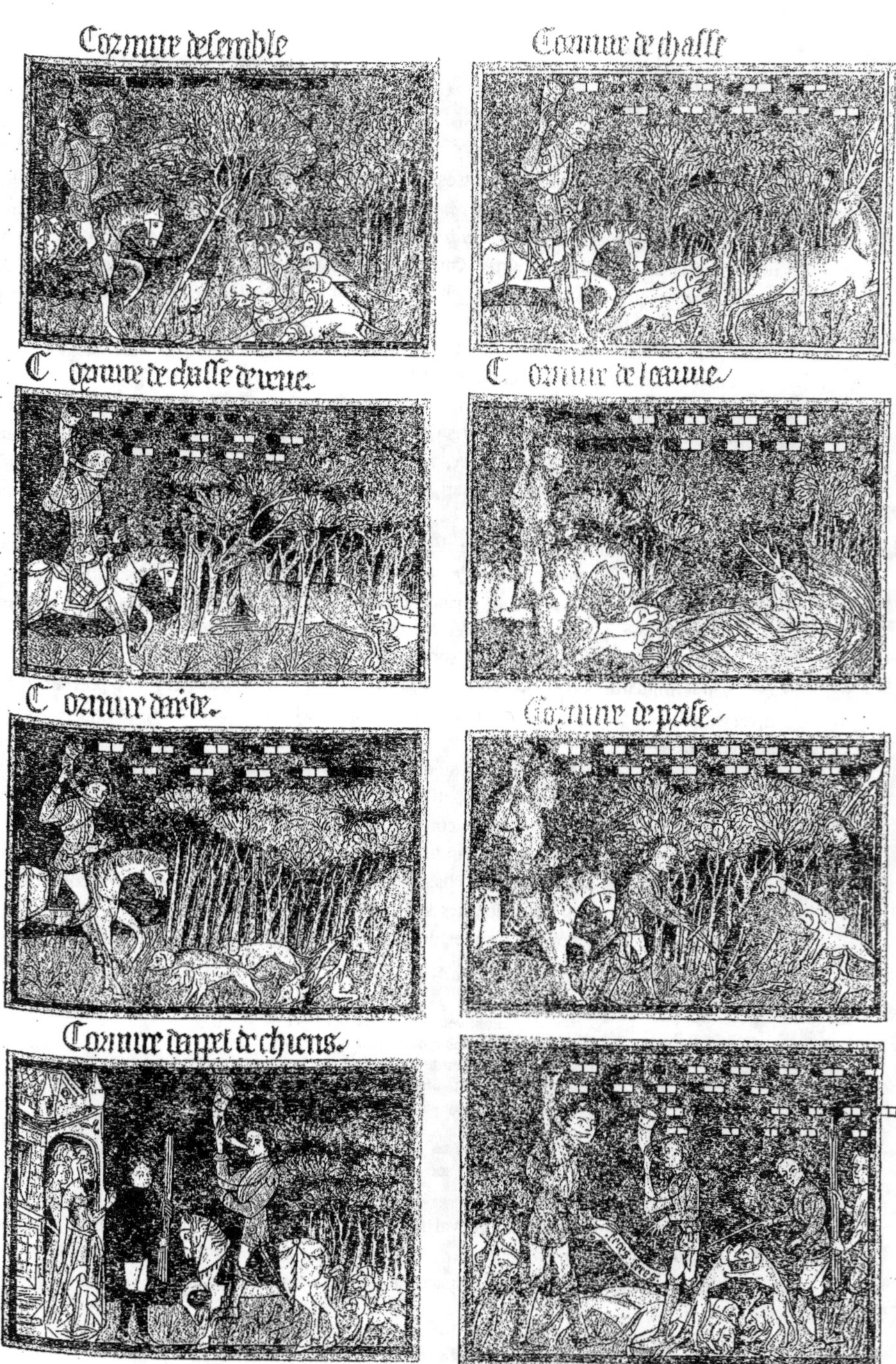

MINIATURES DU *TRÉSOR DE VÉNERIE*

Manuscrit de HARDUIN DE FONTAINES-GARIN

(XIVᵉ SIÈCLE)

Cornure deſemble

Cornure de chaſſe

Cornure de chaſſe de veue.

Cornure de leauue

Cornur darde.

Cornure de paſe.

Cornure dappel de chiens.

neries.) Il désigne ainsi tous les moments de la chasse où le veneur doit sonner : cornure du départ, cornure de semble (assemblée ou rendez-vous), cornure de queste, cornure de chasse de vüe, cornure de mescroy (défaut), cornure de requeste, cornure de l'eauve (eau), cornure de relais, cornure d'ayde, cornure de prise, cornure de curée, cornure d'appel de retraite, cornure d'appel de chien, cornure de retraite.

Les valets de chiens, qui viennent à *l'ayde* du veneur au moment où le cerf, forcé, foule et blesse la meute, sont armés d'un couteau de chasse assez court et d'un épieu « croisié », avec lequel ils daguent le cerf. Le seigneur veneur n'a aucune arme; il se contente d'appeler à *l'ayde* les valets qui ont, à pied, suivi la chasse. La châtelaine et les dames, qui ne doivent pas être indifférentes au résultat de la journée, viennent au devant de lui, précédées d'un page muni d'une torche allumée.

Fontaines-Garin ne fut pas seulement un maître veneur, mais encore un vaillant chevalier. Naguère on inaugurait sa statue sur la place du bourg de Fontaines-Garin, près de Baugé. Le 25 mars 1421, il vainquit les Anglais dans un engagement où le duc de Clarence, frère du roi Henri IV d'Angleterre, trouva la mort. Lui-même fut tué à la journée de Cravant, en juillet 1423.

Veneurs du xve siècle (Miniature du manuscrit de Gaston Phébus)

Encore dauphin, Charles VII fut traîtreusement invité par le duc de Bourgogne à une chasse près de Villeneuve-Saint-Georges; il échappa à grand-peine au guet-apens tendu par ce prince.

Devenu roi, nous le voyons chasser à Jumièges, à Lyons, et accompagner souvent la gente Agnès Sorel, « qui prenait plaisir, écrivait-elle au roi, à chasser avec des lévriers et à assister à des hallalis de porcs sangliers dans la forêt de Loches ».

Charles VII a laissé, comme chasseur, peu de traces dans l'histoire qui nous occupe : il avait trop à batailler avec les Anglais pour pouvoir s'occuper de ce passe-temps; aussi permit-il la chasse à tout le monde; son règne fut l'âge d'or des disciples de saint Hubert.

Le dauphin Louis, exilé à la cour de Bourgogne, apprenant la mort de son père, fit célébrer quelques messes *sans solennité*; après quoi il parut le même jour à midi, vêtu d'une tunique mi-partie blanche et mi-partie pourpre, la tête couverte d'un chaperon de même couleur; il s'en fut à la chasse avec ses courtisans habillés comme lui.

Parlant de Louis XI, Elzéar Blaze a écrit ceci : « Je n'écris jamais sans un certain plaisir le nom de ce digne roi. Que m'importe à moi que Louis XI ait fait pendre par-ci par-là

quelques pauvres diables, qui probablement l'avaient mérité? Il était chasseur et chasseur
enragé; il nourrissait de nombreuses meutes; il faisait venir de tous les pays les meilleurs
faucons, les meilleurs piqueurs, les meilleurs fauconniers; il récompensait largement un

Costumes des valets de chiens (Miniature d'un manuscrit du British Museum)

beau laisser-courre; un bon chasseur, de quel pays qu'il vînt, était sûr d'un bon accueil.
Toutes ses peccadilles disparaissent en présence d'aussi précieuses qualités. »

Philippe de Commines, son compagnon et son historien, nous apprend qu'il ne se
contentait pas des animaux qui peuplaient alors nos forêts; il envoya « quérir en Danemark
et en Suède deux sortes de bestes : les helles (élans), et sont de corsaige de cerfs, grands
comme bufles, les cornes courtes et grosses; les autres dicts rangiers (rennes), qui sont de

corsaige et couleur de daim. De chacune, de ces bestes donna aux marchands quatre mille cinq cents florins d'Allemagne. »

Quand il s'agissait de satisfaire sa passion favorite, l'avarice habituelle de ce prince égoïste se changeait en prodigalité; « il donnoit largement à braconniers et fauconniers qui lui faisoient son deduyct; à d'autres gens ne donnoit que pou ou néant, et ne tenoit compte de soy vestir ne parer richement, ains se vestoit le plus du temps de drap de petit gris, et de pourpoints de futaine plus méchamment qu'à son estat appartenoit. » (ENGUERRAND DE MONSTRELET.) Pendant son séjour à Amboise et au Plessis-lez-Tours, Louis XI chassait tous les jours, et quand le gibier diminuait, il faisait venir des provinces voisines des animaux de toute sorte, biches, cerfs, chevreuils, et même des oiseaux. « Ce jour furent prinses pour le Roy toutes les pies, jays, chouettes estant en cage ou aultrement, et estant privées, pour toutes les porter devers le Roy; et estoit escript et enregistré le lieu où avoient été prins les dicts oiseaux, et aussi tout ce qu'ils savoient dire, comme larron, paillart, fils de ..., va dehors, va Perrette, donne moi à boire, et plusieurs aultres beaux mots, que iceux oiseaux savoient dire, et qu'on leur avoit apprins. »

Jaloux de ses plaisirs et voulant se rendre populaire, il restreignit les droits de chasse de la noblesse; cette prétention attira sur la France les malheurs de la guerre dite « du Bien public ».

Les défenses de chasse étaient si âpres et si sévères, « qu'il était plus rémissible de tuer un homme qu'un cerf ou un sanglier ». (CLAUDE DE SEYSSEL.)

Louis XI, en costume de veneur

D'un caractère sombre, il n'aimait guère que le seul plaisir de la vénerie : « Il y avoit quasi autant d'ennuy que de plaisir, car il prenoit grand peine pour autant qu'il couroit cerfs à force : se levoit matin, alloit aucunes fois loin, et aussi s'en retournoit aucunes fois bien las et presque toujours courroucié à quelqu'un, car c'est un mestier qui ne conduit pas tous jours au plaisir ceux qui le meinent. Toutefois il s'y connaissoit mieux que nul homme qui ait régné de son temps; à cette chasse étoit sans cesse, et logeoit par les villages jusqu'à ce qu'il venoit des nouvelles de guerre. » (COMMINES.)

Louis XI faisait chaque chose en son temps et lieu, se battant dans la belle saison, chassant pendant l'hiver. Dans une lettre adressée au seigneur de Bressuire, il s'exprime ainsi : « J'ai esté averti de Normandie que l'armée des Anglois est rompue pour cette année; je m'en retourne prendre et tirer des sangliers, afin que je n'en perde pas la saison, en attendant l'autre pour prendre et tuer des Anglois! » Quelle admirable sagesse! comme ce

13

prince entendait l'existence ! Tristan L'Ermite, qui cite cette lettre dans le *Cabinet de Louis XI,* ajoute : « C'est parler en brave et vaillant roy de ne vouloir perdre la saison de tuer des sangliers, non plus que des Anglois en la leur. » En 1812, Napoléon raisonna mal ; il aurait dû connaître la saison des Russes et la saison des cerfs : il n'eût pas englouti sous les neiges des steppes de la Russie la plus belle armée du siècle.

Le roi affectionnait particulièrement la Touraine et les Marches d'Anjou et du Poitou ; maintes fois il logea au manoir d'Argenton, chez son ami Philippe de Commines.

« Un jour, nous dit l'historien des ducs de Bourgogne, sur le dire de son astrologue, qui lui avait prédit le beau temps, il était parti pour la chasse. Il s'avisa de demander s'il ferait beau à un homme qui touchait un âne chargé de charbon. Cet homme lui annonça la pluie, sur la foi de son âne qu'il voyait se gratter et secouer les oreilles. En effet, le roi rentra mouillé jusqu'aux os, mais ravi dé pouvoir railler son astrologue et lui reprocher qu'il en savait moins que la bourrique du charbonnier. »

Le 23 décembre 1472, Louis XI, s'étant rendu en Bas-Poitou, à Mortagne-sur-Sèvre, pour régler le mariage de Philippe de Commines avec Hélène de Chambes, voulut se donner le plaisir d'une chasse au sanglier. Il y eût certainement perdu la vie sans le courage de Nicolas Séguin, prieur claustral de l'abbaye royale de Saint-Michel-en-l'Herm, qui, après avoir voué le roi à saint Michel, tua d'un coup d'épieu le sanglier blessé qui se ruait sur lui.

Chien blanc du roy (Extrait de la *Vénerie* de Du Fouilloux)

En reconnaissance de la protection de saint Michel et du dévouement du prieur, Louis XI fit don à l'abbaye du collier de l'Ordre qu'il portait ce jour-là. Le joyau précieux a disparu avec tant d'autres objets d'art remarquables lors du sac de l'abbaye royale par les huguenots en 1569. Outre le collier en or qu'il portait, Louis XI fit don à l'abbaye d'un bas-relief en albâtre, œuvre du célèbre sculpteur tourangeau Michel Colombe, représentant l'archange à cheval, perçant d'un coup de lance un sanglier furieux à côté d'un roi en prière. Ce magnifique bas-relief n'échappa pas à la fureur iconoclaste des prétendus réformés.

La forêt de Chinon est pleine de souvenirs de Louis XI : près du village de Saint-Benoît-du-Lac-Mort, où il fut frappé d'apoplexie et transporté mourant à Plessis-lez-Tours,

existe encore le carrefour de Louis XI. Les forestiers de Chinon ont aussi donné son nom
à une allée qui le traverse du nord au sud.

Ce roi veneur voulut être enterré à Notre-Dame de Cléry « habillé comme ung chasseur,
avec des brodequins et non pas des ouzeaux ; son chien près de lui, son chapel en main,
son épée au côté, son cornet pendant à ses épaules par derrière, monstrant les deux bouts ».

Il ordonna de lui construire un mausolée en bronze doré. Ce curieux monument fut
détruit au seizième siècle, par les protestants.

La race des chiens blancs du roi, si longtemps en honneur en France, date du règne
de ce prince : Souillard, chien blanc de Saint-Hubert, en fut le père : « lequel, dit plus tard
du Fouilloux, fut donné par un pauvre gentil-homme (poitevin, croit-on) au feu roy Louis,
qui n'en fit pas grand compte, d'autant qu'il aymoit surtout les chiens gris, desquels estoit
toute sa meute, et ne faisoit cas d'autres chiens, si ce n'estoit pour faire limiers ».

Gaston de Lyon, sénéchal de Toulouse, était présent lorsque ce gentilhomme vint offrir
Souillard. « Cognoissant bien que le roy n'aymoit point ce chien, le supplia de lui donner,
pour en faire présent à la plus sage dame de son royaume, Anne de Bourbon ; et le roy lui
respond sur ce point de l'auoir nommée la plus sage : « Mais dittes, moins folle que les
« autres, car de sage femme, n'y en a point au monde. » (Du Fouilloux.)

Le sénéchal de Normandie, Jacques de Brézé, nommé grand veneur de Mme de Beaujeu,
obtint, pour l'équipage de l'illustre chasseresse du quinzième siècle,

> Souillard le blanc et le beau chien courant,
> De son temps le meilleur et le mieux pourchassant ;
> Du bon chien Saint-Hubert, qui Souillard avait nom,
> Fils et heritier, qui eut si grand renom !

Brézé fait son éloge dans le livre intitulé *Des dicts du bon chien Souillard, qui fut au
roy onzième du nom.*

Devenu vieux, il fut l'objet des soins les plus tendres et les plus touchants de la part
de son maître. Dans sa *Vénerie*, du Fouilloux nous en a laissé le portrait. Dans son poème,
Jacques de Brézé lui fait dire :

> Le mestre à qui je suis, qui me garde si cher,
> Si me fait pain et chair pour mon vivre trancher,
> Coucher dans sa chambre près du feu chaudement
> Paille et belle litière accoutrées nettement.
>
> (De Brézé.)

On fit couvrir par Souillard une lice braque d'Italie, de couleur blanche et fauve,
appartenant à un greffier (secrétaire du roi) que le savant baron Pichon croit avoir été Jean
Robertet, greffier de l'Ordre de Saint-Michel et ami de Brézé.

Le premier-né de cette alliance fut nommé *Greffier*, du nom de l'emploi de son maître.
Il était si parfait « qu'il ne se sauvoit peu de cerfs devant lui », et des treize petits qu'il

eut, aussi excellents que lui, sortit l'illustre race des chiens greffiers, « laquelle étoit tout en estre à l'avènement de François Ier ». (NOIRMONT.)

La lice *Baulde*, couverte par Souillard, donna à l'équipage d'Anne de Bourbon « *Cléraut, Joubar, Miraut, Meigret, Marteau*, etc., etc., et *Hoise* la bonne lissee ». Telle fut l'origine de cette race précieuse, orgueil de la vénerie française, qui peupla les chenils royaux jusqu'à l'époque néfaste où son dernier descendant fut noyé dans le sang de ses maîtres.

Louis XI aima la chasse jusqu'à sa mort (1483). Durant sa dernière maladie, à Plessis-lez-Tours, il se divertissait à voir tuer dans ses appartements, par des chats et des petits chiens dressés à cette chasse, les plus gros rats qu'on pouvait lui procurer.

Le dauphin Charles avait été séquestré tout enfant dans le château d'Amboise; son père voulait, conformément à sa politique soupçonneuse, qu'il vécût ignoré. Du Bouchage, son précepteur, encourut la disgrâce du roi pour avoir, par pitié, procuré au dauphin le plaisir de la chasse.

Parvenu au trône, Charles VIII, bien qu'il eût passé sa jeunesse avec sa sœur aînée, Mme de Beaujeu, aima peu la vénerie; il se plaisait surtout aux déduicts de la fauconnerie. Il se fit chérir de sa noblesse en lui rendant les droits et les privilèges de chasse, confisqués par son père.

Aussi la cour passa-t-elle de l'extrême tristesse à la joie la plus grande. Pour complaire au jeune roi, on vit les vieux courtisans courir et folâtrer dans la forêt d'Amboise, et même de graves magistrats grimper sur des arbres, pour y chercher des nids d'oiseaux qu'ils offraient au jeune prince. Tout rentra dans l'ordre accoutumé.

Charles VIII avait des faucons jusque dans sa chambre. Dans un compte de ses menus plaisirs, daté de 1491, on lit : « Item une grande perche pour mettre les oiseaux en ladite chambre du roy : deux solz. »

A son retour d'Italie, Charles VIII voulut chasser avec des léopards. Galéas Visconti, duc de Milan, avait fait faire une chasse de ce genre, aux environs de Milan, pour amuser le duc de Clèves. « Ils allèrent, raconte Mathieu de Couci, à l'esbat des champs, où ils trouvèrent de petits chiens chassant aux lièvres, et sitôt qu'il s'en levoit un, il y avoit trois ou quatre léopards à cheval derrière des hommes qui sailloient et prenoient les lièvres à la course. »

Les premières chasses de ce genre eurent lieu à Amboise. On renfermait les léopards dans un fossé, qui existe encore, près de la *porte des Lions*.

En 1491, l'évêque d'Angoulême, Octavien de Saint-Gelais, écrivit un poème plus que médiocre, intitulé : *Pipée ou Chasse du Dieu d'Amour.*

Dans un style naïf et gracieux autant que remarquable pour cette époque, le *liseur du Roy*, Guillaume Tardif, composa pour Charles VIII et par son ordre *L'art de Fauconnerie et des chiens de chasse*; c'est lui qui nous le dit dans sa dédicace : Au Roy Très chrestien, Charles VIII, Tardif son liseur : « Sire, par votre commandement, tout ce que j'ai pu trouver nécessaire et vrai de l'art de Faulconnerie et de Vénerie vous ay en ung petit livret rédigé. »

ANNE DE FRANCE, DUCHESSE DE BOURBON, DAME DE BEAUJEU, FILLE DU ROI LOUIS XI
avec saint Jean l'Évangéliste, dans un paysage

(Musée du Louvre, date 1488)

Anne de France, mariée à Pierre II, duc de Bourbon, sire de Beaujeu, et qui, pendant la minorité de son jeune frère, gouvernait la France avec autant de tact que d'énergie, fut, nous l'avons dit, une chasseresse intrépide.

Jacques de Brézé, son grand veneur, nous montre Mme de Beaujeu écoutant le rapport, donnant des ordres pour la disposition des relais et examinant attentivement les *cognoissances* du cerf avant de le lancer : puis

> Elle se mest en la meslée
> Tant que chevaux galoper purent ;
> De parler aux chiens ne cessoit :
> « Baulde, ma mie, là ira. »
> De si près elle le pressoit
> Que je crois qu'elle le mangera.

Dans un défaut qui survient, elle *deffait ses ruzes à l'œil* et commence à *fort buer* ; quand le cerf est tombé devant les chiens,

> Madame est à pied descendue
> Et puis le vient prendre à la teste ;
> A tous les chiens parle et fort hue,
> Et à chascun à part fait feste.

Elle reçoit enfin les honneurs du pied et préside à la curée. Le grand veneur, ravi, s'écrie, en parlant de sa maîtresse :

> C'est la belle rose fleurye,
> Le seul reffuge et la maistresse
> Du beau mestier de vennerye.

Mme de Beaujeu entretenait pour le cerf une meute de ces chiens fauves et rouges de Bretagne, depuis longtemps en honneur dans la vénerie royale : elle possédait entre autres, nous l'avons dit, la fameuse lice *Baulde*, « la bonne lisse qui tant de bien a sceu ».

Plein d'admiration pour les vaillants chiens de *la belle rose fleurye*, le bon sénéchal s'écrie :

> Dieu scait en quelle joie mon cueur
> Sera de les ouyr chasser !
> Je ne crois pas qu'il soit chaleur,
> Ni travail qui me sceut matter !
> L'on n'y per tout mélancolie ;
> A mal fère ne peuvent hanter
> Ceux qui usent de tel mestier.

A l'exemple des nobles amazones du moyen âge, qui portaient à la chasse « le cor d'yvoire pendant en escharpe », Mme de Beaujeu en sonnait fort bien :

> A sa belle bousche elle a mise
> Sa trompe, dont moult bien s'aydoit.

Admirons dans cette habile princesse, une des gloires françaises les plus brillantes, le modèle d'un veneur accompli.

Un des poètes du quinzième siècle, chantre de la Sainte-Chapelle de Paris, en même temps chroniqueur et historiographe des rois Charles VIII, Louis XII et François Ier, écrivit en vers gais, vifs et facétieux, *Le Débat entre deux dames sur le passetemps des chiens et des oyseaux.*

Voici un échantillon de la muse alerte et quelque peu gauloise de Guillaume Crétin. décrivant un retour de chasse :

> Joyeux devis se mirent à l'enchère,
> Menus propos furent en avant mis.
> Ainsi que l'on fait entre bons amis,
> On chante, on rit, on s'accole, on se baise.
> Puis le souper s'apprête :
> On perce vins, on larde venaison ;
> Poulets, pigeons ne se sauvent ni oisons.
> Les amoureux se devisent aux dames,
> Comptent leurs cas, jurent Dieu et leurs âmes
> Qu'ils n'ont repos la seule heure de nuit ;
> Font des piteux, soupirent et lamentent ;
> Mais, pour certain, je crois qu'en cela mentent.

Ces jolis vers, tout en témoignant chez leur auteur d'une profonde connaissance du cœur humain, nous initient aux gais passe-temps des veneurs des quinzième et seizième siècles.

Pendant tout le moyen âge, un nombre considérable de loups désola la France. La férocité et l'audace de ces animaux ne redoutaient aucun danger et faisaient des victimes jusque dans l'intérieur des villages. Philippe de Vigneulles, chroniqueur du Pays Messin, nous transmet de curieux détails sur la chasse d'un loup aussi redoutable, au quinzième siècle, que le loup du Gévaudan au dix-huitième. Le manuscrit de l'écrivain renferme, sur les armes dont on se servait pour attaquer le loup, des détails curieux ; la naïveté du récit est charmante. Conservant scrupuleusement le texte et l'idiome de l'auteur, nous ne nous sommes point permis de changer les expressions et les tours de phrase qui ont vieilli : ce serait, selon nous, travestir, et *non pas rajeunir l'auteur.*

« En l'an 1482, régnoient plusieurs loupz dévorans et dangereulx. Car, en l'an devant, en avoit eu ung qui avoit estranglé plusieurs enfans, et les empoignoit avec les dents par la gorge. En ceste présente année, en suscita ung pire que le dit premier. Et à Vigneulles, en ung villaige tout emprès, il print deux jonnes filles de treize et quatorze ans. L'une d'icelles, qui estoit une très belle fillette, fut prinse à la fontaine, et ceste très perverse beste la saisit par la gorge et l'estrangla. La seconde fille que ceste perverse beste print à Vigneulles

LA CHASSE DES DAMES

Miniature des *Épîtres d'Ovide*

(XVᵉ SIÈCLE)

estoit plus aigiée; estoit en une vigne derrière leur maison, qui chantoit à haulte voix; et auprès d'elle sur ung serisier estoit ung jonne fils qui cueilloit des serises, et à l'oyr chanter prenoit plaisir. Et en chantant, subitement ceste beste perverse vint, la gueule bayée, et la print par la gorge de telle force, qu'il l'estrangla, sans mot dire ne braire. Et quand le dit garson ne l'oyt plus, il lui dit : « Isaibeau, tu ne chantes plus. » Et en ce disant, il resgarda au lieu où il l'avoit veue, et vit que le loup la maingeoit. Et avoit celle coutume qu'il empoignoit les gens par la gorge, tellement qu'ils n'avoient l'espace de dire ung mot ni de parler. Par compte fait, en divers lieux, en furent trouvez jusques trente cinq ou quarante estranglés, sans ceux et celles qui furent en dangier.

« Par les villaiges furent faits plusieurs édicts, que incontinent que on le verroit, que on criast après et que on s'assemblast pour le tuer. Et courroit après avec faulz, massues, picques, épieulx, arbolestres, colleuvrines, et aultres bastons, comme si ce fust esté après gens de guerre. Par cry publicque fait en Mets, fut huchié que quiconque le porroit prendre ou tuer, la cité lui donneroit cent solz; et en plusieurs villaiges promirent de donner, l'ung vingt solz, l'aultre trente solz, et aultre quarante solz.

« Or, fut ung audacieux compagnon, nommé Pierson, de Bar, qui, voyant le prix que on donnoit à celluy qui le loup tueroit, se aventura de entreprendre ceste affaire, le tuer ou y demeureir. Il vint aboardir en un villaige, où la renommée estoit, que le dit loup fréquentoit, nommé Plapeville, devant Mets, despendant de l'abbaye de Saint-Symphorien, et emprunta un pressoir à vin, au dehors de la ville, où il se allat mettre la nuit en embusche et fist percer la muraille. En cet endroit fist le dit Pierson amener une chairongne de cheval nouvellement mort. Il advint que le dit loup se vint à panre de bonne sorte à cette chairongne, et rendoit lors la lune sa clairté, par quoy le dit Pierson le pouvoit veoir et bien adviseir. A la clairté de la lune print sy bien sa visée que d'une arbollestre tira ung traict au dit loup, au costé, entre la jambe, le derrière et le petit ventre. Ce fait, le dit Pierson, avec ung espieulx de braconnier, sortit hors du dit pressoir avec son espée au costé, et vint assaillir le loup, lequel combien qu'il fut blessé jusques à la mort, se dressa sur les pieds de derrière, le cuydant prendre par la gorge, avec gueule bayée; ce véant le dit Pierson luy asséna si bien son espieulx à la gorge, qu'il le mist à terre et l'aculoit et ne l'abandonnoit jusques à temps que le dit loup fut mort.

« Le dit Pierson joyeulx d'avoir tué ceste maligne beste, alla de grand matin appeleir ses compaignons; si prindrent ceste maldicte beste et la portèrent en la cité; pour le veoir chascun couroit après : puis fut porté par les villaiges ou il receuprent beaulcoup de sommes, de denrées, et après le pendirent à ung gros viez orme qui lors estoit entre Lesserf et Plapeville, là ou depuis a été faicte une croix et une petite chaipelle. Depuis ce fait, pour la hardiesse du dit Pierson, de Bar, il fut fait et ordonné soldair à cheval aux gaiges de la cité, où il fina sa vie honestement, et luy fust mué son nom et fust appelé : *Pierson le Loup.* »

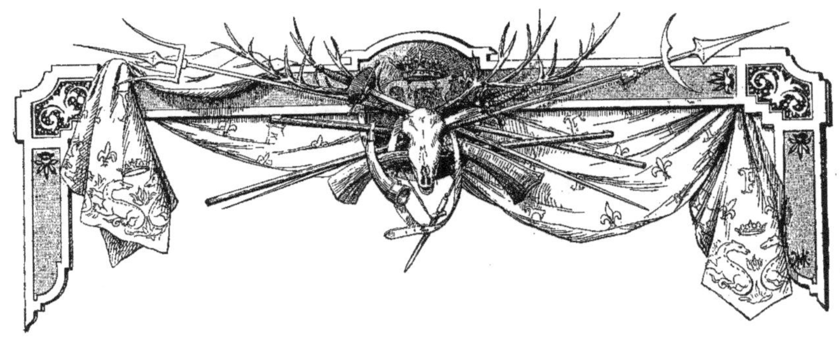

CHAPITRE II

LES VALOIS D'ORLÉANS

LOUIS XII — FRANÇOIS Ier

ENEUR émérite, Louis XII sut chasser à moins de frais que Louis XI. Saint-Gelais nous raconte qu'en temps de paix, après avoir pourvu au nécessaire, Louis XII aima la chasse et la fauconnerie : « Et nul si grand maistre que lui ne pratiqua le mestier si avant que lui, ne n'y eut oncques tant de plaisir à moins de frais. Le roy a d'aussi bons chiens pour prendre le cerf à force que oncques princes, et ci ne lui coute point à moitié tant qu'il faisoit aux aultres, et en cela comme aux aultres choses, se peut connaître son sens et sa prudence. »

Après avoir conquis le Milanais, Louis XII ramena en France les léopards de chasse du duc Sforza. Sainte-Palaye cite à ce propos une lettre de Jean Caulier, son ambassadeur; après avoir raconté la prise d'un lièvre, Caulier ajoute : « Environ entre quatre ou cinq heures, nous alasmes avec le Roy chasser au parcq, où il fut tué un sanglier et prins par un léopard deux chevreux en notre présence, et tout auprès de nous; ce fait, le dict Roy yscit hors du dict parc et fist montrer son écurie. »

A l'occasion de son mariage avec Anne de Bretagne, Louis XII fit faire une chasse au léopard, qui eut un triste dénouement.

Un léopard sauta sur un faucon, qui venait de porter à terre un héron. Le fauconnier courut pour défendre son oiseau, le meilleur de tous ceux que possédait le roi. La bête féroce lui dévora le bras; la reine s'évanouit. Cet accident fut cause que le roi ne chassa plus avec les léopards.

Cette chasse, du reste, se pratiquait depuis longtemps en Orient et même en Bourgogne.

Chasse au guépard (Gravure de STRADAN et de GALLE)

Il est fait mention, dans la vie de Charlemagne, des lions que ce prince entretenait dans ses équipages; selon toute probabilité, ces lions, comme ceux que les Égyptiens, avons-nous dit plus haut, dressaient à la chasse, étaient des léopards, ou plutôt des guépards.

Un veneur à cheval portait cet animal en croupe sur un coussin (nous en donnons une gravure au règne de Louis XIII) et le maintenait avec une chaîne; aussitôt qu'on apercevait un lièvre ou un chevreuil, on lâchait le guépard; en quelques bonds, l'animal était pris et étranglé. « Le veneur s'avance alors à reculons et, présentant un morceau de viande au léopard, le saisit et le remonte sur son coussin. » (NOIRMONT.)

Cette chasse fut en honneur en France jusqu'à Louis XIII, époque où l'on cesse d'en voir figurer dans les équipages royaux.

Le poète Jodelle, dans une ode sur la chasse, dédiée à Henri II, s'exprime ainsi :

Parler ainsi du lièvre on peut
Qu'à force on prend de telle sorte,
Rare ; quand Léopard veut,
En quatre ou cinq sauts l'emporte.

De nos jours, nous l'avons dit, la chasse au guépard est encore en usage aux Indes, en Syrie et en Arabie, bien qu'on n'y voie plus de ces équipages de mille guépards, comme celui que possédait, dit-on, au dix-septième siècle, le Grand Mogol.

Sa passion pour la chasse faillit, plusieurs fois, devenir funeste à Louis XII. Un jour, il se démit l'épaule en courant un cerf, dans la forêt de Montargis ; plus tard, en 1505, il manqua mourir à la suite d'une violente maladie, causée par l'excès de fatigue.

A la fin de son règne, Louis XII ne s'occupa que du soin de former le corps et l'esprit de son neveu, le jeune duc d'Angoulême. Il se plaisait à entretenir dans ce jeune prince le penchant décidé qu'il montrait déjà pour l'exercice de la chasse.

Dans ses *Mémoires*, Fleuranges raconte comment, âgé de dix ans à peine, « le dict sieur d'Angolesmes et le jeune adventureux laschoient des pans de rets, et toutes manières de harnois pour prindre cerfs et bêtes sauvaiges ».

Départ pour la chasse (Miniature du *Bréviaire* de Grimani)

Louis XII prolongea même son séjour à Chinon pour procurer ce plaisir à son neveu. « Et là, dit l'historien, tant qu'il y séjourna, parceque ce jeune prince aimoit la chasse sur tous autres deduicts, il faisoit prendre les bêtes en la forêt de Chinon et partout ailleurs, pour apporter dans le parc pour son passe-temps et pour donner desennui à son jeune neveu, qui tant y prenoit plaisir. »

Louis XII écrivit la biographie de *Relais*, le plus célèbre des chiens de sa vénerie, lequel, pendant treize ans, lui fit prendre quantité de cerfs dans toutes les forêts royales ; nous nous contenterons de citer les trois premiers vers de l'épitaphe « du bon Relais, qui vient de la race des chiens gris, dont la vénerie appartient au duc de Bourgogne », composée par Guillaume du Sable, auteur de *La Muse Chasseresse*.

> Ma bonté leur fist voir dans sa forest d'Amboise ;
> Maints grands efforts je fis en cest forest de Blois,
> Encor plus dedans est au pays des Valois.

Pierre Gringore composa, sous Louis XII, le seul ouvrage de chasse qui nous soit parvenu de cette époque ; il est intitulé : *La Chasse du cerf des cerfs.* C'est une froide allégorie ayant trait aux démêlés des princes de son temps avec le pape, qu'il appelle par un jeu de mots peu spirituel « le cerf des cerfs », en faisant allusion au titre de *Servus servorum,* que prennent les papes dans leurs bulles.

« Vieux et malade je me ferai porter à la chasse, et peut-être que mort je voudrois y aller dans mon cercueil. »

Telles sont les paroles que, peu de temps avant de mourir, « le père des veneurs », comme l'appelait du Fouilloux, François Ier, adressait à ceux de ses courtisans qui le blâmaient de risquer sa vie dans des courses folles, où le roi chevalier ne connaissait aucun obstacle. « Vous courez, Sire, lui disait Budé, auquel il avait commandé un traité de vénerie, par longs espaces, traversant forêts, taillis, précipices, et mettez seulement le bras devant les yeux pour vous garder des branches. » — « Mon fils », écrivait dans son journal sa mère, Louise de Savoie, « qui

Curée de sanglier (Miniature du *Bréviaire* de Grimani).

étoit allé à la chasse à La Chapelle-Vendômoise, se frappa d'une branche dans l'œil, dont je suis fort ennuyée. »

Un cerf un jour l'enleva de sa selle avec ses andouillers et le piétina longtemps. Doué d'une force peu commune, le jeune roi fut le héros d'une aventure émouvante rapportée par le chroniqueur Nicolas Sala, maître d'hôtel de Louis XII. *(Bibliothèque de l'École des Chartes,* 2e volume.)

Pour divertir les dames de sa cour, François Ier fit prendre un sanglier de trois ans avec l'intention de le combattre corps à corps en champ clos. Le reine et sa mère l'en ayant dissuadé à force de prières, il fit dresser des mannequins dans une lice qu'il fit barricader avec des coffres ; au signal donné, on lâche le sanglier : il court affolé, le poil hérissé ; faisant grincer ses défenses, il se rue sur les mannequins et les fait pirouetter en l'air ; puis, cherchant une issue, il culbute la barricade, gravit les premières galeries, et passant au milieu des spectateurs effrayés, tire droit au roi.

« Cinq ou six gentilshommes se précipitent au-devant de leur maître, mais le roi les écarte, et au moment où le sanglier s'élance sur lui, de sa bonne épée il lui traverse la poitrine de part en part. Mortellement atteint, le sanglier redescend en trébuchant et tombe inanimé au bas de l'escalier. »

A ce récit, Nicolas Sala ajoute : « Vous ne sauriez croire la joie que la Reine et Madame eurent, quand elles virent le Roi échappé à ce péril. Soyez sûres, Mesdames, que de toutes les contenances hardies que je vis oncques, ce fut celle du gentil roi François ; et ce que je vous dis, je le vis à l'œil. » (LA FERRIÈRE.)

Cette hardiesse de François Ier ne devait pas se démentir ; qu'on me permette d'ajouter encore ce fait peu connu, tout à la gloire de notre héros : « Un seigneur étranger, un comte Guillaume de Saxe, s'était tellement insinué dans les bonnes grâces du roi, que ce dernier l'avait attaché au service de sa chambre : de zélés serviteurs l'avertirent que l'étranger tramait contre lui un mauvais dessein. Un jour, sans rien dire à personne, le roi fit en sorte de s'écarter de la chasse pour être seul avec le comte ; puis tirant son épée, il lui en fit admirer la trempe et lui offrit de l'éprouver en brave et loyal gentilhomme. Guillaume, se sentant démasqué, lui répondit humblement : « Sire, la méchanceté de « l'entreprise serait bien grande, mais la folie de vouloir l'exécuter ne serait pas moindre. » Le roi remit l'épée au fourreau, et, écoutant la chasse qui passait près de lui, « picqua après le plus qu'il peut ». (Reine de Navarre, XVIIe nouvelle.)

Départ pour la chasse (Tapisserie du xvie siècle)

A quelques jours de là, Guillaume quittait précipitamment la France.

Insensible aux intempéries des saisons, François Ier ne se laissa jamais arrêter par le froid, la pluie ou le vent. Égaré ou surpris par la nuit, il allait souvent demander un gîte dans les huttes les plus misérables.

« Le Roy revint hier de la chasse de Saint-Laurent-des-Eaux, là où il a couru le cerf deux jours ; du passe-temps, je vous laisse à penser quel il a été ; car pour demeurer jusqu'à dix heures du soir sans revenir au logis, il n'y a gens qui l'ayent mieux fait que nous et bien mouillez. » (Lettre de Philippe Chabot, amiral de France, au connétable Anne de Montmorency.)

François Ier aimait à chasser à Chantilly; voici deux documents qui montrent que le roi y venait quelquefois. Le premier est une lettre adressée à Anne de Montmorency par le capitaine de Chantilly, Pierre de Garges, le 18 mars 1524 : « Le roy partit lundy dernier (14 mars) de céans, qui estoit arrivé le dimanche au soir, et y estoit venu espérant pouvoir courre quelque serf et y faire séjour trois ou quatre jours; mais ledit jour de lundy, eut nouvelles comment Madame sa mère estoit fort malade (à Blois), par quoy partit incontinent pour aller devers elle, et n'y fist autre séjour, dont il estoit fort marry, parce qu'il eust eu céans passe-temps en vostre forest et l'eust trouvée bien garnye de serfs aussi bien que forest de France... Monseigneur vostre père essaira à prendre quelque beste noire, qui sont encore bonnes et dont sa forest est bien garnye. »

Le second document est une autre lettre du même Pierre de Garges à Anne de Montmorency, écrite de Chantilly, le 13 octobre 1527 : « Il n'est encores point de nouvelles que le roy doibve partir de céans; il treuve tant de serfs en voz forestz qu'il s'en contente, et pareillement de sangliers. Il a prins quatre serfz et deux grans sangliers, et demain doibt encores courre. Il a dit à Monsieur vostre père qu'il y a cent serfz courables en ses forestz de céans et de coye et qu'il en a eu le rapport... [1] »

L'ambassadeur de Venise lui reprochait, à Fontainebleau, d'avoir chassé, déjà souffrant, par un froid rigoureux : « Foi de gentilhomme, répondit le roi, c'est la chasse qui m'a guéri. »

Au retour de sa captivité, François Ier continua à chasser à courre jusqu'à sa mort, arrivée en 1547.

Quand il se sentit atteint du mal qui devait l'emporter, il voulut revoir tous les lieux qu'il avait aimés, les forêts royales témoins de ses exploits; mais la mort le gagna de vitesse, il tomba épuisé à Rambouillet : ce fut sa dernière étape.

Alexis Monteil, dans son livre : *Les Français des divers États,* décrit ainsi le train de chasse de François Ier :

« Quels sont, ai-je demandé à l'huissier du cabinet, les bâtiments que nous voyons? — Ce sont les écuries, le chenil, la fauconnerie, les héronnières. Ces bâtiments ne vous paraissent que grands; ils sont immenses, et cependant je ne puis comprendre comment ils suffisent à loger tant de chevaux, tant de piqueurs, tant de chiens, qui aux chasses du roi couvrent la terre, tant de faucons, qui remplissent le ciel. Quelquefois, le roi, outre ses cent pages, ses deux cents écuyers, piqueurs ou chevaucheurs, mène avec lui quatre ou cinq cents gentilshommes; quelquefois il est accompagné de la reine ou des reines, suivies de leurs nombreuses dames et filles d'honneur. Alors tous les appartements d'en haut, toutes les

---

1. Ces deux documents font partie des papiers de Montmorency conservés au château de Chantilly. — Communiqués par Mgr le duc d'Aumale.

salles d'en bas, tous les étages, tout le château, toute la cour, tout à cheval, tout en habits rouges, semble au milieu de la campagne trotter, galoper à la suite du roi, aussi en habit rouge, courant le cerf et le sanglier. »

Le seul équipage de toiles commandé par Mgr d'Annebaud comprenait un lieutenant, douze veneurs à cheval, six valets de limiers, six valets de chiens, soixante chiens courants, cent archers porteurs de grandes vouges et employés à dresser les toiles et les planches pour les tentes; ils suivaient le roi partout où il allait en déplacement comme à la guerre.

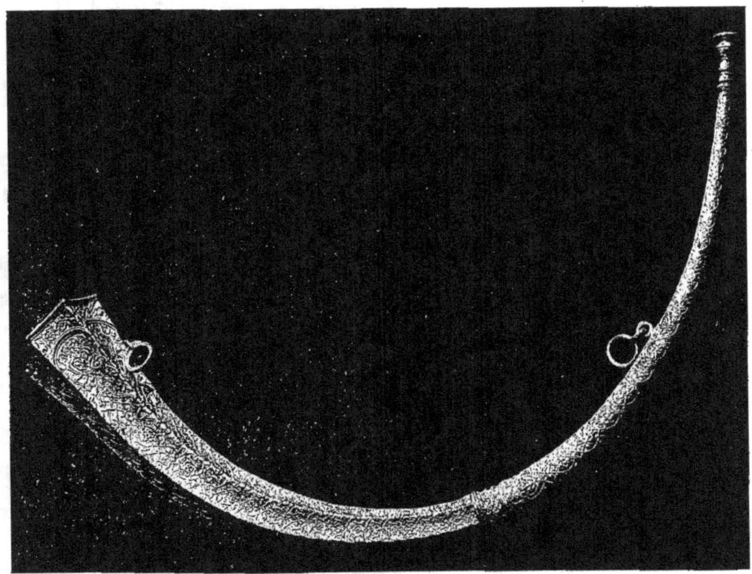

Trompe de chasse de François Ier, en bronze doré. Travail vénitien du xvie siècle (Musée du Louvre)

Bien que le roi n'aimât guère la fauconnerie, il entretenait, par ostentation plutôt que par goût, trois cents oiseaux de haut vol. Aussi ses équipages surpassaient-ils en magnificence tout ce qui s'était vu en France jusque-là.

Ses dépenses de toutes sortes s'élevaient à la somme énorme de 150.000 écus.

L'exemple du roi encouragea l'ardeur innée des gentilhommes pour la chasse. Parmi les plus célèbres veneurs de son règne, nous citerons en première ligne l'amiral d'Annebaud, qui introduisit dans les équipages royaux le célèbre *Miraud,* chien fauve de Bretagne, lequel servit à renforcer, comme nous l'avons dit plus haut, la race des chiens blancs ou greffiers, « lesquels étoient tout en estre » à l'avènement de François Ier.

Les comptes des bâtiments du roi disent qu'en 1537 un Vénitien, « Domenico Rota, vendit une trompe de chasse à ouvraige damasquiné et toute dorée ».

Une décoration composée de fleurs de lis de France borde le pavillon, indiquant que cette œuvre du plus pur style italien a été faite sur commande.

Le roi, qui s'occupait des moindres détails concernant ses équipages de cerfs, ordonna ce croisement parce qu'il trouvait que les greffiers commençaient à manquer un peu de taille et d'étoffe ; plus tard nous voyons, sous le roi Henry II, modifier encore cette race par un croisement avec un chien blanc, nommé *Barraud*, donné par Marie de Guise, reine d'Écosse. Ce n'est donc pas d'hier que, pour améliorer certaines qualités morales ou physiques d'une race, on a recours à des croisements intelligemment compris, sans pour cela en altérer le type ou la couleur.

Le sang des chiens fauves de Bretagne devait couler déjà dans les veines des chiens blancs, puisque Mme de Beaujeu avait eu plusieurs de ces chiens dans sa meute, entre autres la fameuse « Baulde, la bonne lisse rouge qui tant de bien a sceu ».

Parfaitement renseigné sur les qualités de chacun de ses chiens, François Ier désignait nominativement ceux qu'on devait découpler.

Une miniature d'un manuscrit de la Bibliotèque Nationale, intitulé : *Commentaires de la Guerre Gallique,*

Frontispice du manuscrit de la *Guerre Gallique*

représente le roi, en tenue et en action de chasse, ayant près de lui son veneur favori, Perot de Ruthie, et les chiens de tête de sa meute ; on y lit de curieux détails témoignant à quel point le roi s'occupait de sa vénerie : « Le roy François premier, l'an mil cinq cens dix-neuf, alla courir le cerf dans la fourest de Byèvre et voulut que ce iour courussent les chiens quil avoit esluz pour bailler à la meute, pour ce quils sont plus seurs que les aultres : Gaillart fust de ce nombre ; aussi fust Gallebault, et le gentil Rameau, Arbault, Gerfault et Billehau leur tindrent compaignie. Tout seul ne fust tout seul, car il fust de la bande le blanc greffier ; et Myrault et Réal ne furent oubliez. Car il ny a celui qui ne soit digne dacueillir un cerf

Miniature du manuscrit de la *Guerre Gallique*

et de garder de lancer le change ; et tous ensemble ne sont à despriser ; car ils sont meilleurs et royaulx poursuyvans que les molosses d'Épire et les chiens de Sparte... Par terre et par eau, en change et hors change, ils font si bien leur mestier qu'on ne sauroit les reprandre. Et font si grands traictz et saillies de cerf qu'il n'est cheval qui ne soit mort ou rompu de les suyvre. »

« Le roy suyvoit le cerf de bien près et couroit à bride avalée, quand il rencontra la chaste Diane montée sur ung cheval libique, moult gorgiasement abillee. Son manteau estoit de couleur céleste ; et sa cote de toyle d'or si ault troussée que par le dessoulz on pouvoit voir sa blanche et polie grêve couverte de cothurne vermeil, à la manière Musaïque. Et les cheveulx ventilans et dorez clarifiaient les umbres de la fourest par leur beaulté et spécial claritude. Aurora la précédoit et portoit le iour pur et net dans ung chariot de margarites et de roses.

« Le roy fut prins de plaisir et, après avoir oublié sa chasse, il fust tout esbahi que ceste vision se disparut, et il demoura tout seul en profonde pansée.

« Mais tantost après il vit auprès de lui un ancien homme de vénérable stature, lequel il ne congnut de prime face pour ce que en cest endroit la fourest estoit obscure et ombrageuse ; mais après l'avoir gracieusement salué, portant honneur et révérence à antiquité célébrable, il congnut à louyr parler que cestoit son amy Iule Cœsar, lequel il avoit semblablement rencontré navoit trois moys en son parc de Saint-Germain-en-Laye. »

Arraché à sa douce rêverie, François Ier pique des deux, rejoint le cerf et de sa bonne épée le dague, n'ayant avec lui que « le gentil Arbault et la belle Greffière ..., car Diane et Aurore l'avaient lessé et san estaient alléez... »

Miniature du manuscrit de la *Guerre Gallique*

Non moins célèbre par sa science en vénerie que par ses infortunes domestiques, Louis de Brézé, grand veneur et mari de la belle Diane de « Poyctiers », fut un des compagnons les plus assidus de François Ier.

Epris des charmes naissants de Diane, le roi se plut à embellir le château d'Anet; dans l'un de ses fréquents séjours, il écrivit de sa royale main ces deux lignes sur la marge d'un des portraits de Diane :

Belle à voyr,
Oneste à la hanter.

Ce qui ne prouve pas que la grande sénéchalle lui fût indifférente.

Le connétable Charles de Bourbon, dont la défection fut si fatale à la France, fut un des chasseurs les plus célèbres du seizième siècle. Neveu d'Anne de Beaujeu, élevé par elle, il fut initié de bonne heure à toutes les finesses du métier. Il eut l'honneur de recevoir François Ier dans sa principauté de Châtellerault, et de lui offrir en Poitou de brillants laisser-courre quand le roi allait chasser dans la forêt de Chizé.

Devenue la belle-fille du roi, Catherine de Médicis en partagea les goûts. Dans une lettre au duc de Florence, Bernard de Médicis rendait compte en ces termes d'un accident terrible arrivé à la dauphine :

« L'écuyer de service ayant oublié d'attacher la gourmette de sa haquenée au moment du laisser-courre, un cavalier passant près d'elle à toute vitesse, sa bête s'emporta, et ne pouvant être maîtrisée, vint donner de la tête contre le toit très bas d'une cabane de bûcheron et d'une telle force que l'arçon de sa selle se rompit. Très violemment atteinte au côté droit, la dauphine fut renversée et, au dire de nombreux témoins, courut les plus grands dangers. Arrivé aussitôt, le roi la releva et la fit ramener. A présent elle va bien. »

Miniature du manuscrit de la *Guerre Gallique*

François Ier aimait à s'entourer à la chasse des plus jolies femmes de sa cour. Brantôme raconte que le roi ayant choisi une troupe qui s'appelait « la petite bande des femmes de sa cour, les plus belles, gentilles, et plus de ses favorites, souvent se déroboit, s'en alloit en d'autres maisons courir le cerf et y demeuroit quelquefois huit jours, quelquefois moins suivant que l'humeur lui plaisoit ».

La petite bande des dames eut pour capitaine Catherine de Médicis, alors dauphine, et qui depuis, étant reine, continua toujours « de marcher à la chasse à la tête de ce joli escadron ». Brantôme ajoute : « Il faisoit beau voir quand la Royne alloit par pays en litière, fust qu'elle allast à cheval en assemblée, vous eussiez veu quarante ou cinquante dames ou damoiselles la suivre sur de belles hacquenées tant bien harnachées, et elle se tenoit à cheval de si bonne grâce, que les hommes ne s'y paroissoient pas mieulx; leurs chapeaux tant bien garnis de plumes, ce qui enrichissoit encore la grâce, si que les plumes voletantes en l'air, représentoient à demander amour en guerre. Virgile, qui s'est voulu mesler de décrire le haut appareil de la royne Didon quand elle alloit et estoit à la chasse, n'a rien approché auprès de celuy de notre Royne avec ses dames, et ne lui en déplaise. »

Jean de Médicis, devenu pape sous le nom de Léon X, fut, comme son prédécesseur, Jules II, un fervent disciple de saint Hubert. Non seulement ce grand pape se plaisait à encourager les lettres et les arts, à s'entourer de ces savants qui ont jeté tant d'éclat sur son siècle, mais il aimait aussi la société des chasseurs. Comme eux, il estimait que les exercices du corps ne nuisent en rien au développement des qualités de l'esprit.

Hallali de cerf (*Les belles chasses de l'empereur Maximilien*, de BERNARD VAN ORLEY)

Un poète contemporain composa en son honneur les vers suivants :

> Un illustre héritier des nobles Médicis,
> Le héros de son temps, le pape Léon dix,
> Chaque automne autrefois oubliait dans Ferrare
> Avec quelques oiseaux le poids de la tiare.

Brantôme raconte, dans les *Capitaines françois* (tome II), que les gens d'église se livraient avec ardeur, entre autres passe-temps, à l'exercice de la chasse. Avec la partialité et la crudité de langage qui souvent caractérisent ses écrits, il qualifie « les moines claustraux de gens inutiles ne servant qu'à faire des cordes d'arbalète, des poches à furets, à prendre des connils, à siffler des linottes ».

Il est vrai que Corneille de La Pierre, dans ses *Commentaires sur l'Écriture sainte*, semble lui donner raison en racontant qu'un moine prêchait que le bon gibier avait été créé pour les religieux, et que si les perdreaux, les faisans, les ortolans, pouvaient parler, ils s'écrieraient : « Serviteurs de Dieu, soyons mangés par vous, afin que notre substance, incorporée à la vôtre, ressuscite un jour avec vous dans la gloire et n'aille pas dans l'enfer avec celle des impies ! »

La maîtresse du maréchal de Brézé n'était pas de cet avis : sachant combien le maréchal

Le repas dans la forêt (*Les belles chasses de l'empereur Maximilien*, de BERNARD VAN ORLEY)

était jaloux de ses droits, elle fit lier à un arbre, pendant tout un jour, un prêtre avec un lièvre qu'il avait tué, attaché, en guise de cravate, autour du cou.

La petite noblesse de province, réduite à un état voisin de la misère par suite des guerres incessantes, n'en continua pas moins à chasser pendant les intervalles de paix. En s'y livrant dans la mesure plus que modeste de leurs moyens, les gentilshommes campagnards y gagnèrent les surnoms de « fesse-lièvres » et de « hobereaux ».

Le lièvre était, en effet, le principal gibier, et ils étaient réduits à dresser de petits tiercelets, appelés hobereaux, pour entretenir leur humble fauconnerie.

Comme preuve de la misère de ces gentilshommes de la Beauce, un vieux proverbe disait « qu'ils vendent leurs chiens pour souper ».

L'équipage habituel du gentilhomme peu riche est ainsi décrit : « Avec un bon petit chevallet, ung tiercellet d'autour, demie douzaine d'eespaignolz et deux lévriers, vous voilà roy des perdris et lièvres pour tout cest hiver. »

Noël du Fait de La Hérissaye, gentilhomme breton, Vauquelin de La Fresnaye, poète et gentilhomme normand, et le poète Claude Gauchet, nous font pénétrer dans l'intérieur des habitations du seizième siècle, et nous initient à l'emploi des journées des gentilshommes campagnards.

> Un gentilhomme ayant une gentilhommière,
> Une grand salle antique où pend ès soliveaux
> Une corne de cerf pour pendre les chapeaux
> Et les trompes de chasse ; où l'on voit un ménage
> De gens, de chiens, d'oiseaux ainsi qu'au premier âge.
>
> (VAUQUELIN, *Les Foresteries.*)

Dans ses *Contes d'Etrapel*, La Hérissaye nous montre, figurant dans la salle du château, « la corne du cerf ferrée et attachée au plancher où pendoient bonnets, chapeaux, gresliers (cornets), couples et lesses pour les chiens ; derrière la grande porte, force longes et grandes gaules de gibièr ; au joignant de la cheminée la perche pour l'espervier ; plus bas à costé, les rets, filets, pantières ; sous le grand banc de la salle, large de trois pieds, la belle paille fraische pour coucher les chiens, lesquels pour ouyr et sentir leurs maîtres près d'eux en sont meilleurs et plus vigoureux ».

Claude Gauchet dépeint dans le plus grand détail les chasses du gentilhomme dont quatre mille francs sont tout le revenu :

« Au printemps, dit-il, il prend le renard dans les pans de retz, et deterre le blaireau. En été, il force le lièvre, furette les connils dans ses garennes, arquebuse à l'affut les sangliers qui ravagent les récoltes des paysans, tire des merles et des grives avec son arc à jalet. En automne grandes chasses aux sangliers, puis aux loups avec l'arquebuse et les toiles, vols pour grives, pour pie, pour milan, chasse de l'alouette au miroir. En hiver chasse au traîneau, tir des perdrix sur la neige ; la tonnelle ; le loup avec les mestifs et les lévriers d'attache. »

Nicolas Rapin, poète et guerrier, né en Bas-Poitou en 1540, nous a laissé, entre autres poésies, une pièce de vers intitulée : *Les plaisirs du gentilhomme champêtre*. J'en extrais les strophes suivantes :

> O trois fois heureuse noblesse
> Qui méprise les grands honeurs !...
> . . . .
>
> Qui n'oit plus sonner la diane
> D'un trompette ni d'un tambour ;
> Mais plutôt au braire d'un asne,
> Au chant d'un coq ou d'une cane,
> S'éveille dès le point de jour.
>
> Qui a trois chevaux en l'estable,
> Six chiens courants, deux lévriers,

Six épagneux, et pour la table
L'autour et le lanier traitable
Sans faucons et sans esperviers.

Qui a le furet et la poche
Et les panneaux tant seulement,
Pour aider à fournir la broche,
Quand une compagnie approche,
Sans en user journellement.

Mais quand les pluyes et la glace
Ramènent la froide saison,
Pour n'être oisif en une place,
Il va s'échauffer à la chasse
Du loup ou de la venaison.

Et pour le plaisir il assemble
Ses meilleurs voisins d'alentour,
Qui amassent leur meute ensemble ;
Et, comme bon à chacun semble,
Se vont visiter tour à tour.

Vivez donc aux champs, gentilshommes ;
Vivez sains et joyeux cent ans.....

. . . .

Chasse au cerf (Frise par V. Solis, école allemande xvie siècle)

CHAPITRE III

LES VALOIS D'ORLÉANS (Suite)

HENRI II. — FRANÇOIS II. — CHARLES IX. — HENRI III

ENRI II, « de complexion très robuste, est très adonné aux exercices du corps; il se complaît à la chasse de tous les animaux et de préférence à celle du cerf : il y va deux fois par semaine, et six à sept heures durant, il suit la bête à travers bois au risque de sa vie ». C'est ainsi que l'ambassadeur de Venise, Contarini, peint le roi. Dandolo ajoute : « Il est tout muscles. »

Anet et sa charmante châtelaine, Diane [de Poitiers, dominent sa vie et emplissent presque exclusivement sa carrière de veneur. « De nature plus corporelle que spirituelle, nous dit Tavannes, Henri II ne resta pas longtemps fidèle à la délicate et frêle Catherine de Médicis. »

Diane était alors dans tout l'épanouissement de ses charmes : c'était l'heure où Clément Marot lui disait :

> Que voulez-vous, Diane bonne,
> Que vous donne ?
> Vous n'eustes, comme j'entends,
> Jamais tant d'heur au printemps
> Qu'en automne !

DIANE DE POITIERS

(Peinture du château d'Anet)

Bien que sur le tombeau de son mari Louis de Brézé elle eût fait graver en lettres d'or ces paroles : « O Louis de Brézé, Diane, désolée de ta mort, t'a fait bâtir ce sépulcre ; elle te fut inséparable et fidèle dans le lit conjugal, elle le sera de même dans le tombeau », Diane comprit qu'il y avait là à prendre une place que Catherine n'était ni d'âge ni de force à défendre.

Le jeune roi fit d'Anet, bâti par Philibert de Lorme, embelli par Jean Goujon, une demeure royale. Ce fut son principal rendez-vous de chasse. Diane l'avait aménagé avec un soin jaloux : en face du château, elle fit élever des chenils, des volières pour les faucons, des cages pour les léopards dressés et, à l'entrée d'Anet, des bas-reliefs de cerfs et de sangliers, dessinés par Benvenuto Cellini.

L'horloge rappelle une scène de chasse : un cerf en bronze, fuyant devant les chiens, fait sonner l'heure en frappant le timbre du bout de son pied.

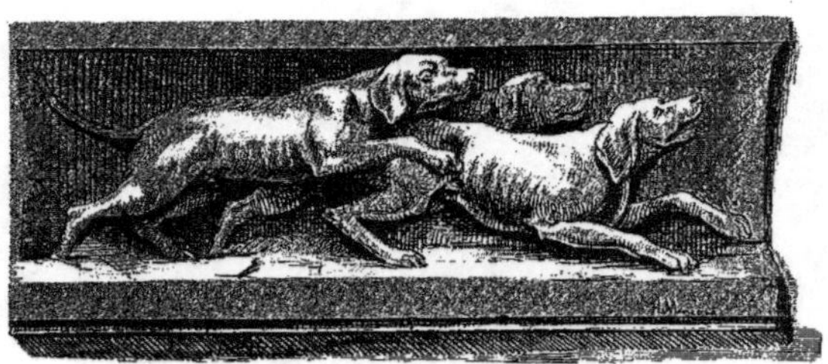

Chiens blancs du Roy (JEAN GOUJON)

N'est-ce pas encore Diane qui voulut que le ciseau de Jean Goujon la représentât à demi couchée, sa main retenant et caressant un grand cerf alangui à son côté ?

Pour retenir et ramener près d'elle le veneur passionné, elle n'avait négligé aucun artifice. Afin de conserver plus longtemps ses charmes, Diane, dont Brantôme nous dit que « l'hiver valait mieux que le printemps, l'été et l'automne des autres », ne suivait pas Henri II aux chasses qu'elle organisait pour lui ; à ces rudes fatigues, elle eût risqué de laisser sa beauté.

Enragé chasseur, le roi se montra très jaloux de la chasse ; il rendit à ce sujet de sévères ordonnances. En 1556, il signa un édit défendant la chasse aux prêtres ou évêques. L'un des considérants est une perle : « Considérant que les prêtres sont maladroits à tirer l'arquebuse, et que tout récemment l'abbé de Marmoutier s'est tué parce qu'il ne savait pas charger son arme, défend », etc., etc...

Henri II entretint sa vénerie sur un aussi grand pied que son père : ses équipages de cerf, sous les ordres du grand veneur, François de Guise, comptaient quarante-sept gentils-hommes, quatre valets de meute et quatre valets de limiers. Il avait deux meutes de grand équipage, celle des chiens gris venus des rois ses prédécesseurs, et celle des chiens blancs.

Un bas-relief du Louvre sculpté par Jean Goujon nous donne le type de ces derniers. Il chassait tantôt avec les uns, tantôt avec les autres, et quelquefois il les réunissait. « Les chiens blancs étaient, dit Brantôme, plus roides que les gris, mais non si assurez et de si bonne créance. »

Marconnay, capitaine des chasses, écrivait au grand veneur : « Le roi vouloit hier entre quatre et cinq heures laisser courre ses chiens gris, ce que j'empeschay, et vous prometz qu'il a les plus beaux que je vis oncques du poil; il les a encore en meilleure estime. Ce jourd'hui a délibéré laisser courre ses gris et ses blancs en la forêt d'Ermenonville comme avoit fait à Saint-Germain. »

Au nombre des grands seigneurs qui s'adonnaient au plaisir de la vénerie au seizième siècle, le connétable Anne de Montmorency tient le premier rang. Dans les courts intervalles que lui laissaient les guerres, le héros de Saint-Denys accourait à Chantilly. Henri II venait souvent l'y surprendre. « Le roi, écrivait-il le 11 octobre 1550 au duc de Guise, a pris ce soir un sanglier qui m'a tué trois chiens; mais ce n'a pas été sans donner beaucoup de passe-temps à Sa Majesté. »

Après avoir été le compagnon de François Ier et de Henri II, le grand connétable le devint de Charles IX; toujours aussi vert et aussi intrépide, le vieux guerrier chassait encore peu de jours avant de tomber glorieusement, âgé de plus de soixante-quatorze ans, sur le champ de bataille de Saint-Denys.

Les Guise ne le cédaient en rien aux Montmorency. Claude de Lorraine, le père de cette brillante génération, fut créé grand veneur par François Ier. Son fils François, le héros de Metz et de Dreux, lui succéda dans cette charge; il avait personnellement un train de vénerie et de volerie qui pouvait rivaliser avec celui du roi Henri II. Nous voyons le marquis d'Elbeuf entretenir un vautrait célèbre; la Grande-Chartreuse fut le principal théâtre de ses exploits cynégétiques. Le duc d'Aumale fut non moins ardent que ses deux frères; n'oublions pas le plus illustre veneur de la maison, le cardinal Louis de Lorraine, rude et joyeux compagnon. Le comte de La Ferrière cite de lui ce propos. Allant un jour de chasse rejoindre le roi à l'assemblée : « Je vais, disait-il, mettre en haleine mes deux courtauts. » Sur la fin de sa vie il se rangea; mais dans sa jeunesse on l'appelait « le cardinal la Bouteille ». Au style on peut juger l'homme : « Mes nouvelles sont, Dieu merci, bonnes, écrivait-il au duc de Nemours (Jacques de Savoie), car mes neveux et moi n'engendrons pas la mélancolie. Quand il fait mauvais temps nous faisons musique; s'il fait beau temps nous allons aux champs. Il est vrai que mon neveu de Mayenne n'y va que le moins qu'il peut, car il n'y prend point de plaisir. Nous allons à Eclairon, où il y a force bêtes noires. Je quitte le corps pourvu que j'aye les hures. »

Vers cette époque, le 7 février 1557, Marie de Bourbon écrivait au connétable de Montmorency : « Il y a quelques jours que j'ai commencé à prendre mon plaisir à la chasse du loup avec les lévriers que M. de Bouhy m'a donnés, et un prêté, qu'on m'a dit vous appartenir; je me suis enhardie à vous demander de me faire cet honneur que je considère comme mien. »

La douce « petite reinette d'Écosse, qui n'avait qu'à se montrer pour tourner toutes les têtes » (Catherine de Médicis), illumina tellement le règne si court de François II, qu'elle semble l'incarner dans sa charmante personne.

Petite-fille d'Antoine de Bourbon, fille de Marie de Lorraine, reine d'Écosse à huit jours par suite de la mort de son père le roi Jacques V, Marie Stuart épousa l'aîné des fils de

Marie Stuart (Dessin de CLOUET)

Henri II, le dauphin de France, âgé de quatorze ans. Deux ans après il succédait à son père; d'une santé délicate, le jeune roi ne régna que vingt et quelques mois et laissa veuve cette beauté que Ronsard nous a dépeinte : « Cheveux d'or annelés et tressés ; belle et délicate main; yeux doux et un peu brunets; voix sympathique et émouvante, belle taille, corps si blanc qu'il semble né au printemps.

> Au milieu du printemps entre les lys naquit
> Son corps, qui de blancheur les lys mesmes vainquit. »

Et cependant, cette fleur était déjà l'intrépide amazone dont le nom à jamais glorieux retentit si souvent dans les montagnes des Highlands et les ballades de la vieille Écosse! Elle aima passionnément la France et le noble exercice de la vénerie. Son ennemi mortel, l'ambassadeur d'Angleterre, écrivait ceci, le 17 décembre 1559, à sa laide maîtresse, la reine Élisabeth : « La reine de France a échappé à un grand danger. En suivant la chasse au cerf, elle a été jetée bas de sa monture par une branche d'arbre; cette chute a été si prompte qu'elle n'a pu appeler à son secours; elle était pourtant accompagnée par les gentilshommes et les dames de sa chambre; mais ils sont passés à côté d'elle sans la voir et si près que leurs chevaux l'ont effleurée et foulé sa toque tombée à terre. Dès que la reine fut relevée, elle dit qu'elle ne s'était fait aucun mal, d'elle-même elle remit sa toque, arrangea sa toilette et s'en retourna au palais. »

Marie Stuart et François II

Formé à l'école de son père, le jeune roi aima la vénerie jusqu'à la fin de sa courte vie; à l'exemple de François Ier, il couchait là où il se trouvait et souvent dans les plus pauvres villages; accompagné de sa « petite reinette », il chassa surtout aux environs d'Amboise et de Chenonceaux.

Il tomba malade en novembre 1559 et se fit porter à Orléans; dès qu'il se sentit mieux, il voulut néanmoins recommencer à chasser. L'ambassadeur d'Espagne écrivait alors à la duchesse de Parme : « On a abrégé ses jours par les exercices auxquels on a soumis son corps si frêle. On l'a accoutumé à être journellement à cheval, ou à la vénerie, ou après le lièvre, ou au jeu de paume, ou aux grandes chasses qui se font deux fois par semaine. Tout cela lui a brûlé le sang et je suis ébahi qu'il ait tant tardé à s'en ressentir. »

Il mourut peu après, à la suite d'une rechute à laquelle l'amour de la chasse ne fut pas étranger.

Il existe à la Bibliothèque Nationale un projet de tapisserie destinée au pavillon des chasses de Fontainebleau, en quatre panneaux, représentant les quatre saisons : ce projet n'a jamais été exécuté, sauf le panneau où Marie Stuart a voulu être représentée à cheval, derrière le roi ou son écuyer, courant un cerf enfermé dans des toiles.

Régente de France pendant la minorité de son second fils, Catherine de Médicis put se livrer sans contrainte à sa passion pour la vénerie.

Très hardie à cheval, elle fut en France « la première, dit Brantôme, à mettre la jambe sur l'arçon, d'autant que la grâce y estoit plus belle et apparaissante que sur la planchette ».

Le malin chroniqueur ajoute, sans doute parce que la reine-mère avait le désir de la montrer, qu'« elle l'avoit très belle et la grève aussi ; elle prenoit grand plaisir à la bien chausser et à en voir la chausse bien tirée et tendue ».

Son exemple engagea depuis les dames à monter de la sorte : Brantôme ignorait que l'impératrice Faustina Augusta et que Marie de Bourgogne avaient l'habitude de se tenir ainsi à cheval, quand il nous dit que Catherine de Médicis fut la première à mettre la jambe sur l'arçon.

« Lorsque Catherine allait aux rendez-vous, vous eussiez vu quarante ou cinquante

Chasse de Catherine de Médicis (Musée de Florence)

dames la suivre, montées sur de belles haquenées, tant bien harnachées, leurs chapeaux tant bien garnis de plumes, si que ces plumes voletantes en l'air représentoient à demander amour ou guerre. »

« Virgile, qui s'est voulu mesler d'écrire le haut appareil de la reyne Didon, quand elle alloit à la chasse, n'a rien approché au prix de celuy de nostre reyne, avec ses dames, et ne lui en déplaise ! »

Catherine chassa jusqu'à soixante ans et souvent au péril de sa vie : en revenant du siège du Havre, elle tomba si rudement en courant un cerf qu'elle faillit se tuer.

« Ma chute, écrivait-elle au vieux connétable de Montmorency, a été grande, mais, Dieu merci, je ne suis marquée que sur le nez comme les moutons de Berry ; l'on m'a fait saigner et prendre des pilules. »

La grande politique du seizième siècle en oubliait parfois ses devoirs de régente. Elle écrivait au même connétable : « Je ne pourrai plus vous dire mes retours, car selon que les cerfs voudront nous ferons. »

Initié de bonne heure par sa mère à la science de la vénerie, le jeune Charles était, dès l'âge de quatorze ans, « si adonné à courir le cerf, dit Brantôme, qu'il en perdoit le dormir, étant à cheval avant le jour ; il se peinoit fort à appeler les chiens fust de la voix, fust de la trompe ».

Préférant dans sa jeunesse le culte de Diane à celui de Vénus, il s'attira souvent des dames de la cour de tendres reproches : « Vous faites plus de cas de vos chiens que de nous ! »

Quelques jours après son mariage, au retour de Mézières, en pleine lune de miel, Charles IX s'arrêta à Villers-Cotterets pour y chasser. Le temps était affreux, l'hiver très rude.

« Je vous assure, écrivait M. de Nançay à sa sœur Mme la vidame, que les dames ont bien maudit le retour des noces, car il n'y en a pas une qui ait couché dans son lit depuis Mézières jusqu'à Villers-Cotterets ; elles ont couché dans les bancs et dans leurs chariots. Je pense qu'il y en a encore de brisées et du bagage. L'on dit que l'entrée du roi se fera vers caresme prenant ; mais ce n'est encore chose assurée. Qui a de bons courtauts, ils sont de saison, car le roi n'a autre chose en tête que la chasse : il s'en acquitte bien. »

Une fois sur le trône, Charles IX continua « violamment fust à courir et à picquer après le cerf, fust à beau pied pour le détourner avec le limier ». (Brantome.)

Entre autres exploits extraordinaires : « Je vis le roi, dit dans ses *Mémoires* le vicomte de Turenne, pendant l'hyver de 1570, prendre deux cerfs dans la neige, sans chiens, ayant mis des relais de veneurs et de chevaux pour lui et pour nous qui courions après lui. »

Le poète Baïf célébra en vers un autre haut fait. Il attaqua sans chiens un cerf à vue, le poursuivit à la course et le força sans même changer de monture.

> Sans lévriers, sans clabauds,
> Avoir forcé le cerf et par monts et par vaux,
> Malmené de vous seul ; monstrant que la vitesse
> Ne sauve le couard quand le guerrier le presse.

« Charles IX, qui affectionnait la forêt de Lyons-en-Vexin (où il poursuivait, dit-on, un spectre de feu qui avait mis en fuite son escorte), passe pour avoir anobli les quatre familles de verriers qui étaient établies là depuis 1333, et pour leur avoir donné les noms de ses quatre chiens favoris : *Caqueray, Bongars, Vaillant* et *Martel*. Telle est la tradition du pays et l'origine du sobriquet de nobles « quarts chiens » resté attaché à ces familles. » (A. Pichot.)

Pour s'entretenir la main, Charles s'amusait parfois à trancher la tête des vaches ou des mulets qu'il trouvait sur son chemin, non sans payer aux propriétaires le double de la valeur de l'animal. Comme il voulait décapiter de la sorte le mulet d'un de ses familiers : « Quel différend, roy très chrestien, dit ce gentilhomme, peut estre survenu entre vous et mon mulet ? » (Papyre Masson, *Comptes de Charles IX.*)

Atteint du mal qui devait l'emporter, son activité fiévreuse semblait y suppléer. Avec une sorte de rage il s'attaquait aux sangliers de la forêt de Fontainebleau, seul, à pied, l'épieu à la main.

Ambroise Paré prétend que la fin prématurée de Charles IX doit être attribuée aux

Charles IX chassant le cerf à Fontainebleau

fatigues de la vénerie, et surtout pour avoir trop sonné de la trompe en courant le cerf. « Sur quoy aucuns prinrent subject de faire pour son tombeau ces deux vers :

Pour aymer trop Diane et Cythérée aussi,
L'une et l'autre m'ont mis en ce tombeau ici. »

Intelligent et fort instruit, Charles IX est l'auteur d'un traité de vénerie, resté inachevé il est vrai, mais, au dire de Jean de Ligniville, « auquel on ne peut rien ajouter ».

Dicté par le roi à son secrétaire d'État, M. de Villeroy, et imprimé en 1625 seulement, sous le titre de *La Chasse royale*, ce livre contient des détails très intéressants sur le courre du cerf, et sur les races de chiens en usage à l'époque de Charles IX. Nous y trouvons non seulement la généalogie des fameux greffiers, mais aussi leur description : « Haultz sur jambes, couleur de poil de lièvre, ces chiens sont enragés : il faut se rompre le col et les jambes à les tenir. Si un cerf dresse, ils le prendront et viste ; s'il ruse on les peut coupler et ramener au chenil : vrais chiens de roi, grands comme des lévriers, la tête aussi belle que les braques. »

Dans des termes d'une modestie et d'une simplicité touchantes, Charles IX dédie son livre à Mesnil, simple lieutenant de sa vénerie : « Mesnil, je me sentirois trop ingrat et penserois être pris d'outrecuidance si, en ce petit traité que je veux faire de la chasse du cerf, devant que personne commence à le lire, je n'advoue et confessois que j'ai appris de vous ce peu que j'en sçois... Je vous prie aussi, Mesnil, vousloir corriger ce qui sera de mal dans ledict traité, lequel si d'aventure il est si accompli qu'il n'y ait que redire et changer, la gloire en sera premièrement à vous de m'avoir si bien instruit, et puis à moi d'avoir si bien retenu. Donc étant appris d'un si bon maître, je me hasarderai à le commencer, vous priant l'accepter d'aussi bon cœur que je vous le présente et dédie. »

Élevé par Amyot, ami du poète Ronsard, Charles IX était un lettré. Le plus grand de nos poètes ne désavouerait pas les vers suivants que le roi adressait à Ronsard :

> L'art de faire des vers, dût-on s'en indigner,
> Doit être à plus haut prix que celui de régner.
> Tous deux également nous portons des couronnes ;
> Moi, Roi, je les reçus ; Poète, tu les donnes.
> Ta lyre, qui ravit par de si doux accords,
> Te soumet les esprits dont je n'ai que les corps.
> Elle amollit les cœurs, et soumet la beauté ;
> Je puis donner la mort, toi l'immortalité.

Ce jeune roi, dans ces vers élégants dans la forme, et pleins d'élévation dans la pensée, inclinant la majesté du trône devant la majesté du talent, est de tous nos souverains celui

Chasse au cerf (Frise par V. Solis, école allemande, xvie siècle)

que les chroniqueurs du seizième siècle ont peut-être le plus calomnié : la légende des huguenots tués à coups d'arquebuse du haut de son balcon du Louvre au pont de la rue du Bac est un de ces vieux mensonges qui n'ont plus cours auprès des véritables savants. La mort, en moissonnant Charles IX dans son printemps, nous a privés peut-être d'un grand roi, assurément d'un veneur illustre.

Charles IX, qui était musicien et « chantoit lui-même au lutrin », composa pour sa vénerie des fanfares de chasse.

Il se servait peu de chiens fauves de Bretagne et n'en parle que pour dire que ce sont des bâtards provenant d'un croisement entre les gris et les blancs.

Outre les quatre races royales qu'il a décrites, Charles entretenait des dogues dont Élisabeth d'Angleterre lui avait fait cadeau, connus alors sous le nom de *mastifs*.

De près d'un mètre de hauteur à l'épaule, avec un museau noir et écrasé, une tête grosse et ronde, un front aplati, ces chiens, d'une force prodigieuse, étaient employés principalement pour étrangler les loups, quand ceux-ci avaient été coiffés par des lévriers d'attache. Charles IX se servit encore de trois jeunes léopards que le consul de France à Alexandrie lui envoya avec cette lettre :
« Deux d'entre eux sont apprivoisez comme chiens, et peuvent servir pour la chasse du cerf, mais qu'ils y soient dressez; car ay au vray entendu que le Grand Seigneur en use fort à ladite chasse. »

Parmi les célèbres Dianes chasseresses qui fleurirent sous ce règne, n'oublions pas la belle reine Margot (Marguerite de Valois), sœur de Charles IX, mariée contre son gré à Henri de Navarre. Elle raconte dans ses *Mémoires* que, dans sa jeunesse, elle ne pensait qu'à danser et aller à la chasse ; et cette séduisante Diane de France, fille légitimée de Henri II et de Diane de Poitiers, ressemblant à son père « tant pour les traits du visage que pour les mœurs et les actions et tous les aultres exercices qu'il aymoit, fust-ce des armes, de la chasse et des chevaux ; car je pense qu'il n'est pas possible que jamais Diane ait été mieux à cheval qu'elle, ny de meilleure grâce ».

Du Fouilloux faisant hommage au roi de son livre *De la Vénerie*
(Frontispice de la *Vénerie* de Du Fouilloux)

Charles l'aimait fort parce qu'elle l'accompagnait dans ses chasses et autres exercices joyeux, où elle brillait du plus beau lustre avec son magnifique habillement de cheval « et son chapeau bien garni de plumes et à la guelfe porté ». (Brantome.)

Notre galant auteur se plaint qu'à cette époque « il est plusieurs dames qui préfèrent la musique, la danse ou la chasse à tous les propos d'amour ».

« J'ai connu, dit-il, un brave et galant seigneur qui devint si fort perdu de l'amour d'une fille, puis dame, qu'il en mouroit ; car, disoit-il, quand je luy veux remonstrer mes passions, elle ne me parle que de ses chiens et de sa chasse, si bien que je voudrois de bon cueur estre métamorphosé en quelque beau chien ou lévrier, ou que mon asme fust entrée en leur corps, suyvant l'opinion de Pythagore, affin qu'elle se pust arrester à mon amour et mon asme guérir de sa playe. »

Pour complaire au goût de Charles IX, une foule d'auteurs écrivirent des traités de chasse sous le règne de ce roi.

Jacques du Fouilloux lui offre son livre *De la Vénerie*. Un peu plus loin nous allons en parler longuement.

Nous avons déjà cité les poètes Baïf et Ronsard. Ce dernier avait rimé l'épitaphe de *Courte*, la lice favorite du roi, et fait l'éloge de ce traité de chasse que la mort ne permit pas à son royal auteur d'achever ; après avoir perdu son protecteur, Ronsard ne rima plus. « En compagnie des chiens et des faucons qu'il tenait de lui, il quitta pour toujours la lyre pour la trompe : il alla s'enfermer et finir ses jours dans la forest de Gastine. » (LA FERRIÈRE.)

Avant de monter sur le trône, le duc d'Anjou ne dédaignait pas les mâles exercices. Nous le voyons, hardi et intrépide cavalier, se conduire avec honneur aux sanglantes journées de Jarnac et de Moncontour. Bien que son frère Charles lui eût donné un équipage de chasse, il en usa peu. Devenu roi, nous le voyons cependant entretenir un train royal ; il mit son écurie et sa vénerie sur un très grand pied ; il attacha à cette dernière un capitaine, trois lieutenants et soixante-dix gentilshommes. Il fit venir d'Angleterre des chiens de sang (blood-hounds), des lévriers, des dogues et des barbets.

Malgré cet appareil, Henri III chassait rarement. Sa sœur Marguerite nous dit cependant dans une lettre adressée à Henri de Navarre son mari : « Le Roi mon frère me commande de vous dire qu'il vous écriroit incontinent qu'il seroit revenu de la chasse, où il est allé pour trois jours. »

C'est la seule trace que l'histoire nous ait conservée des goûts cynégétiques de l'efféminé Henri III. Il préférait les douceurs de l'alcôve et se levait tard. « Ce matin, écrivait-il à Villeroy, bien suis-je au lit, non malade, mais pour poltronner un peu, et me retrouver frais comme une rose. »

Comme tous les Valois, il aimait les lettres. Il commande à Passerat un poème sur le chien courant, dont voici le trop flatteur début :

> Henry, grand roi, fleur des princes du monde,
> A qui Diane en la chasse est seconde.

Il encouragea Claude Gaucher, qui se qualifie « aumosnier du roy », à éditer son remarquable poème, *Le Plaisir des champs*. — Ce livre aussi amusant que curieux est plein de détails sur toutes les chasses usitées alors, depuis la chasse royale du cerf, jusqu'à la simple pipée.

Le savant de Thou publia sous ce règne son poème latin sur la fauconnerie.

Vers cette époque (1582), nous trouvons dans le *Libro de la Monteria* (Bibliothèque Nationale), imprimé en 1552, une gravure représentant une chasse au sanglier.

Henri III encouragea les peintres et les musiciens de son temps, et en ceci se montra le

RETOUR DE CHASSE A L'ÉPOQUE DE HENRI III

(Tableau de Corrodi)

digne héritier des rois de sa race. Il aima follement la musique, au point de passer des nuits entières à l'écouter. Dans ses comptes nous relevons une dépense de trois cent vingt écus pour les gages et les habillements de trois joueurs de cornemuse du Poitou.

Et cependant l'indolent monarque avait été dans sa jeunesse un cavalier de premier ordre. Qui ne se souvient du tour de force accompli par le duc d'Anjou, devenu roi de Pologne, alors que, rappelé en France après la mort de son frère Charles IX, il quitta, la nuit, Cracovie sur un cheval vigoureux, et en changea trois fois en route, fournissant ainsi pendant plus de trente-six heures une course de fond et de vitesse des plus extraordinaires ?

Sur la fin de ses jours, Henri III se prit d'un fol amour pour les petits chiens damerets, originaires de Lyon. Il y dépensa tous les ans des sommes considérables, et telle était l'absurde passion de ce prince pour ces inutilités, que les historiens du temps assurent qu'il en portait toujours un dans un panier suspendu à son cou par une écharpe.

(Gravures extraites du *Libro de la Monteria*)

Nous donnons ici une place spéciale au principal auteur cynégétique du seizième siècle, Jacques du Fouilloux, gentilhomme poitevin, qui dédia, comme nous l'avons dit, au roi Charles IX son très célèbre traité : *La Vénerie*, dont les préceptes ont fait loi jusqu'au siècle des Leverrier et des d'Yauville.

« Pour ce m'a-t-il semblé (dit du Fouilloux dans sa dédicace au roi) que la meilleure science que nous pouvons apprendre après la crainte de Dieu, est de nous tenir et entretenir joyeux, en usant d'honnêtes exercices; entre lesquels je n'y ai trouvé aucun plus noble et plus recommandable que l'art de la vénerie. »

La gravure que nous donnons plus haut, représentant notre auteur à genoux offrant son livre au roi en présence des dames et des gentilshommes de la cour, est empreinte de la sincérité qui règne dans tout l'ouvrage. Dans la première édition, le portrait du roi semblerait être plutôt celui de François II. On présume que, l'ouvrage étant à l'impression au moment de la mort prématurée de ce souverain et de l'avènement de Charles IX, la dédicace seule a été changée et la gravure déjà faite a servi quand même.

Nous avons peu de détails biographiques sur du Fouilloux : le livre a absorbé l'auteur; on croit cependant qu'il naquit vers l'an 1520 au château du Fouilloux, situé paroisse de

Saint-Martin dans la Gâtine poitevine, près Parthenay. Dans son poème de *L'Adolescence*, notre auteur, venant en aide à cette hypothèse, s'exprime ainsi :

> Pendant le temps que le noble François
> Faisoit ployer la France sous ses lois,
> Tendre orphelin, sortant de la tétine,
> Transporté fus hors de ma Gastine.

Livré tout entier à cette vie de gentilhomme campagnard qu'il vante sans cesse dans son livre si remarquable pour l'époque même au point de vue littéraire, du Fouilloux ne s'éloigna

Jacques du Fouilloux

guère de sa chère « Gastine ». Il y passa son temps à chasser, à faire bonne chère, à élever des chiens, à les dresser et à étudier les mœurs et les habitudes des hôtes des forêts. Il nous raconte naïvement et non sans charme les folies rabelaisiennes auxquelles il se livrait parfois : notre héros sous ce rapport fut loin d'être exemplaire, et en cela Salnove, un autre veneur poitevin, dont nous dirons un mot tout à l'heure, a raison de le critiquer.

Dans les quatre vers suivants, du Fouilloux s'est peint lui-même :

> Je suis veneur qui me lève matin :
> Prends ma bouteille et l'emplis de bon vin,
> Beuvant deux coups en telle diligence
> Pour cheminer en plus grande assurance.

Une légende poitevine prétend que, lors de l'entrée à Poitiers du roi Henri III, du Fouilloux lui présenta une compagnie de cinquante hommes d'armes qui tous prétendaient être ses fils.

Le roi Charles IX, qui prisait fort le veneur poitevin, le préposa, par un édit du 28 août 1571, à la garde de ses forêts et bois du Poitou, charge dont du Fouilloux s'acquitta avec honneur jusqu'à sa mort, le 5 août 1580.

La *Vénerie* fut publiée pour la première fois à Poitiers en 1561, par les Marnefz et Bouchetz frères. Elle fut rééditée à Angers et à Niort par Favre. Elle fut traduite en allemand et en italien.

Dans ce traité, les principes de la science sont exposés d'une façon claire, précise; on sent que du Fouilloux n'était pas seulement un écrivain en chambre, mais encore un veneur émérite. La manière de juger les cerfs par le pelage, les fumées, les portées, le frayoir, les « abatures », la tête et le pied; les sangliers par la « trace », le « souil » et le « boutis »; le travail du valet de chien et du limier, le courre du cerf surtout, sont traités de main de maître. Les illustrations, dont nous donnons quelques reproductions naïves, sont loin d'égaler le mérite de l'ouvrage.

La *Vénerie* se divise en six chapitres principaux : dans le premier, l'auteur décrit les diverses

(Gravure extraite de la *Vénerie* de Du Fouilloux)

races de chiens courants employés de son temps avec gravures à l'appui (nous en avons donné des échantillons), et il expose le système adopté en Poitou pour leur éducation et leur hygiène; le second traite de la chasse du cerf; le troisième, de celle du sanglier; le quatrième, de celle du lièvre. Dans le chapitre cinquième, qui décrit avec une certaine complaisance « le terrer » du renard et surtout du « tesson », le trop galant veneur nous apprend « comment il faut bescher et prendre renards et tessons, et des instruments qu'il faut avoir pour ce faire ».

Il n'oublie pas la petite charrette, dont la naïve gravure nous dit assez l'emploi : « Toutes les cheuilles et paux de la charrette doibuent estre garnies de flaccons et bouteilles, et doibt auoir au bout de la charrette un coffre de boys, plein de coqs d'Inde froidz, iambons, langues de beuf, et autres bons harnois de gueule. Et si c'est en temps d'hyuer, il pourra faire porter son petit pauillon, et faire du feu dedans pour se chauffer. »

18

Dans le sixième chapitre, l'auteur donne « les receptes pour guarir les chiens de plusieurs maladies ».

Le gai gentilhomme, qui volontiers aima « fillettes, armes et vénerie », fixa définitivement les préceptes de la chasse à courre; aussi son ouvrage eut-il un succès inusité. Il est

(Gravure extraite de la *Vénerie* de Du Fouilloux)

comme le trait d'union entre les usages de l'époque moderne et les coutumes des disciples de saint Hubert pendant le moyen âge et la Renaissance.

Notons ce fait, que la langue de la vénerie a peu varié depuis saint Louis; le français du moyen âge se retrouve encore dans le langage des veneurs de nos jours.

Gaston Phébus le parlait, du Fouilloux le notait, et nous nous servons encore des expressions du veneur poitevin. Tout gentilhomme devait parler correctement ce langage sous peine de passer pour malappris : Gaston Phébus disait qu'on doit « paroler diversement selon les bestes que l'on chasse, car on ne parle mie à ses chiens quand on chasse le sanglier, comme on fait quand on chasse le cerf ». — « Pour le premier et pour le loup les tons bas, rudes, furieux; pour le second, les hautains et plaisants cris. » — Savoir « bien huer » (parler aux chiens) et savoir corner était une science importante. Du Fouilloux a noté musicalement « ces cris et langages plésants, comme faisoyent les anciens ». Et j'ajoute, comme on le fait encore aujourd'hui dans les manuels de trompe.

Le roi Modus et Gaston de Foix célèbrent avec enthousiasme ces joyeux déjeuners qui avaient lieu au rendez-vous, en attendant le rapport des valets de limiers, « où sur des touailles on servoit viandes diverses et de grand foison, selon le pouvoir du seigneur de la chasse; où l'on mangeoit assis, accoudé, l'autre sur pieds; où chacun buvoit, rioit, jongloit et bourdoit de son mieux, en tout esbattement et liesse ».

Du Fouilloux, bien qu'il blâme les veneurs de préférer parfois la bouteille à leur métier, n'a garde d'oublier « les barraux de bon vin d'Arbois et de Beaune, ainsi que les bons harnois de gueule, jambons de Mayence, langues fumées, groins et oreilles de pourceaux et aultres menus suffrages ».

Après la prise, le premier piqueur devait présenter le pied droit de devant de l'animal au maître d'équipage : ceci s'appelait « faire les honneurs du pied ».

Le grand Séneschal mentionne déjà cet usage dans son poème :

> Quand nous eusmes assez corné,
> Madame le pied demanda :
> Pour ce que l'avois détourné,
> A lever me le commanda.

La curée, qui suivait les honneurs du pied, avait toujours lieu avec un grand appareil. Le roi ou le maître d'équipage y présidait en cornant ainsi que tous les assistants; souvent même la curée se faisait aux flambeaux, et alors les dames embellissaient par leur présence cet intéressant spectacle.

Parmi les usages de cette époque, il en est un singulier dont l'abolition est loin d'être regrettable.

Les pages et valets de chiens qui gardaient le relais avaient le droit de déshabiller et de fouetter les curieux malavisés qui venaient leur adresser des questions impertinentes.

« Ce sont les vieilles usances de la chasse », dit Enay au baron de Fœneste, qui se plaint d'avoir été fustigé en diable par les pages de la vénerie à Saint-Germain. « Vous qui aimez les anciennes cérémonies, ajoute en matière de consolation l'impitoyable railleur, ne devez pas réprouver cela. »

Cette façon brutale d'enseigner la discrétion aux fâcheux s'appelait « donner le relais ». Une foule d'autres coutumes existaient de temps immémorial parmi les veneurs; leur étude nous entraînerait hors du cadre que nous nous sommes tracé.

Nous avons donné en temps et lieu des représentations diverses de tueries d'animaux renfermés dans des parcs. Pratiquée chez les peuples anciens, cette chasse, souvent pleine de dangers, a été de tout temps en honneur en France.

Sans nous attarder à une étude spéciale de ces sortes de tueries, nous choisirons entre mille le récit imagé écrit en vers par Claude Gauchet dans son ouvrage : *Du plaisir des champs,* de deux chasses aux toiles dont il a été l'acteur principal.

Après avoir réussi à enfermer dans des toiles un vieux solitaire, des paysans accompagnés de leurs chiens le traquent vers une accourre où sont tenus en laisse les chiens de force revêtus de leurs jacques, et où se placent les chasseurs armés de leurs épieux. Après avoir décousu nombre de *mastineaux,* et culbuté les premiers chasseurs qui l'abordent, le *grand vieil sanglier,* coiffé par les dogues, est servi par Claude Gauchet.

> Et mon espieu tranchant poussant par le milieu,
> Je fais rougir ses flancs : le sang en abondance
> Par boutées sortant, affoiblit sa vaillance,
> Si bien que de ce coup, estendu par le bois,
> Il rend aux ennemis la vie et les abois.

Dans la description d'une « plésente chasse au loup par eau », Claude Gauchet nous parle d'une chasse où l'un des côtés de l'enceinte est fermé par une rivière.

Poussés par des lévriers mordants, effrayés par le bruit infernal des traqueurs, les loups se prennent dans les filets ou se précipitent à la nage. Les chasseurs montés sur de légers bateaux les assomment à coups de gaffe.

Encore un genre de chasse qui a disparu de notre France.

Grande porte du château d'Anet

Scène de chasse (Gravure de CALLOT)

CHAPITRE IV

LES BOURBONS

HENRI IV

A grande et illustre race des Bourbons a été celle de toutes les branches royales qui a jeté le plus d'éclat non seulement en France et dans le monde, mais aussi dans les fastes de la vénerie.

En parcourant leurs règnes, nous rencontrons, accompagnant et imitant nos rois, une pléiade de célèbres chasseurs, d'intrépides amazones et d'écrivains dont la science pratique égale le talent littéraire.

Henri de Bourbon, petit-fils de saint Louis et roi de Navarre avant de devenir Henri IV le Grand, fut le père de cette illustre lignée à jamais l'honneur de la patrie : il est juste de parler de lui d'abord, tant à cause de son droit d'aînesse que de la place prépondérante qu'il occupe dans nos annales cynégétiques.

Dans son intéressante étude sur les chasses du seizième siècle, le comte H. de La Ferrière nous présente le jeune Henri « élevé en Béarn sous la garde de sa tante

Suzanne de Bourbon, habillé de gros drap comme les petits Basques, nourri de leur pain, accoutumé à les suivre dans les montagnes et à grimper comme eux sur les rochers, exercices où le petit prince trempa sa virile jeunesse ». Dès son plus jeune âge, sa mère, Jeanne d'Albret, encouragea sa passion pour la chasse, de crainte qu'il n'eût un peu trop de penchant pour les femmes, « *sa partie la plus tendre* », suivant l'expression de d'Aubigné. Nous verrons plus tard si sa passion pour la chasse aura calmé « sa partie la plus tendre »!

Marié à l'âge de dix-neuf ans à la fille de Catherine de Médicis, Marguerite de Valois, il continua pendant son séjour à la cour de France à se livrer aux exercices violents de la vénerie.

Le Vénitien Jean Michel nous trace ainsi le portrait du Béarnais en 1575 : « Il n'est pas grand, sans barbe encore; son esprit est vif et hardi comme celui de sa mère; il est familier et agréable de manières, aime fort la chasse et y passe tout son temps. »

Henri, compromis dans la conspiration de La Môle et de Coconas, était alors en prison et gardé à vue au Louvre et à Vincennes, ce qui ne l'empêchait pas de s'amuser à faire voler des cailles dans sa chambre par un émerillon; parfois il obtenait la permission d'aller chasser, tantôt dans une forêt, tantôt dans l'autre, sous la surveillance de deux gardiens qui ne le perdaient pas des yeux.

Ce fut pendant cette captivité, de 1574 à 1576, que son ancien précepteur, Florent Chrestien, traduisit par ses ordres le *Traité de la Chasse* d'Oppien.

Cependant la réclusion du Béarnais lui était doublement dure; malgré leurs charmes réciproques, Marguerite de Valois et Henri de Navarre n'avaient jamais éprouvé de sympathie, encore moins d'amour l'un pour l'autre; Marguerite ne tarda pas à avoir une rivale. Dans une de ses lettres il se plaint que la Ligue a fait défense « pour la troisième fois de parler à moy à ma maîtresse et la tiennent si court qu'elle n'oseroit m'avoir regardé; je n'attends que l'heure de donner une petite bataille, car ils disent qu'ils me tueront, et je veux gagner les devants ».

Cette maîtresse était alors Charlotte de Sauves. Mais bientôt le Béarnais retrouvera sa liberté. Dans une partie de chasse à Senlis, des relais habilement préparés par d'Aubigné le conduisent d'une traite à Alençon, « chemin de la liberté et de la fortune », suivant l'expression de son fidèle serviteur. D'Alençon notre jeune fugitif parvint à gagner le Béarn, non sans regretter les belles forêts des environs de Paris et les célèbres équipages de son beau-frère le roi Charles IX.

Sa bourse vide ne lui permet pas d'abord la moindre dépense; aussi se plaint-il à M. de La Salle, dans une lettre datée d'Agen le 20 novembre 1576, de n'avoir que des levrettes : « J'entends que vous avez de beaux lévriers et pour ce que je n'ay que des lévrières, je suis en peine de retrouver des lévriers; je vous prie de me les envoyer d'aussi bon cœur que je vous les demande. »

Malgré cette pénurie, il se remit à chasser avec ardeur, choisissant, au dire de Sully, « les chasses les plus hasardeuses, comme ours, loups et sangliers, sans négliger cerfs, chevreuils, renards, fouines et lièvres; vols pour hérons, oiseaux de rivières, milans, hiboux, corneilles, perdrix à la tirasse et chiens couchants, aux canards avec barbet », et entremêlant d'une façon singulière chasses, aventures galantes et expéditions militaires.

Le *Journal de Michel Le Riche* nous confirme ces faits. A ces dates nous y trouvons : « Vendredi 1er juin 1576, le roi de Navarre, venant de Parthenay, vint à Saint-Maixent et fût logé au logis appelé Balisy. Le lendemain 2, ledit roi, dès le matin, fut à la chasse et dîna à Villenès, et, après dîner, retourna en cette ville et fut à Loz de Poitiers et encore à la chasse ledit jour. Le jeudi 7, au soir, M. le président de Poitiers et Me de La Borderie, avocat audit lieu, arrivèrent à Saint-Maixent. Et le lendemain parlèrent au roi de Navarre à Niort, où ils avoient été envoyés par ceux de Poitiers. Mais ils ne furent dépeschés, mais

Chasse à l'ours (Gravure du xvie siècle)

remis au retour dudit seigneur roi de *Raymbault* (forêt de Chizé), où il alla ledit jour... Le lundi 2 septembre 1577, M. le chancelier — la cour était alors à Poitiers — fut aux Jacobins (de Poitiers) se tourmenter pour un chien qui lui avoit, ou à ses gens, esté pris aux Jacobins, en une assemblée qui s'y faisoit, et disoit que si on ne lui rendoit, il revoqueroit les plaisirs qu'il avoit fait à l'Université de Poitiers. »

Lorsqu'au mois d'août 1578, Catherine de Médicis se rendit à la petite cour de Navarre à Nérac et ramena à Henri Marguerite de Valois, suivie de ses plus belles filles d'honneur, le galant Béarnais leur proposa d'assister à un spectacle plus émouvant que les tournois, les jeux de bague, les bals et la comédie italienne : il s'agissait *d'une chasse à l'ours* dans les montagnes du pays de Foix, témoins des exploits de Gaston Phébus. L'escadron volant de Catherine de Médicis n'osa pas affronter un tel péril. Sully et d'Aubigné racontent dans leurs *Mémoires* cette chasse émouvante dans des termes à peu près identiques : « Le Roi de Navarre fit une chasse notable, ou plus tost une guerre aux ours, où entre autres cas, arriva qu'un grand ours allant à la charge sur dix suisses et dix soldats des gardes, et trouvant en son chemin un petit page de treize ans nommé Castel-Gaillard, le mit du c... à terre sans le blesser, et de là, avec dix arquebuzades et dix halebardes dans le corps, se précipita avec une douzaine de ses tueurs dans une crevasse de la montagne, où il se rompit le col. »

Nous avons dit plus haut que le roi de Navarre menait de front la chasse, les aventures galantes et les expéditions guerrières. Nous le voyons maintes fois se mettre en route pour surprendre plusieurs petites villes voisines de Nérac avec quelques gentilshommes de sa maison « armés comme lui de cuirasses sous leurs juppes de chasse ».

Pendant le séjour de Marguerite de Valois à la cour de Nérac, son trop volage mari était devenu le prisonnier de la belle Corisandre, comtesse de Guiche, veuve depuis 1580 de Philibert de Gramont. Bien qu'il lui eût écrit : « Je vous serai fidèle jusqu'au tombeau », il ne tarda pas à s'en détacher : dès l'année 1584, dans un voyage qu'il fit en Artois, il oublia Corisandre pour la belle Gabrielle d'Estrées. N'est-ce pas au Béarnais qu'il convient d'appliquer ce proverbe si tristement vrai : « Loin des yeux, loin du cœur »?

De cette époque date la violente querelle d'Henri et de Marguerite de Valois, leur éclatante séparation, et la guerre que celle-ci déclara à son mari. L'amour-propre humilié, les dédains de toutes sortes du roitelet de Navarre, durent terriblement froisser l'âme aussi sensible qu'altière de la fille du roi de France. Vaincue dans une lutte inégale, Marguerite, tombée entre les mains du marquis de Canillac, fut enfermée par ordre de son frère, Henri III, dans le château d'Usson et y passa plusieurs années; elle y écrivit ses remarquables *Mémoires*.

Pendant qu'il guerroyait en Bas-Poitou, Henri de Navarre arrive un soir à nuit close devant la porte d'une gentilhommière d'assez modeste apparence; il s'était égaré à la poursuite d'un sanglier et n'avait avec lui qu'un jeune page. Il frappe à l'huis, on lui demande s'il est gentilhomme, et sur sa réponse affirmative on le fait entrer.

Le château s'appelait La Motte-Freslon, et appartenait au seigneur de Buor, qui « festoyoit » ce jour-là les gentilshommes du pays. Après s'être excusé, le Béarnais fut si aimable et fit raison de si bonne grâce aux convives, en buvant force rasades à leur santé, que le lendemain matin, ayant révélé son nom, il entraîna à sa suite et enrôla sous sa bannière tous les gentilshommes présents, catholiques comme protestants.

Une autre fois, devenu au Parc Soubise l'hôte de la célèbre Catherine de Parthenay, duchesse de Rohan, soutien et âme des calvinistes du Bas-Poitou, il voulut y établir son quartier général, passant ses jours à guerroyer et à chasser. Le plus gros chêne de la forêt s'appelle encore le chêne d'Henri IV, et d'après une tradition constante, « c'était autour de cet arbre que du temps du roi de Navarre les veneurs disposaient leurs relais ».

C'est à cette époque et non loin de là en forêt de Vouvant (Vendée) qu'un jour, ayant perdu la chasse, il pria un paysan qui se trouvait là de l'aider à rejoindre ses compagnons et pour aller plus vite le monta en croupe. Chemin faisant, le manant, qui ne le connaissait pas, lui demanda s'il était vrai que le roi chassait ce jour-là en forêt et à quel signe il

pourrait le reconnaître s'il le rencontrait : « A ce qu'en sa présence tous se découvent »,
lui répondit le Béarnais ; et comme peu après on avait retrouvé la chasse et que tous étaient
découverts : « Eh bien ! reconnais-tu le roi maintenant ? lui demanda Henri. — *Ma fei,
noustre mossiu,* lui répondit le rustre en son patois, *si o n'ai pas vou, o day trejou beun
estre ma* (si ce n'est pas vous, ce doit être moi) » : car effectivement le paysan avait conservé
son bonnet sur sa tête.

Le Béarnais aimait ainsi à causer avec les paysans. Dans le *Journal* de Le Riche, nous

Chasse du sanglier au filet (Gravure de J. STRADAN)

en trouvons un exemple antérieur à cette aventure : « Le lundi 19 mars 1582, le roi de
Navarre s'en alla vers Jazeneuil et Curzay à la chasse. Jean, mon varlet (c'est Michel Le
Riche qui parle), que j'avois envoyé à Nanteuil, chercher l'adoubeur, parce que notre fils
Micheau s'estoit, le jour auparavant, rompu son bras droit, auquel ledit Roi demanda
qu'il estoit, à quoi il dit qu'il étoit varlet de M. l'avocat du roi, et qu'il venoit de quérir
l'adoubeur. Le roi lui dit : « Tu as là un beau courtault. » Et le faisant aller avec lui jusqu'au haut de la Cueille-Poitevine, le varlet lui dit : « Monsieur, c'est une jument. » Le
roi lui dit : « Elle est propre pour aller à la chasse ; je veux que tu t'en viennes avec moi,

« mais il faut que tu laisses tes *bots* (sabots). » Il dit que sa jument porteroit bien ses bots
et lui, et qu'il falloit qu'il s'en retournât vers ledit avocat lui faire réponse. Le roi lui dit
ces mots : « M. l'avocat ne sera point fâché que tu viennes avec moi et je lui en
« parlerai. » A quoi lui dit le varlet : « Il faut que je m'en aille, pour faire réponse de
« l'adoubeur. » Lors le roi dit audit Jean, près la fontaine de la Cueille : « Va-t'en, et dis
« à M. l'avocat que j'irai le voir à mon retour ! » Le varlet, ne connaissant que ce fût le
roi, lui dit : « Quand sera-ce que vous nous viendrez voir ? » Et fut averti par ceux qui
suivoient le roi que c'étoit lui, dont il en fut fort déconcerté... Ledit jour, le roi de Navarre
s'en retourna de la chasse au soir. »

Mais en Poitou comme ailleurs la guerre et la chasse n'étaient pas les seuls passe-temps
du galant Béarnais.

Catherine de Parthenay avait quatre filles dans tout l'éclat de la jeunesse et de la
beauté. A la chasse comme en amour, Henri allait droit son chemin ; mais moins heureux
qu'en Béarn, il s'attira de la part de l'aînée, appelée Catherine, une réponse aussi fière que
digne. Un soir, se trouvant seul avec elle, il lui dit avec une franchise par trop brutale :
« Mademoiselle, par où faut-il passer pour aller dans votre chambre ? — Par l'église, Sire »,
lui répondit la noble fille.

Henri se le tint pour dit, et renonça dans la suite à tout propos malséant envers
d'aussi vertueuses damoiselles.

Dans son *Histoire du Royaume de Navarre,* Chapuis raconte qu'Henri chassa pendant
trois semaines dans les environs de Sainte-Foy, petite ville qu'il avait assiégée en 1586 et
où il avait failli être pris ; à ce propos il écrivait au baron de Batz une lettre digne d'un
guerrier chasseur : « Ils m'avoient entouré comme la beste, croyant qu'on me prend aux
filetz ; moy je leur veulx passer à travers ou dessus le ventre. »

En ces temps de guerre civile, quand on partait pour la chasse on n'était pas sûr de
n'avoir pas dans la journée *coups à férir* avec les ennemis. Le Riche dit dans son *Journal*
que le mercredi 3 septembre 1586, « douze à quatorze cuirassiers (huguenots) rencontrèrent,
près de l'Herbaudière (commune de Saivre, Deux-Sèvres), le sieur de Maurinière, capitaine
du château de Saint-Maixent, Thibault, son lieutenant, deux religieuses de l'abbaye et deux
Maurinière, frères, qui alloient à la chasse et les engagèrent et tinrent assaillis, dont
avertis ceux de la ville sortirent et prirent en les dégageant quelques chevaux ».

Quelques années plus tard, le roi de Navarre put enfin se procurer une meute convenable ; aussi le voyons-nous, après Coutras et Arques, constamment accompagné par ses
équipages de chasse, au cours même de ses plus rudes expéditions.

Sully raconte dans ses *Mémoires* que, le lendemain de la sanglante victoire d'Ivry,
pendant que blessé il se faisait transporter au château d'Anet, il rencontra le roi chassant
dans les environs de Mantes.

Le 10 septembre 1589, trois jours avant la journée d'Arques, Henri, dont l'armée
était campée sur les hauteurs qui dominent la petite bourgade normande, voulut se donner
le plaisir d'une chasse au cerf. L'équipage manquait ; sur l'ordre du roi le lieutenant général

ès eaux et forêts au bailliage d'Arques s'était chargé de lui procurer les chiens les meilleurs qui se pourraient rencontrer dans le pays.

La meute, découplée sur un dix-cors détourné dès l'aube dans la forêt d'Arques, pousse vivement son animal et le fait débucher du côté de Dieppe; avec ses toits rouges et les tourelles en éteignoir de sa forteresse, la petite cité huguenote étincelle au soleil; au loin la mer roule ses flots tranquilles; la vallée qui conduit à Dieppe, les champs, les bois, la ville fidèle, la mer qui baigne ses remparts, c'est la France que le sort d'une bataille peut lui enlever sans retour. Henri s'arrête pensif, et oublie la chasse; de l'observatoire où il se

Chasse au sanglier (Gravure de Tempesta)

trouve, ses regards, embrassant chaque point de la vallée, s'arrêtent sur les prairies qui en bordent l'entrée. La mer monte peu à peu et s'avance au cœur de la vallée; les prairies couvertes d'eau élèvent une barrière entre les coteaux de Martin-l'Église et le bourg d'Arques.

Le paysage, la chasse, tout a disparu; le roi ne voit que la position militaire : « Vive Dieu! s'écrie-t-il en s'adressant au maréchal de Biron et au comte d'Auvergne, notre bataille d'Arques est gagnée! » et en parlant ainsi, son plan est arrêté : la cavalerie de Mayenne doit être amenée dans la vallée avant la marée montante, et cette habile manœuvre décidera de la victoire.

Après diverses refuites savamment déjouées, le dix-cors traverse à la nage la vallée inondée, et vient tomber épuisé aux pieds du roi : « Vive Dieu ! ce serait mal au roi de France, pensa-t-il, de laisser périr ainsi son conseiller sous la dent des chiens » ; et le roi donna l'ordre de laisser la vie au noble animal ; or, ce jour-là, on sonna la *retraite manquée*.

Il était tard quand les veneurs rentrèrent au village ; Henri avisa sur le seuil d'une auberge un gentil minois de femme : il s'arrête aussitôt, et pendant qu'on apprête le dîner, notre galant Béarnais badine avec l'hôtesse.

Pendant qu'ils étaient à table, il demande qu'on lui amène l'homme le plus spirituel du lieu. On lui dit que c'était l'aubergiste, le mari de la piquante dame.

Scène de chasse (Gravure du xvie siècle)

Le roi le fait asseoir en face de lui et lui demande comment il s'appelle : « Sire, répond le manant, je m'appelle Gaillard. — Gaillard, dit le roi, eh bien ! quelle distance y a-t-il entre un gaillard et un paillard...? » Et les jeunes seigneurs de rire. « Sire, répondit le rusé Normand, il n'y a que la largeur de la table. — Ventre saint gris ! J'en tiens ! » dit Henri en riant plus fort que ses gens.

Trois jours après, grâce à la chasse du 10 septembre, la cavalerie de Mayenne, attirée dans la vallée par une habile tactique, s'y trouva engagée au moment du flux ; le désordre qui se mit dans ses lignes décida de la journée.

Le roi se souvint toujours de l'inspiration stratégique qu'il dut à la manœuvre du cerf, et quand il parlait d'Arques, il aimait à rappeler son acte de clémente vénerie.

Lors du siège de Rouen, en 1592, il se passa un fait curieux qui peint bien les mœurs encore imprégnées de chevalerie de la fin du seizième siècle.

Se trouvant à la porte des belles forêts de Rouvray et de Roumare, le Béarnais ne put se défendre d'y vouloir chasser. Sachant que le marquis de Vitry, célèbre veneur de cette époque et dont plus tard il fera son ami et le commandant de son vautrait, servait dans les rangs des Ligueurs, il lui écrivit cette lettre : « La présente reçue ne fais faulte me venir trouver pour courir le cerf, parce que la plupart de mes gens sont malades. »

Le duc de Guise, auquel Vitry montra cette étrange missive, « le licencia d'y aller, parce qu'il estoit bon chasseur, et Vitry s'en alla à Trie ou estoit le roy ».

Deux ans plus tard, Vitry quitta la Ligue et se rallia à Henri IV; il est à présumer que cette partie de chasse ne fut pas étrangère à cette détermination.

Pendant le siège de Paris et durant les pourparlers qui précédèrent son abjuration, les Ligueurs voyaient le roi chassant presque chaque jour; dès le lendemain de la reddition de sa bonne ville, nous le trouvons s'attardant dans la forêt de Sénart et mettant quatre jours à se rendre à Melun.

Le 18 juillet 1594, Henri IV mit le siège devant Laon. Le 10 août, la garnison offrit de se rendre aux royaux, si dans dix jours elle n'était pas secourue. Durant cet intervalle, un gros d'Espagnols fort de huit ou neuf cents hommes s'embusqua dans un bois voisin de la place, attendant la nuit pour se jeter dans la ville. Le roi chassant dans les environs, ses chiens éventèrent les Espagnols ; s'étant mis à aboyer, ils firent découvrir les ennemis qui s'enfonçaient sous bois « en connillant » (se rasant comme des lapins).

Suivi de son escorte, le roi survint aussitôt, mais il n'eut pas besoin de tirer l'épée ; saisis de terreur, les Espagnols jetèrent leurs armes, furent pris et détroussés par les valets, et la ville se rendit au jour fixé. Ce fut une journée de chasse bien remplie !

Devenu roi, Henri IV ne perdit aucune occasion de satisfaire son goût immodéré pour la chasse : Saint-Germain, Livry, Fontainebleau, toutes les forêts des environs de Paris furent témoins de ses exploits. Rien ne l'arrêtait, ni le froid, ni la pluie, ni l'intempérie des saisons, ni même la maladie.

M. de Praslin écrivait de Fontainebleau à M. de Sully : « Depuis vous avoir laissé, je trouvai le roy chassant à la volerie, laquelle finie nous chassons aux loups, et pour la fin nous courûmes un cerf qui dura jusqu'à la nuit et nous fit l'honneur de nous accompagner trois ou quatre heures durant. Si le plaisir fut grand, la peine ne fut pas moindre; car après tout cela, il nous fallut faire retraite six grandes lieues, tout mouillés que nous étions. »

Dans les lettres que le roi écrivait à ses ministres pour les affaires de l'État et à ses maîtresses pour leur donner de ses nouvelles, sa passion pour la vénerie éclate à chaque ligne. « Mon cher cœur, j'ai pris hier deux cerfs; ce soir je vis jouer des comédiennes et je m'endormis. » — « J'ai pris le cerf en une heure avec tout le plaisir du monde! » Un jour il mande : « J'ai pris trois cerfs, je suis fort las, qui me fait finir. » — Un autre jour : « J'ai pris aujourd'hui deux cerfs et je me porte bien; assurez-vous, mon cœur, que je vous aime de tout le mien. » — A la marquise de Verneuil : « Mon cœur, je fus tout hyer à la chasse, bien qu'yl fyt asses mauvés tamps. J'ai fort bien dormy cette nuyt et voys monter à cheval pour aller à l'asamblée... » — « ... Je m'an voys courre le serf et seré demayn de bonne ure avec vous... » — Au connétable : « Coubert, jeudi 15 août (1596). ... Je m'an vays courre un cerf et demain m'en yray à Fontaynebleau... » — Au duc de Bouillon : « Monceau, 30 juillet (1607). ... Sey il fait beau, et trouveroys ancore qu'yl y feroyt plus beau sy je n'avoys les goutes et que je peusse courre le cerf et me promener comme je fesoys avant qu'elles m'eussent repris[1]... »

L'auteur de ses *Amours et Lettres* rapporte que jamais on ne lançait un cerf « qu'il n'otât son chapeau et ne fît le signe de la croix; puis piquant son cheval, il suivait le cerf ».

Follement épris de Gabrielle, il voulait qu'elle l'accompagnât dans toutes ses expéditions. Pendant le siège d'Amiens en 1597, elle était avec lui au camp, ce qui lui attira ce coup de patte de d'Aubigné : « Les dames n'y furent point oubliées, et fut replaidée la cause que Tacite raconte des armées romaines : si les femmes y sont supportables ou non. »

Pendant qu'il guerroyait contre le duc de Mercœur en Bretagne, le roi reçut de M. de Sourdéac une haquenée pour lui et une pour Gabrielle; cette expédition fut l'occasion de nouvelles chasses.

« J'ay été curieux, écrit-il au connétable de Montmorency, de sçavoir s'il y avoit de grands cerfs en vos forests, dont j'ai été particulièrement informé par l'un des vostres qui m'a assuré qu'il s'y trouvera dix ou douze grands cerfs. J'espère en courir un ou deux avant de partir, qui ne sera sans vous y souhaiter. » Et plus tard au même : « J'ai couru des cerfs de vos forests, qui sont fort beaux; mes chiens n'en ont failli un seul : ils chassent mieux qu'ils n'ont jamais fait. »

Dans son *Journal*, tome III, L'Estoile raconte deux faits peu connus.

« 1° En ce mois (octobre 1594), la trop grande hardiesse du roy (qu'on appeleroit en un aultre témérité) cuida causer un estrange et prodigieux accident, qui fust que le roy, s'estant esgaré dans un bois à la chasse, vers Saint-Germain-en-Laye, aiant enfin trouvé moien d'en sortir lui troisiesme, M. de Sourdis, l'aiant descouvert, avec vingt-cinq chevaux, et cuidant que ce fust l'ennemi, commanda à ses gens de les aller recongnestre et donner dedans : ce qu'ils faingnirent du commencement, craingnant l'embuscade, pour l'amour du bois. Mais enfin commandés par Sourdis de donner et qu'il les suivroit, vinrent à bride abattue avec les chiens couchés sur leurs poictrinales et pistoles; et comme ils étoient prests de tirer, le roy s'estant retiré à costé, un de la troupe, l'aiant recongueu, commença de crier : « Que voulez-vous faire? C'est le roy? » Lors Sourdis accourust, et, se jettant à ses pieds, lui dist : « Sire, qu'aves-vous pensé faire? Sans cestui-là qui vous a recongneu vous estiez mort. »

« 2° Sa Majesté, chassant un jour de ce mois (novembre 1602) vers Grosbois, se

---

1. Archives de Chantilly.

CHASSE AU SANGLIER

(Tableau de Rubens)

desrobba de sa compagnie, comme il fait souvent, et vinst seul à Créteil, qui est à une lieue par delà le pont Charanton, où estant arrivé, sur l'heure du disner, affamé (comme on dit communément) comme un chasseur, vinst à l'hostellerie, où aiant trouvé l'hostesse lui demanda s'il n'y avoit rien pour disner. Elle lui répondit que non, et qu'il estoit venu trop tard. Mais à l'instant, avisant une brochée de rost, demanda pour qui donc estoit ce rost là. L'hostesse lui dit que c'estoit pour des messieurs qui estoient en haut, et qu'elle pensoit que ce fussent des procureurs. Le roy alors (qu'elle prenoit pour ung simple gentilhomme, pour ce qu'il estoit seul) la pria de leur aller dire qu'il y avoit un honeste

Scène de chasse (Gravure du xvi⁰ siècle)

gentilhomme qui venoit d'arriver, qui estoit las et avoit faim ; qu'il les prioit de lui donner un morceau de leur rost pour de l'argent, ou qu'ils l'accommodassent du bout de leur table et qu'il pairoit son escot. Ce qu'ils lui refusèrent tout à plat, disans que pour le regard de leur rost il n'y en avoit pas de trop pour eux ; et, quand à disner avec eux, ils avoient des affaires ensemble et estoient bien aises d'estre seuls.

« Le roy aiant entendu ceste response, demanda à l'hostesse quelque garson, pour l'envoier là auprès lui quérir compagnie ; et lui aiant donné une pièce d'argent, l'envoia au sieur de Victry, qu'il lui désigna par un autre nom et par une *grande caçaque rouge* qu'il portait ; et qu'estant là, il lui dit qu'il vinst incontinent trouver le maistre du *Grand Cornet.*

« Ce que le garson aiant fait, et le sieur de Victry aiant congneu par son langage que c'estoit le roy, s'en vinst incontinent trouver Sa Majesté, accompagné de huit ou dix autres : lequel aiant conté audit Victry sa disconvenue et la vilénie de ces procureurs, lui en chargea par mesme moien de s'aller saisir d'eux, et qu'il les menast à Grosbois, et qu'estant là, il ne faillit de les très bien fouetter et estriller, pour leur apprendre une autre fois à estre plus courtois à l'endroit des gentilshommes.

« Ce que ledict sieur de Victry exécuta fort bien et promptement, non obstant toutes les raisons, prières, supplications, remonstrances et contredits de messieurs les procureurs. »

Ce fut vers cette époque que mourut d'une mort épouvantable, empoisonnée, dit-on, avec une orange, la belle Gabrielle ; en la voyant défigurée et méconnaissable, le roi pleura abondamment ; d'une main tremblante il écrivit à sa sœur, Catherine de Bourbon : « Les regrets et les plaintes m'accompagneront jusqu'au tombeau ; la racine de mon amour est morte. »

Moins d'un mois après, il devenait éperdument amoureux d'une étrange jeune fille de dix-huit ans, qui fut jusqu'à sa mort son mauvais génie, Henriette d'Entragues (puis marquise de Verneuil), fille de Marie Touchet, la maîtresse de Charles IX. Le roi eut beau demander à la chasse une salutaire diversion à cette fatale passion ; il eut beau prier Montmorency de se trouver à Orléans et à Blois avec son meilleur limier « pour y passer bien leur temps », il ne put résister à l'empire qu'Henriette prit sur lui dès le premier jour.

Après avoir obtenu le divorce avec Marguerite de Valois, Henri IV épousa Marie de Médicis ; jusque-là, vivant bourgeoisement avec Gabrielle et quelques amis, il n'avait pour ainsi dire pas de cour officielle ; il s'était contenté d'un seul et unique équipage pour le cerf ; préoccupé de mettre un peu d'ordre à ses affaires, on peut dire que c'était là son plus grand luxe. Mais à partir de cette époque, il réorganise la vénerie et la fauconnerie sur un pied royal. Le duc d'Elbeuf, nommé grand veneur, fut mis à la tête d'une meute de soixante-dix chiens pour courre le cerf ; Vitry commanda un vautrait de quarante mâtins et de plusieurs grands lévriers ; Beauvais-Nangis dirigea l'équipage des toiles, qui comprenait trente-six chiens de meute, douze lévriers et quatre dogues. Le grand louvetier, M. de La Grange, renforce ses vingt chiens de loup par quatre lévriers et quatre dogues. La fauconnerie, dont la charge est dévolue au comte de Cossé-Brissac, est entièrement réorganisée avec des capitaines ayant chacun la surveillance d'un vol particulier, auquel sont attachés de nombreux épagneuls et lévriers.

« L'ancien dessin représentant des fauconniers de la fin du seizième siècle exerçant leurs oiseaux au leurre pourrait bien être de Jean Stradan, le prédécesseur de Tempesta dans la représentation des scènes de chasse. Curieux pour les costumes, ce dessin montre, entre autres, un valet de fauconnerie faisant venir, en même temps, sur deux leurres, deux faucons que d'autres valets vont déchaperonner. C'est la seule fois où j'ai vu la représentation de cet exercice, qui était important pour habituer ces oiseaux à voler ensemble sans se battre, et deux oiseaux ainsi dressés étaient inestimables. Ce dessin à la plume et au lavis est d'un artiste de la fin du seizième siècle, probablement Ph. Galle ou Stradan, qui ont laissé beaucoup de scènes de chasse de ce genre. Il représente des fauconniers de l'époque de Henri IV exerçant leurs oiseaux au leurre, et l'artiste a représenté d'après nature ces exercices en homme qui a vu et pratiqué le vol, et non de chic comme le feraient beaucoup d'artistes modernes. Les attitudes des oiseaux, les gestes des fauconniers, sont d'une exactitude scrupuleuse. On peut en juger par une lettre de François, duc de Valois, depuis François Ier, à Marguerite d'Autriche, datée du camp d'Athies (Artois), le 15 octobre 1513. Dans cette lettre, écrite pendant une courte trêve entre les Français et les

Fauconniers de la fin du xvie siècle

impériaux, le futur roi de France s'exprime ainsi : « Le roy Louis XII m'avoit donné un couple de sacres qui portaient ses vervelles, desquels je passoiz quelquefois le temps ; j'en ay perdu ung, lequel, à ce que ay entendu, est tombé entre voz mains, dont ay esté très aise. A ceste cause j'envoie ce porteur devers vous pour vous faire entendre comme ledit sacre est à moy et pour vous prier que le me veillez rendre. Et si d'aventure le voulez retenir, mandez-le moi et je vous envoieray son compaignon, car ils ont à costume de voller en compaignie et l'ung sans l'autre ne vallent riens. » — (*Note de* M. Amédée Pichot.)

« J'ai calculé, dit Sully, ce que le roy dépensoit alors chaque année en bâtiments, pour son jeu, pour ses maîtresses et ses chiens de chasse ; j'ai trouvé qu'il ne s'en alloit pas moins en tout cela de 1.200.000 écus, somme suffisante pour entretenir 15.000 hommes d'infanterie. Je ne pouvois m'en taire à lui-même, au hazard de le refroidir à mon égard. » Ce à quoi le spirituel Béarnais répondait invariablement : « Heureusement, mon ami, que vous n'êtes pas chasseur; si vous l'étiez, je ne pourrais l'être. »

Quelques années avant sa mort, Henri fut atteint de la goutte; tant que ses forces le lui permettront, le royal veneur la bravera. Il écrivait à la fin de 1605 : « Il neige fort, qui me remue des galanteries aux orteils, qui ne m'empêcheront pas de courir un cerf demain. » L'accès le reprenant en pleine chasse, il est obligé de retourner à Dourdan : « quoique j'eusse fait couper mes bottes par dessus à cause des cruelles douleurs que je sentois ».

Hallali de sanglier (Tableau de Snyders)

A la suite d'une triple chasse à l'oiseau, au loup et au cerf dans une même journée en 1607, la pluie le surprend et il rentre après une retraite longue, trempé jusqu'aux os, mais gai et content. « Voilà ce que les princes appelent s'amuser! Il ne faut pas discuter des goûts ni des plaisirs! » (Sully.)

Dans les derniers jours de sa vie, en 1609, le vieux roi s'éprit follement d'une jeune fille de quinze ans : Charlotte de Montmorency était fille de Louise de Budos, que le connétable de Montmorency, épris de sa surprenante beauté, avait épousée quand il était déjà vieux. Les chroniques d'alors racontaient qu'elle tenait son éblouissante beauté d'un pacte avec le diable, et comme elle était morte d'une mort étrange, on disait que le diable l'avait étranglée.

A la précoce beauté de sa fille, le poète Malherbe a consacré cette charmante strophe :

> A quelles roses ne fait honte
> De son teint la vive fraicheur ?
> Quelle neige a tant de blancheur,
> Que sa gorge ne la surmonte ?
> Et quelle flamme luit aux cieux,
> Claire et nette comme ses yeux ?

Comme sa mère, elle passait pour être ensorcelée et pour avoir, comme elle, le pouvoir d'ensorceler.

Bien qu'elle eût été fiancée à Bassompierre, Henri IV, épris de ses charmes naissants, exigea qu'elle épousât son neveu le prince de Condé, espérant qu'elle viendrait à la cour et brillerait au premier rang. Le vieux roi, croyant en être aimé, commanda à Malherbe les vers suivants, dans lesquels il se flatte d'être payé de retour :

> Et sans faire le vain, mon aventure est telle,
> Que de la même ardeur dont je brule pour elle,
> Elle brule pour moi !

Condé ne voulut pas partager le sort du complaisant mari de Gabrielle et de tant d'autres ; il emmena « ce miracle de beauté », comme on disait alors, à l'abbaye de Verneuil. Le roi imagina pour la voir de profiter d'une Saint-Hubert qui réunissait les gentilshommes du pays. On organisa une partie de chasse, à laquelle la princesse de Condé, accompagnée de sa belle-mère, devait assister.

De leur carrosse elles virent, non sans étonnement, passer les livrées du roi avec les chasseurs et les relais de chiens. En observant attentivement les veneurs, les deux princesses reconnurent dans l'un d'eux le roi, bien que, pour se mieux déguiser, il eût caché son œil gauche sous un emplâtre, et qu'il tînt en laisse deux lévriers.

La princesse-mère, aussitôt qu'elle eut découvert le stratagème, accabla le roi de reproches, fit rentrer sa belle-fille à l'abbaye, et raconta l'aventure à son fils. Quelques jours après, le prince de Condé franchissait la frontière et mettait son *trésor* en sûreté.

Ce fut une des dernières parties de chasse du vieux roi ; après tant de succès cynégétiques et autres, il finit tristement sa carrière de veneur et d'amoureux par un double buisson creux !

Peu de temps après, le couteau de Ravaillac, en traversant le cœur du Béarnais, priva la France, sinon du plus grand de ses rois, du moins du plus populaire.

Henri IV aimait à se voir entouré à la chasse de ses amis, de ses maîtresses et des plus belles dames de la cour.

L'Estoille raconte que Gabrielle y accompagnait presque toujours le roi, montée en *homme* à cheval et tout habillée de vert. Ce fut dans cette tenue que les Parisiens, ébahis, la virent entrer dans leur ville, « coste à coste du roy et lui tenant la main ».

La princesse de Conti, fille d'Henri de Guise, le Balafré, fut une des plus intrépides amazones de la fin du règne d'Henri IV : un jour, en courant un cerf, elle tomba de sa haquenée et se blessa grièvement.

La maréchale de Biron se plaisait « plus à la chasse et à tirer de l'arquebuse qu'à autre exercice de femme; et avec cela, une très sage, vertueuse dame comme sa patronne, Diane chasseresse. » (BRANTOME.)

La belle duchesse de Longueville, Marie de Bourbon, fut une vaillante amazone. Elle avait autour d'elle à Liancourt un essaim de charmantes dames, qui l'accompagnaient partout à la chasse à courre comme à la volerie. Le prince de Condé son frère fut soupçonné d'avoir été dans sa jeunesse l'auteur de cette galante épître :

> Les dames bien souvent aux plus belles journées
> Montent des haquenées;
> On volle la perdrix, ou l'on chasse le loup
> En allant à Marlou.
> Les amants cependant leur disent à l'oreille :
> O divine merveille,
> Laissez les animaux, puisque vos yeux vainqueurs
> Prennent assez de cœurs.

La passion des gentilshommes de cette époque pour l'exercice de la chasse ne le céda en rien à celle des dames des seizième et dix-septième siècles.

Henri choisissait de préférence pour compagnons ceux qui avaient partagé ses périls. Le connétable de Montmorency, que le roi appelait « son compère », était souvent consulté en matière de vénerie; ses avis étaient toujours écoutés. Passionné comme tous ses ancêtres pour cet exercice, le connétable entretenait à Chantilly de célèbres équipages avec lesquels Henri IV aimait à courir le cerf et le chevreuil. « Mon compère, lui écrivait-il en 1607, j'ai esté dix jours à Chantilly, ou j'ay eu bien du plaisir; je pris trois cerfs dans vos bois, et dix dans la forêt de Halastre. »

Le comte de Soissons, cousin du roi, entretenait une célèbre meute. Le maréchal de Biron, le comte d'Auvergne, fils naturel de Charles IX et de Marie Touchet, MM. de Montbazon, de Harambure, le brave Dominique de Vic, furent d'illustres veneurs.

Le grave Sully lui-même n'échappa pas à la contagion de l'exemple; ses *Mémoires* sont pleins de faits ayant trait aux exploits cynégétiques de son maître. Pendant son ambassade en Angleterre, Rosny, instruit à l'école de la vénerie française, trouvait nombre de défauts à relever dans la pratique des Anglais. Dans plusieurs de ses dépêches il faisait part à son maître des disputes incessantes qu'il avait à ce sujet avec le roi Jacques Ier. Dans ses réponses, Henri ne lui dissimule pas la joie que lui en cause la lecture.

LA CHASSE DES MÉDICIS

(Gravure du xvi⁰ siècle)

Le plus célèbre veneur de ce règne fut, sans contredit, le marquis de Vitry. Sa science était si fort prisée du roi, qu'il devint à la fois chef du vautrait, capitaine du vol pour milan, capitaine des chasses de Fontainebleau, commandant de l'équipage pour le chevreuil. C'est lui qui fut envoyé d'abord à Jacques Ier, quand il voulut faire refleurir en Angleterre les traditions perdues de la vieille vénerie française.

Guillaume le Conquérant avait importé, au onzième siècle, la pratique, jusqu'alors inconnue des Anglais, de la chasse à courre; sous Édouard II, Guillaume de Tuisy avait

Hallali de sanglier (D'après le tableau de Snyders et Rubens)

écrit en langue française un traité de vénerie où sont consignées les règles observées alors par les Anglo-Normands. Mais au seizième siècle, le maréchal de Vielleville, ambassadeur en Angleterre, raconte qu'à cette époque les traditions normandes avaient déjà disparu en grande partie. On conduisit le maréchal dans un parc « rempli de daims et de chevreulx : quarante ou cinquante que millorts que gentilshommes du païs tuèrent quinze ou vingt bestes à courses de cheval; et y avoit un extrême plaisir à voir les Anglais courir à toutes brides en ceste chasse, l'espée au poing; car s'ils eussent suivi la victoire de quelque bataille gagnée, ils n'eussent pas plus cryé ».

Rompant avec ces habitudes où la science n'avait rien à voir, Jacques Stuart pria son allié de lui envoyer les plus habiles de ses veneurs, afin, dit Salnove, « qu'il pust dorénavant courre dans les forests qui sont dans ses États, et non plus dans les lieux fermés comme sont ses parcs, où jusque-là il avait toujours couru et n'avait pu connoistre les cerfs qu'en les voyant ».

Après le retour de Vitry, Henri IV envoya pour le remplacer près de Jacques Ier plusieurs de ses meilleurs veneurs : MM. de Beaumont, du Moustier et Saint-Ravy ; ce dernier restera en Angleterre en qualité de grand veneur de la reine.

Quelques années plus tard, Ligniville et Maricourt trouvèrent les Anglais très bien instruits des règles du courre du lièvre et suffisamment de celles du cerf, ce qui prouve que les leçons de nos illustres veneurs français avaient déjà porté leurs fruits.

Frise du château de Raray

Les hallalis émouvants des sangliers et le courre du cerf, bien qu'ils eussent toutes les préférences du roi, n'absorbaient pas tellement sa passion pour la chasse qu'il ne prît un très vif plaisir au courre du chevreuil. Après s'être longtemps servi de la meute du connétable de Montmorency, auquel il écrivait en 1598 : « Si vous voulez amener vos chiens pour chevreuil, il y en a ici auprès, du plus beau courre du monde », il organisa, sous le commandement de Vitry, le premier équipage royal pour le chevreuil : Ligniville en disait merveilles.

Henri IV entretint aussi une meute de vingt-quatre chiens de lièvres sous la charge du maître de la garde-robe de Sa Majesté : elle ne faisait pas partie de la vénerie royale. Il y adjoignit un certain nombre de lévriers de Champagne, sans doute pour assurer la prise.

Sous le règne de Henri IV, un grand seigneur normand, Jehan du Bec, devenu abbé de Mortemer après avoir été un rude capitaine, « se servant de la plume avec la même fougue qu'il avait manié l'épée, ayant sur son corps onze arquebusades qu'il a mariées avec autant de livres qu'il a composés », écrivit un traité intitulé : *Discours sur l'Antagonie du Chien et du Lièvre*, dans lequel il recommande avant tout à celui qui voudra prendre le plaisir de la chasse, de faire le matin ses dévotions accoutumées, « sans en rien que son plaisir luy interrompre la contemplation de Dieu, son Créateur, pour l'ademirer et le recognoistre ». Malgré quelques défauts de clarté et de nombreuses incidentes enchevêtrées les unes aux autres, empêchant parfois de saisir immédiatement la pensée de l'auteur, ce traité offre d'intéressants chapitres, fruit de la longue expérience du veneur abbé. Les mœurs, les habitudes et les ruses du lièvre sont décrites avec soin ; les qualités et les défauts des principales races de chiens sont de sa part l'objet de judicieuses observations, et, malgré certaines théories bizarres, les derniers chapitres surtout sont utiles à consulter.

Mentionnons ici le château de Raray, rebâti au seizième siècle sur l'emplacement d'une construction plus ancienne ; il ne reste du bâtiment de la Renaissance que les parties des deux façades du corps de logis central. La cour d'honneur, fermée à l'extrémité par un saut de loup, a été construite sous Henri IV ; les sculptures dont elle est ornée sont d'une beauté remarquable. Deux longs murs parallèles la relient au château ; des niches renfermant des bustes d'une expression naïve représentant des dieux, des déesses et des héros de l'antiquité, alternant avec des arcades à jour, font de cette cour d'honneur un monument unique en son genre. Une frise sculptée très pittoresque couronne la partie haute; elle représente d'un côté toute une série de chiens chassant un cerf, et de l'autre un sanglier faisant tête à une meute. C'est cet ensemble inédit et unique dont nous devons la reproduction à l'obligeance de M. le comte de La Bedoyère.

Chasse du sanglier à la haie (Gravure de Stradan)

Chasse au faucon (Gravure du XVIIᵉ siècle)

CHAPITRE V

LES BOURBONS (Suite)

LOUIS XIII

peine âgé de deux ans, le dauphin assiste à une curée de cerf à Fontainebleau. « Chaque fois qu'il chasse à Fontainebleau, l'enfant suit en carrosse; dès que son âge le lui permet, il monte à cheval. A ce rude exercice les forces étant vite venues à l'enfant, le roi, pour le baptiser veneur, lui fait suivre une chasse sur sa petite haquenée jusqu'à la mort du cerf. Au retour, il le met à table le soir à ses côtés; et comme, pris de fatigue, les yeux du dauphin se fermaient, son père le secouant : « Ne dormez pas, enfant, car si vous dormez je ne vous mènerai plus à la chasse. » (La Ferrière.)

Les mémoires du temps nous apprennent que Marie de Médicis suivit maintes fois à la chasse le roi Henri IV. Après la mort de son mari, elle conserva les équipages royaux, les entretint sur le même pied, et se livra avec ardeur pendant la minorité du jeune Louis à sa passion pour la vénerie. Sans égaler la science de sa tante Catherine de Médicis, Marie mérita les louanges du poète Claude Gauchet :

> Nymphes, suivez les pas de la chaste Marie,
> Ains une autre Diane, en qui tient tout l'honneur
> Et de France et d'Italie.
>
> *(Chasse du cerf au roy.)*

Guillaume du Sable, dans sa *Muse Chasseresse*, fait l'éloge de cette princesse et lui dédie son livre. Elle allait à cheval, disent les auteurs du temps, suivie de nombreuses dames aussi à cheval, et accompagnée de quatre ou cinq cents gentilshommes.

Elle ne cessa de chasser, tantôt seule, tantôt avec son jeune fils, tant qu'elle resta à la cour de France, c'est-à-dire jusqu'en 1630, époque à laquelle l'altier ministre du roi, le cardinal de Richelieu, força son trop faible maître à signer les lettres d'exil de sa mère.

D'une humeur sérieuse et parfois mélancolique, Louis XIII ne porta pas à la chasse autant d'ardeur que le roi son père, mais il y mit plus de réflexion et plus de science : Salnove reconnaît dans son savant traité devoir surtout à ce prince ce qu'il sait du noble métier : il dit de lui qu' « il donna des lois aux veneurs, régla les moments où il est utile de parler aux chiens et aussi de sonner ; qu'il forma la langue de la vénerie en la rendant plus polie et moins rude ».

Un an à peine après la mort de son père, le jeune roi, âgé de neuf ans, en décembre 1610, écrivit à sa sœur : « Ma sœur, je vous envoie deux piés : l'un de loup et l'autre de louve que je pris hier à la chasse : je courrai après dîner le cerf et j'espère qu'il sera malmené. »

Aussi passionné pour la fauconnerie que pour la vénerie, le jeune roi entoura d'une faveur particulière un petit gentilhomme du Comtat Venaissin, d'origine italienne, appelé Alberti, pour lui avoir dressé des pies-grièches. Créé, pour ce service, duc, puis connétable, Alberti devint l'auteur de la puissante maison d'Albert de Luynes.

Il récompensa royalement Saint-Simon, un de ses pages, « parce qu'il évitoit de souffler dans le cor de chasse du roi qu'il étoit chargé de porter », parce qu'il « savoit donner un relais au roi de telle façon, qu'il sautoit d'un cheval sur l'autre sans mettre pied à terre ». (Tallemant des Réaulx.)

Bien que le plaisir de la chasse fût sans rival pour ce jeune roi exempt de violentes passions, il ne l'empêcha jamais de remplir ses devoirs de souverain : il y passait son temps quand il n'avait rien à faire d'important. Il avait cependant à sa disposition, outre ses équipages ordinaires, cent cinquante chiens courants et trente laisses de lévriers qui le suivaient partout, même dans ses campagnes.

« Huit veneurs allaient tous les matins faire le bois autour de son logis, et lui faisaient rapport de tout ce dont ils avaient connaissance : cerfs, biches, chevreuils, sangliers, loups, renards. A son lever, Louis, informé de quelle bête il pourrait avoir le plaisir, donnait ses ordres en conséquence. Aussitôt les veneurs prenaient les devants et ajustaient des toiles aux *accourres* (refuites des animaux) pour cacher des lévriers. Toute la suite du roi, gens d'armes, chevau-légers, mousquetaires, se rangeaient du côté du *mauvais vent*, à cinquante pas les uns des autres, et le pistolet à la main. Sur un signal du roi, les chiens étaient dé-

Louis XIII enfant chassant au faucon (Gravure de Huart)

couplés, et dès qu'ils commençaient à donner de la voix, les cavaliers faisaient une décharge générale. Épouvantés de ce fracas, les animaux fuyaient du côté des *accourres*, et à leur sortie du bois étaient coiffés par les lévriers.

« Incontinent chacun reprenait sa place, et tout ce qui se trouvait dans le bois était porté par terre. Cela durait tout le haut du jour, et souvent fort tard, surtout quand il y avait des loups, animaux malicieux qui ne voulaient sortir qu'à force, et préféraient souvent se dérober en bravant le feu des cavaliers de l'escorte. » (Noirmont et Sélincourt.)

Malgré sa passion pour le courre du cerf, Louis XIII s'attacha surtout à la destruction des loups, qui alors désolaient la France ; ils voyageaient en bandes nombreuses ; leur hardiesse et leur voracité étaient telles que dans le Gâtinais seul on comptait par an près de trois cents personnes blessées ou tuées par ces terribles carnassiers.

La bibliothèque de Mgr le duc d'Aumale possède trois cent cinquante lettres ou billets autographes adressés par Louis XIII à Richelieu, de 1628 à 1643. Le roi y fait de fréquentes allusions à ses chasses. En voici quelques extraits : « Livry, 25 novembre 1629... Je me porte bien, excepté la goutte, qui m'a ataqué cette nuit, laquelle ne m'empêchera pas de courre le loup aujourd'hui... » — « Monceaux, 27 juillet 1632... Je me porte très bien et m'en vas coure un serf avec les chiens de M. d'Angoulême... » — « Chevreuse, 24 janvier 1633... J'ay esté aujourduy à Dampierre coure un cerf dans le parc, et en y alant j'ay pris cinc merles avec mes oyseaux, qui ont fait rage... » — « Essonne, 1er mai 1633... Mon cousin, je commenceray par vous remercier du lévrier que vous m'aves dôné, qui est le beau qui se soit jamais veu dans la bande pour loup, et a esté trouvé tel par tous les expers. Je vous avois mandé par M. Daluin (d'Halluin) que j'yrois demain coucher à Fleury ; j'ay changé depuis le dessain et séjourneray demain icy, parceque j'ay trouvé quantité de loups icy autour, à qui je feray demain et après demain la guerre... » — « 5 août 1635... Je m'en vas courre le sanglier et prendray médecine ce soir... » — « Saint-Maur, 12 septembre 1637... J'ay mené la reyne à la chasse, qui a vu prendre cinq loups et un renart... » — « Saint-Germain, 7 octobre 1640... Je vous escris ce billet pour savoir de vous si il n'y a point d'afaires qui me puisent empecher d'aler mardy à Monceau, où il y a quatre ans que je n'ay esté, où on me mande qu'il y a grande quantité de loups ; vous savés que j'aime bien fort cette chasse... » — « Saint-Germain, 6 novembre 1640... J'ay pris medecine ce matin, qui ne m'a pas empêché d'aler à la chasse, où un loup a passé de galant hôme au milieu de tous mes levriers et s'est sauvé... Je me porte bien et yray demain matin au Clais pour coure le loup ; je feray la retraite à Villepreue... » — « Chantilly, 31 janvier 1641... J'ay pris trois grands loups depuis que je suis icy... » — « Roye, 17 octobre 1641... J'ay pris trois loups aujourd'huy... » — « Saint-Germain, 20 janvier 1642... Je me porte très bien ; je viens de courre le cerf, que j'ay pris... »

Louis XIII affectionnait particulièrement Chantilly à cause de la chasse. Les biens du duc de Montmorency ayant été confisqués après sa condamnation, Louis XIII s'empressa de les restituer aux héritiers du décapité, mais il en excepta Chantilly, qu'il se réserva pour lui-même.

Outre la grande vénerie, « ce grand arbre dont les autres équipages ne sont que les branches », le roi organisa d'une façon spéciale la grande louveterie ; il y adjoignit une meute pour le renard, et une autre meute de chiens d'Écosse pour le lièvre.

Les fréquents rapports entre les cours de France et d'Angleterre sous Henri IV n'avaient pas été sans influence sur nos anciennes races de chiens. De cette époque datent les chiens anglo-français, issus du croisement des deux races. Ennemi des importations anglaises, Louis XIII mit un soin extrême à conserver pures de toute mésalliance nos quatre races royales. Salnove s'écrie avec tout le zèle d'un vrai patriote : « Qu'avons-nous besoin d'eux ! Tenons-nous-en aux héros et aux maîtres de la vénerie; celle de nos rois peut se dire la première du monde, et nos chiens venant des races du cardinal de Guise et de M. de Savary valent bien ces chiens anglais qu'on nous vante tant ! Les chiens anglais n'ont pas plus d'esprit et de jugement que les chiens français, mais ils ont naturellement plus de docilité : ils conviennent pour cette raison aux chasseurs paresseux. Les ignorants y trouvent encore mieux leur compte; à la manière dont on s'y prend, il n'y faut pas grande habileté; quelques mots anglais qu'on se pique de savoir en font l'affaire ; on les écorche, on les prononce tout de travers, de façon qu'il n'y a ni chevaux ni hommes sur terre qui puissent les comprendre. » On dirait que ce portrait des petits maîtres du dix-septième siècle a été fait tout exprès pour nos « petits crevés » du dix-neuvième.

Comme preuve de son assertion, Salnove cite l'exemple de Jacques Ier, qui pria Henri IV de lui prêter ses meilleurs lieutenants de vénerie, et celui de Louis XIII, qui lui envoya plusieurs veneurs habiles pour remplacer ceux que MM. de Beaumont lui avaient conduits du temps du roi son père.

Malgré les résistances patriotiques de Louis XIII et de Salnove, l'importation des chiens anglais en France, commencée sous Henri IV, ne tarda pas à créer dans certains équipages une race de bâtards, prisée par les uns, dénigrée par les autres, objet entre veneurs d'une querelle qui se perpétuera jusqu'à nos jours et au delà !

Nous voyons figurer dans les comptes de Louis XIII l'achat de mâtins qu'on choisissait chaque année dans les fermes, *jeunes*, *grands* et *beaux*. On en achetait jusqu'à cinquante à cause de la *diminution* qui s'en faisait lors des hallalis des grands sangliers ; on complétait l'équipage par quelques bâtards, produits du chien courant et de la mâtine, sans doute pour aider aux mâtins purs dans les rapprochers et les forlongers des bêtes noires.

Louis XIII conserva la meute de chevreuils formée par son père; il en donna le commandement à M. de Saint-Ravy, fils du célèbre veneur envoyé par Henri IV à Jacques Ier.

Composé de cinquante à soixante chiens, cet équipage faisait merveille sous cette habile direction. Dans une de ses lettres, Saint-Ravy raconte qu'il força « cinq chevreuils en huit jours ».

S'il m'était permis de parler de mon frère et de moi, je dirais que nos meutes réunies ont pris quatre chevreuils en cinq jours, à la fin de mars, lors de la clôture de la chasse à courre, en 1873.

Je ne sais si à cette époque les chiens français étaient vites ou non; mais en tout cas on ne pouvait leur reprocher de manquer de fond.

En 1602, douze chiens de l'équipage du roi prirent de meute à mort et sans relais un cerf lancé à quatre lieues de Blois, près de Herbault, en pleine Beauce. L'animal traversa la Loire à Ecures, passa près d'Amboise, et vint faire son hallali à peu de distance de Pontlevoy.

L'équipage du duc d'Angoulême attaqua, vers la fin du règne de Louis XIII, un vieux cerf portant « vingt-deux mal semés », dans la forêt de Nouvion, à trois lieues d'Abbeville; après sept heures de chasse il fut forcé sur les limites du Boulonnais, après avoir parcouru dans tous les sens les forêts de Crécy, de Vron et traversé plusieurs rivières.

Nous aurons l'occasion plus tard de noter quelques faits non moins extraordinaires,

Chasse au loup (Gravure de TEMPESTA)

tout à l'honneur de nos anciens chiens français, dont les vrais chasseurs regretteront toujours la presque totale disparition.

Nous avons cité, parmi les femmes illustres qui ont le plus marqué dans les fastes de la vénerie sous Henri IV, Mme la duchesse de Longueville, Marie de Bourbon; nous la voyons, sous Louis XIII, continuer ses brillants laisser-courre. Plus tard, vers la fin du présent règne, « la grande Mademoiselle », Louise d'Orléans, duchesse de Montpensier, montra dès l'âge de dix ans un goût prononcé pour les exercices violents et pour la vénerie. Dans ses intéressants *Mémoires*, la grande Mademoiselle raconte qu'elle suivait à Saint-Germain, à peine âgée de onze ans, les chasses du roi Louis XIII; elle cite les dames qui l'accompagnaient : « Nous y allions souvent avec lui. Mmes de Beaufort (Chémerault) et Saint-Louis, filles de la reine, d'Escars, sœur de Mme de Hautefort et Beaumont, venaient avec moi. Nous étions toutes vêtues de couleur, sur de belles haquenées richement caparaçonnées ; et pour se garantir du soleil, chacune avait un chapeau garni de quantité de plumes. L'on disposoit toujours la chasse du côté de quelques belles maisons, où l'on trouvoit de grandes collations, et au retour le roi se mettoit dans mon carrosse entre Mme de Hautefort et moi. »

Une des plus brillantes amazones du commencement du dix-septième siècle, Mme de La Guette, a laissé d'intéressants *Mémoires* : pendant que son beau-frère, M. de Vibrac, était gouverneur de Grosbois, elle suivait avec ardeur les belles chasses qui s'y donnaient. « M. le duc d'Angoulesme couroit le cerf, et les dames en avoient tout le passe-temps ; je n'en quittois pas ma part ; au retour de la prise du cerf, il y avoit un extrême plaisir à voir la curée, et d'entendre sonner un grand nombre de cors pour animer les chiens qui faisoient un clabaudis le plus grand du monde. »

Un jour de carnaval elle raconte qu'elle et sa sœur s'amusèrent à s'habiller en hommes et à galoper toutes bottées dans le parc de Grosbois, « pour y lancer quantité de cerfs à la course ». (Noirmont.)

Claude Gauchet, Maricourt, Salnove, Sélincourt, nous ont conservé les noms des plus célèbres veneurs du règne de Louis XIII. Parmi les gentilshommes normands, Gauchet cite avec éloge le sieur des Bruyères, « gentilhomme du Boscage, bon veneur ». Les lieutenants de vénerie Desprez, Beaumont, Saint-Ravy, du Bellay, lieutenant de l'équipage pour le loup, Bourlon et Carbignac, brillèrent au premier rang.

Les princes du sang et les grands seigneurs ne le cédèrent en rien au roi : son frère Gaston d'Orléans fut, d'après Maricourt, grand amateur de vénerie. Richelieu dans ses *Mémoires* attribue en grande partie le peu d'affection de Louis XIII pour son frère à leur rivalité en fait de chasse. « Leur refroidissement commença, nous dit le cardinal, par une chasse où les chiens de Monsieur chassèrent mieux que ceux du roy et parurent si excellents, qu'après que la meute de Sa Majesté eut un jour failli un cerf dans la forêt de Saint-Germain, les autres en prirent un le lendemain, *nonobstant tout l'art qu'on peut honnestement y apporter pour le faire faillir.* » Et le malin cardinal ajoute : « *Ce qui se pratique d'ordinaire entre chasseurs.* » Aujourd'hui, à quelques exceptions près, on est plus galant entre veneurs.

Les équipages de Gaston ne le cédaient en rien à ceux de son frère ; sa fauconnerie et sa vénerie étaient montées sur un pied à peu près royal.

Ces princes entretenaient encore des guépards. Ce furent à peu près les derniers dont on se servit en France, le perfectionnement des armes ayant, croyons-nous, contribué à faire abandonner ce mode de chasse, comme plus tard il fit délaisser la fauconnerie, l'adresse personnelle étant venue se substituer à celle de l'oiseau.

Le père du grand Condé, M. le prince, « qui préféroit, au dire d'Henri IV, la chasse aux femmes », entretint dans son gouvernement de Berry de somptueux équipages. Le duc d'Angoulême aimait éperdument la chasse. Sélincourt, qui fut employé de bonne heure dans les meutes de ce prince, le dépeint comme un veneur émérite.

Les plus grands seigneurs, le duc de Vendôme, Rohan, Montbazon, Schomberg, Toiras, le maréchal de La Force, qui chassait le cerf à quatre-vingt-six ans, le maréchal de Vitry, digne fils de son illustre père, etc., etc, continuèrent les savantes traditions de la vénerie française.

Le grand veneur du duc de Lorraine, messire Jean de Ligniville, nous a laissé deux livres excellents intitulés : *Les Meutes et Véneries de Messire Jean de Ligniville, chevalier comte de Rey*, et *La Meute et Vénerie pour chevreuil*.

Catherine de Bourbon, sœur de Henri IV, avait épousé le fils du duc de Lorraine, Henri, comte de Bar. Très habile chasseresse, elle n'avait qu'une faible idée des talents de son mari. Elle écrivait à son frère cette curieuse lettre : « Mon mary est allé à la chasse ; on lui a dit qu'il y avoit un fort grand cerf ; en partant, il m'a dict que s'il est tel, il vous enverra la teste, mais s'il n'est plus heureux que de coustume, je crois que vous n'aurez pas ce présent. Mais s'il le prend et que ce soit chose digne de vous être présentée, je voudrois bien en estre le porteur : *ce n'est que comme cela que je voudrois porter des cornes*, car en cela je suis fort fille de ma mère, c'est-à-dire de jalouse humeur. »

Le plus remarquable ouvrage de vénerie écrit sous Louis XIII eut pour auteur René de Maricourt.

Il resta manuscrit jusqu'en 1858, époque à laquelle il fut imprimé par M. Bouchard-Huzard : il est intitulé : *Traité et abrégé de la chasse du lièvre et du chevreuil, dédié au Roy Louis, treizième du nom*.

Entrepris par Maricourt pour contribuer aux amusements du roi, c'est, je crois, le premier traité composé spécialement pour le courre du chevreuil. Nous y trouvons à la fois des instructions utiles au point de vue technique et des renseignements curieux sur les principaux veneurs de son temps. En bon Français, il revendique pour son pays une supériorité incontestée sur les us et coutumes des Anglais en fait de vénerie.

Les chapitres qui traitent des différentes races de chiens courants sont particulièrement curieux. Maricourt dit que « la meute du seigneur ou gentilhomme doibt être de chiens gris qui ayent peu de taches blanches, si ce n'est au collet ou à la teste ».

Quant aux chiens blancs, il leur accorde « de bien chasser aux chaleurs, et d'endurer bien la foulle de piqueurs ; et partout les chiens blancs n'appartiennent guères qu'au roy ou aux princes pour courre le cerf ».

Pour le chevreuil comme pour le lièvre, Maricourt est d'avis de prendre des chiens entre deux tailles, puis il ajoute comme condition essentielle : « Mais quelques chiens qu'on élise, soit grands ou petits, il fault qu'ils soient de bonne race. » Quant aux chiens anglais, il en fait peu de cas, excepté en plaine. « Ils sont si peu questifs et si renardiers qu'on ne les en peult chastier ; joinct que lesdicts chiens sont si laids, estans tous haultz d'oreille et de si mauvais poil, qu'il n'y a nul plaisir à avoir des meuttes composées de ces chiens. »

Après avoir forcé des chevreuils avec une meute française, Maricourt entreprit des croisements avec les chiens anglais : « Ordinairement les chiens françois meslez avec les chiens d'Écosse ou d'Angleterre font des chiens de fort belle taille et qui chassent bien le droict. » Il se loue beaucoup de sa meute de bâtards.

A la fin de son livre, notre auteur traite la question du « vestement et habit pour la chasse »; il nous apprend que dès ce temps-là la meilleure « juppe doibt être de longueur jusques à la jartière, dont la meilleure estoffe pour l'eau est le drap de Berry teinct en escarlatte, et bien doublée ». Il veut que « le cor soit médiocrement grand; l'embouchure doibt estre d'argent pour les gentilshommes, et d'or pour le roy, pour conserver les dents et estre plus propre; l'épée doit être courte, la lame bien tranchante et roide pour couper le jarret et percer le cerf; le chapeau à larges bords sera orné d'un cordon que le veneur fera tisser des cheveux de sa maîtresse avec de la soie de la couleur qu'elle préfère ». Il s'écrie en terminant : « Un chasseur sans juppe, un soldat sans buffe ou sans plume, ne vallent pas une prune! »

Un autre veneur célèbre de la même époque, Robert Salnove, fils du sénéchal de la baronne de Luçon, écuyer de la duchesse de Bar, accompagna à la chasse d'abord Henri IV, puis Louis XIII. Comme il le dit lui-même dans l'épitre dédicatoire de sa *Vénerie royale*, c'est au contact de ces deux princes qu'il acquit les remarquables connaissances cynégétiques dont témoigne son traité. Le titre de cet ouvrage est, du reste, le seul point commun qui existe entre nos deux auteurs poitevins. Autant du Fouilloux est peu châtié dans son langage et dans ses mœurs, autant l'autre est réservé. La *Vénerie royale* de Salnove est aussi remarquable que celle de son compatriote, elle a de plus le grand avantage de pouvoir être lue de tout le monde.

Louis XIII, qui aimait à chasser dans les bois qui entouraient un chétif hameau qu'on appelait « Versailles », y fit construire un élégant château en briques, enclavé plus tard dans les superbes constructions de Louis XIV : il y ajouta un parc entouré de murs, assez vaste pour y courir et y forcer des cerfs.

Il n'est pas sans intérêt de placer ici une curieuse étude que M. Amiel fit paraître, il y a une cinquantaine d'années, sous le titre de *La Diplomatie et la Chasse* ; les passages suivants sont dus à l'obligeance de M. E. Bellecroix.

« Grâce à la haute influence exercée par le génie de son père, le roi Louis XIII, pendant sa minorité si orageuse, et malgré la politique inquiète et mesquine de la régente sa mère, se vit l'objet des prévenances de tous les étrangers qui tenaient à continuer leurs relations amicales avec la France. Nos ambassadeurs près de ces puissances, tant dans le désir de se maintenir dans leur charge que pour capter la faveur du jeune monarque, ne manquaient jamais, connaissant son goût pour la chasse, de saisir toutes les occasions de le flatter, soit en racontant les exploits cynégétiques des souverains près desquels ils étaient accrédités, soit en lui envoyant, de leur chef, chiens ou faucons, ou quelque engin nouveau.

« C'était alors le temps de la haute faveur d'Albert de Luynes, ce jeune page que Henri IV avait donné pour compagnon à son fils, et qui, grâce à son art de dresser des pies-grièches, s'éleva, sur les débris de l'immense et tragique fortune du maréchal d'Ancre, à la première comme à la plus enviée des dignités du royaume, celle de connétable.

LOUIS XIII

(Gravure du XVIIᵉ siècle)

« Nous avons recueilli, dans la correspondance de nos ambassadeurs, trois lettres iné-dites et originales que nos lecteurs nous sauront gré de reproduire ici textuellement.

« *Henri IV*. — La première est du baron de Salagnac, qui, durant une grande partie du règne du Béarnais, représenta si dignement nos intérêts auprès du sultan Amurath. C'étaient entre ce dernier et le roi de France des échanges fréquents de chiens et de faucons. Henri IV ne se montrait pas moins jaloux d'obtenir les faucons d'Orient, réputés les meil-leurs, que le sultan d'avoir des lévriers d'attache tirés du chenil de Saint-Germain.

« Le secrétaire d'État de Puysieux, auquel ces lettres sont adressées, ne faisait pas preuve de moins de zèle que les ambassadeurs eux-mêmes dans ces sortes de négociations. Outre qu'elles continuaient à entretenir les rapports d'amitié entre la Sublime Porte et la France, il y trouvait son propre compte en faisant la cour au jeune roi et à la régente.

« Lettre du baron de Salagnac à M. de Puysieux.

« De Péra-lès-Constantinople, ce 22 aoust 1609.

« Si vous autres, avez du tout oublyé les lévriers d'atache, on ne l'a pas fait icy. J'avois dit il y a long-temps qu'ils estoient mortz sur la mer en venant ; mais qu'il en vien-droit d'autres de nouveau. Le Grand-Seigneur m'a fait demander quelles nouvelles j'en ay. Je luy ay encore remis et mis la faute sur divers que l'on envoyoit, et que je croyois que ces pertes faisoient qu'on m'en avoit envoyé d'autres ; mais que puisqu'il le désiroit, je récri-rois encore. Il seroit bien à propos qu'il en vint ; mais que ce fût chose qui vallut la peine du voyage. Donnez-moi ce contentement de me commander quelque chose, pour pouvoir vous témoigner combien je suis

« Votre serviteur plus affectionné,

« Salagnac. »

« *Louis XIII*. — Frappé de douleur, après la mort tragique de Henri IV, qu'il aimait passionnément, le baron de Salagnac se démet de sa charge et est remplacé à Constanti-nople par M. de Harlay, baron de Sancy. Celui-ci ne manque jamais, à son tour, l'occasion s'offrant, d'entretenir, par ses relations épistolaires, tout ce qui peut flatter le goût domi-nant du jeune roi. C'est ainsi que, dans une lettre écrite de Péra, le 11 mars 1613, au même M. de Puysieux, nous lisons le passage suivant :

« Vous verrez, par la lettre que j'escris à la Reyne, l'estat des affaires de deçà qui n'empeschent point le Grand-Seigneur[1] de prendre continuellement son plaisir à la chasse : il la fit si bonne, une des dernières fois qu'il y fust, qu'il prist en un jour plus de cent lièvres et soixante cerfs. »

---

1. Ses armes avaient éprouvé de grands et récents échecs en Perse.

« Deux jours après, M. de Harlay écrit au même la lettre suivante :

« De Péra, ce 13 avril 1614.

« Monsieur,

« Je receus, en octobre passé, une lettre du Roy contre-signée de vous, et datée du 7 mai 1613. Elle m'ha esté portée par un faulconnier que le Roy me commande, en ladite lettre, de l'assister de mon autorité, en l'achapt des oiseaux, desquels il est ici venu faire recherche. Or, quand il arriva, il me luy fallut bailler de l'argent pour retirer ses hardes du vaisseau, tant s'en fault qu'il eust de quoi faire achapt desdits oiseaux et les conduire : ce que voyant, j'ay esté en doubte si j'en debvois achepter, ne prétendant en faire la despence à l'honneur d'un autre. A la fin, toutes fois, j'ay pensé que debvois satisfair un désir du Roy, et pour m'oster d'interest, envoyer lesdits oiseaux par un des miens, suppliant très humblement Sa Majesté de les recevoir de moy, qui ay faicte la despence de les achepter et les envoyer. Je vous supplie très-humblement, Monsieur, de m'y vouloir favoriser. Celuy par qui je les envoye est le porteur de la présente, auquel je vous supplie très-humblement, pour l'amour de votre très humble serviteur, accorder une ordonnance pour son voyage ; je vous en auray toute l'obligation, pour vous rendre à jamais service comme estant

« Votre très-affectionné et très-obligé serviteur,

« De HARLAY. »

« On sait la haute prépondérance qu'acquit la maison de Nassau, particulièrement sous Maurice d'Orange, dans les États des Provinces unies des Pays-Bas. La prudence des princes de cette maison, en présence du puritanisme ombrageux des réformateurs de ce pays, sous un gouvernement de libre discussion, était proverbiale. Aristocrates par le sang et par le goût, ils étaient républicains en public. Ce double caractère se manifeste surtout dans leurs relations avec la cour de France, principalement sous Louis XIII, dont ils étaient les vassaux par leur principauté d'Orange. Si le cardinal-duc de Richelieu, le vrai roi d'alors, ne néglige rien pour s'assurer leur concours contre l'Espagne et la maison d'Autriche qui, depuis Charles-Quint et Philippe II, marchait à grands pas vers la monarchie universelle, ces princes, de leur côté, ne sont pas moins avides des faveurs royales que les courtisans les plus raffinés du Louvre.

« Nous lisons dans la correspondance du baron de Charnacé, notre ambassadeur à La Haye, et dans celle du cardinal-duc, tout le prix qu'attachent les princes et particulièrement Maurice de Nassau, au titre d'Altesse que le cardinal lui fit conférer par le roi, en l'assurant qu'il ferait droit à certains privilèges de sa principauté d'Orange. Le stathouder avait déjà préparé de loin ce résultat ; sachant le goût dominant du roi, il lui avait envoyé à diverses reprises, soit des *chiens de race* ou des *emerillons de Norwège*.

« Pendant cet échange de procédés, les grands rouages politiques ne cessent pas de fonctionner, et les ombrageux réformateurs des Pays-Bas ne se doutent pas le moins du monde qu'ils subissent l'influence occulte du prince d'Orange, et par contre-coup celle du roi de France représentée par le cardinal-duc, en sorte que la république est la très stipendiée servante de la monarchie.

« La lettre suivante du prince d'Orange au roi vient à l'appui de nos observations. Cette lettre autographe est tirée, comme les précédentes, de l'immense collection du président de Harlay, déposée aux manuscrits de la Bibliothèque du roi :

« Sire,

« J'ai trop tardé à l'obéissance de vos commandements ; mais n'ayant sceu trouver chose digne de Vostre Majesté, il a fallu contraindre mes volontés qui ne se lasseront jamais de vous rendre très humble et très obéissant service. J'envoie le sieur Horice pour présenter à Vostre Majesté les chiens *noirs*, masle et femelle, qu'il lui avoit plu m'en charger. Ils sont médiocrement beaux et bons ; je les eusse désiré meilleurs s'il eust esté possible de les découvrir ; mais le défaut de leur bonté sera aucunement balancé par un doggue semblable à celuy que j'ay autres fois donné à Vostre Majesté. Il est fort laid, mais fort courageux, qui, sans marchander, se précipitera d'une grande hauteur apprès un canard, et ne sortira de l'eau qu'il ne l'ayt prins, se plongeant souvent apprès, et le prenant quelques fois dessous l'eau, comme je luy ay veu faire quand je l'ay esprouvé. J'espère que Vostre Majesté en recevra du plaisir et du contentement. Au reste, Sire, nous attendons à toute heure les généreux effects de vostre bonté et clémence.

« Je suis, Sire, de Vostre Majesté, le très-humble et très-obéissant serviteur,

« Le prince d'ORANGE. »

« Comme on le voit, la chasse était à cette époque un excellent moyen diplomatique ; mais l'argent du roi de France, qui tenait sur pied une armée de douze mille hommes au service des États généraux, contribuait puissamment aussi à aplanir les négociations. »

Courre du cerf (Gravure du xviii® siècle)

CHAPITRE VI

LES BOURBONS (Suite)

LOUIS XIV

OMBRE d'écrivains, plus ou moins courtisans, nous ont laissé l'historique des moindres actions de Louis XIV ; un de ses plaisirs favoris, la chasse à courre et à tir, a même inspiré plusieurs poètes : nous n'avons que l'embarras du choix, pour nous guider dans cette étude.

La *Muse* de Loret, les *Mémoires* de Saint-Simon, les ouvrages de Gaffet de La Briffardière, de Salnove, de Sélincourt, et surtout le *Journal* du marquis de Dangeau, nous permettent de suivre pour ainsi dire jour par jour les chasses non seulement du roi « soleil, » mais celles de ses fils et petits-fils, des princes du sang, des grandes dames et des grands seigneurs de la plus brillante cour qui fut jamais.

Bien qu'entrevue par un des petits côtés de l'histoire, cette étude de nos annales n'est peut-être pas dénuée d'un certain intérêt : la vie intime est souvent prise sur le vif; les mœurs, le langage, les usages des temps passés, revivent avec les siècles qui se déroulent; racontées par les auteurs de l'époque, les anecdotes ont un accent de vérité et une couleur locale que le pinceau moderne même le plus habile ne saurait leur donner : c'est là à mon avis le principal intérêt de *La Chasse à travers les âges.*

Pendant la minorité du jeune roi, Mazarin se délassait souvent des soucis que lui causait son astucieuse politique, en attaquant cerfs et sangliers. Nous le trouvons, en 1646, aux prises avec un ragot dans la forêt de Fontainebleau et le servant bravement d'un coup d'épée. Un courtisan quelque peu poète en profita pour comparer l'Éminence à Hercule, en lui assignant le premier rang, bien entendu !

Huit ans après, Loret nous le montre atteint de la goutte et très privé d'un plaisir qu'il ne peut plus s'accorder.

Nous savons par Boisrobert que Mazarin entretenait plusieurs équipages; une de ses meutes, logée en plein Paris, en face de la porte du célèbre abbé, troublait sans cesse par ses hurlements le repos des voisins; Boisrobert adressa à l'Éminence l'épître suivante, restée d'ailleurs sans résultat :

> Je ne demande à tes rares bontez
> Dons, ni présents, honneurs ni dignitez
> Pour augmenter l'estat de ma fortune :
> Mais seulement qu'une meute importune
> De dix grands chiens qu'on dit qui sont à toi
> Me laisse en paix et s'éloigne de moi !

Un opuscule aussi rare que curieux, intitulé : *Les particularités de la Chasse royale faites par Sa Majesté le jour de saint Hubert et de saint Eustache, patrons des chasseurs,* publié en 1649, nous apprend que, le jour de la saint Hubert de cette année, Mazarin organisa pour le jeune roi, âgé alors de onze ans, une chasse au cerf et au sanglier dans les jardins du palais royal.

« Sur les deux heures, après avoir ouï vespres et sermon, dans l'église du mesme saint Eustache, le roi parut dans le jardin du palais, monté sur un cheval bai brun de médiocre taille, et accompagné de Son Éminence, du duc de Mercœur, du comte d'Harcourt, des ducs de Bouillon, de Rohan, de Richelieu, et autres seigneurs de marque semblablement montés sur des petits chevaux aisés et agréables. On chassa d'abord un lièvre qui se déroba dans quelque tronc d'arbre, ou autre trou à l'espreuve des chiens; puis une biche et son faon, sans prendre d'eux que le plaisir de leur légère course et des ruses réitérées, diversités de leurs hourvaris. Enfin un sanglier fut attaqué. Après avoir fait tête aux chiens à plusieurs reprises, l'animal prit l'eau dans le grand bassin; on arrêta les chiens et les cors sonnèrent la retraite.

« Le roi courut pendant tout le temps, toujours le premier sur la beste, couvert et botté et fort bien en selle ; et Son Eminence, enlevant de son carrosse Monseigneur le duc d'Anjou (alors âgé de neuf ans), le mit devant lui sur la selle de son cheval et lui fit faire deux ou trois courses.

« La fête se termina par le combat d'un jeune taureau contre des dogues. » (Noirmont.)

Louis XIV conserva le goût de la chasse pendant toute sa vie ; l'expédition des affaires importantes pouvait seule l'en distraire. Dangeau, au *Journal* duquel j'emprunterai la plupart des faits qui concernent le grand roi, nous dit qu'il ne courait jamais les jours de fête, « de peur qu'il n'y eut quelques valets qui perdissent la messe, sauf le jour de saint Hubert, où personne ne manque de l'entendre ».

Le roi chassait, soit à tir, soit avec ses faucons pendant ses voyages et ses campagnes ; il se faisait même accompagner par une de ses meutes. Souvent il prenait un cerf avant midi et le soir chassait à tir.

Nous le rencontrons en 1684 *volant* près de Mouchy en se rendant inspecter ses troupes dans les environs de Condé.

L'année suivante, en revenant de Chambord, il monte à cheval près de Saint-Laurent-des-Eaux et court un cerf en chemin. Il tire des cailles dans les prairies qui entourent Vicogne en Flandre, et en se rendant au siège de Mons, Sa Majesté s'arrête à Compiègne pour courir un cerf.

Le roi ne se contentait pas d'attaquer, une fois par semaine, des cerfs avec ses chiens, le plus habituellement à Fontenaibleau et à Marly ; il suivait souvent les laisser-courre des ducs du Maine, de Bouillon, du chevalier de Lorraine ; chassait le sanglier avec la meute de M. de Barbezieux, le loup avec l'équipage du duc de Vendôme, le daim avec celui du comte de Toulouse.

Il sut plusieurs fois payer bravement de sa personne en daguant des sangliers blessés qui se précipitaient sur lui. Vers la fin de sa vie, il aimait à suivre les grandes chasses avec les dames de sa cour, dans des voitures qu'il menait habituellement lui-même.

En mars 1697, le roi conduisit à la chasse la jeune princesse de Savoie, dans une espèce de chaise légère à deux roues appelée « soufflet », ainsi dénommée parce qu'elle était surmontée d'une capote en cuir ou en toile cirée qui se levait et se pliait comme un soufflet. Il se servait aussi d'une petite calèche attelée de quatre chevaux qu'il menait lui-même, avec l'aide d'un seul postillon. Saint-Simon raconte que « le roi menait sa voiture à toute bride avec une adresse et une justesse que n'avaient pas les meilleurs cochers ». Le roi courut une fois un sérieux danger. « Hier à la fin de la chasse, le cerf, étant aux abois, vint droit à la calèche du roi, qui lui donna un coup de fouet ; le cerf sauta entre les deux chevaux de derrière de la calèche, et emporta les rênes, que le roi tenait à la main. » (Dangeau.)

Trois semaines avant sa mort, Louis XIV courait encore un cerf dans les bois de Marly, aménagés spécialement pour les plaisirs du roi. « Le grand veneur La Rochefoucault

LOUIS XIV CHASSANT A FONTAINEBLEAU

(Gravure de Van der Meulen)

avait été chargé de les faire agrandir, et percer de toutes parts de routes larges et commodes : aussi ce jour-là le roi, qui menait sa voiture, fut-il presque toujours à la queue des chiens. » (Dangeau.)

Huit jours auparavant, il avait chassé à tir.

Louis XIV eut une préférence marquée pour ce dernier exercice ; nous verrons dans le cours de cette étude tous les descendants du grand roi passionnés pour la chasse à tir et y exceller, depuis ses fils et ses petits-fils jusqu'au regretté comte de Chambord.

« Homme en France, dit Dangeau, ne tirait si juste, si adroitement, ni de si bonne grâce. »

Le chien d' « oisel » servit d'abord pour trouver et faire lever le gibier que devaient prendre les oiseaux de bas et de haut vol. Ils étaient, dès le quatorzième siècle, si bien dressés à arrêter, qu'ils ne bougeaient pas quand on les couvrait d'un filet appelé tirasse, enveloppant avec eux les cailles ou les perdreaux rasés à leur nez. On se servit plus tard de l'arbalète, puis de l'arquebuse, et enfin du fusil pour tuer le gibier arrêté par les chiens d' « oisel ».

Le sire de Quiqueran-Beaujeu décrit ainsi les qualités de ces excellents chiens, souches de nos vieilles races françaises, si prisées naguère :

« Dès qu'un de ces chiens a trouvé, en quêtant, lièvre, perdrix, bécasse ou autre gibier, il s'arrête, et le pied levé, la tête en avant, semble par cette attitude annoncer à son maître la présence de la bête. Quelques-uns se couchent sur le ventre et pendant ce temps le chasseur, bandant son arbalète ou son arquebuse, tourne autour de sa proie et la tue. »

En même temps que des chevaux et des faucons, Louis XIII envoya douze chiens couchants au roi Jacques Ier : ce sont peut-être les ancêtres des pointers anglais.

Louis XIV, aimant passionnément les chiens d'arrêt, les dressait lui-même après en avoir soigneusement choisi la race.

Il fit peindre ses chiens favoris par Desportes ; avant d'orner la galerie française du Louvre, les portraits de Diane et de Blonde, de Ponne, Nonne et Bonne, de Mite, de Fane et de Zette, décorèrent les appartements privés du roi à Marly. Les chiens peints par Desportes sont de petite taille, d'un poil blanc soyeux, tachetés de brun ou de fauve ; leur queue rasée conserve un bouquet de poils à son extrémité, ce qui me semble une mode aussi bizarre que laide.

On se servait jadis, comme chiens d' « oisel », surtout d'épagneuls ; suivant Gaston Phébus, « ces Espainholz avaient grosse tête et grand corps et bel, de poil blanc ou tavelé ». Originaires d'Espagne, ces chiens ont été la souche de nos épagneuls français. On se servait aussi des chiens à poil ras ; plusieurs tableaux en représentent fidèlement le type : on les appelait « braquets », d'où le nom de « braques ».

Suivant de Thou, ces chiens viennent de l'Aquitaine ; il en décrit un entre autres dont la robe blanche est semée de mouchetures noires, « aussi nombreuses que les étoiles qui brillent dans un ciel serein ».

Sélincourt faisait cas des braques venus d'Espagne, dont la construction massive concorde parfaitement avec celle des braques français de race plus ou moins pure existant actuellement. Les braques peints par Oudry et Desportes sont plus fins, plus lestes et plus distingués ; leur tête est expressive et jolie, leur couleur est presque entièrement blanche.

Le grand roi, auquel nous devons le magnifique palais de Versailles, fit bâtir sur l'avenue de Paris les deux superbes édifices appelés « la grande et la petite écurie », et derrière eux, un chenil vraiment royal dont la dépense s'éleva à 200.000 écus, somme énorme pour cette époque.

Bonne, Ponne et Nonne, chiennes de la meute de Louis XIV (Tableau de DESPORTES, au musée du Louvre)

Louis XIV entretint des équipages dignes de sa magnificence : sa meute de cerf comprit jusqu'à cent chiens ; ils étaient tellement vites qu'ils prenaient souvent un cerf en moins d'une heure, et parfois en forçaient deux bout à bout ; le fond des grands chiens du roi était tel, qu'il arriva que les meutes réunies de M. de Metz et du marquis de Souvré coururent un cerf que les vieux chasseurs disaient sorcier, et qui ne fut « pris qu'au bout de trois jours, après avoir fait plus de soixante lieues... Il était sec comme du bois, mourant de faim plutôt que forcé ». (SÉLINCOURT.)

Sur la fin de ses jours, Louis XIV voulut que son grand veneur entretînt pour le cerf une race de chiens plus lents, avec lesquels le vieux roi prit le plus vif plaisir.

Les meutes de chevreuil, de lièvre et de renard furent maintenues sur l'ancien pied.

Le prince de Marcillac, François de La Rochefoucauld, avait, en qualité de grand veneur, la direction de tous ces équipages.

Anne d'Autriche (Gravure du xvii⁰ siècle)

La fauconnerie avec vol pour milan, pour héron, pour corneille, fut confiée au grand
fauconnier de France, le marquis Desmarets.

Le marquis d'Hendicourt, grand louvetier, « entretenait vingt chiens pour courre du
loup à raison de 3 sols par jour et pour chaque chien, également pour nourriture et entre-

tien de quatre grands lévriers et dogues ordonnés pour ladite chasse, 3 sols par jour ». (Comptes de Louis XIV.)

L'importation des chiens courants anglais date principalement du milieu du dix-septième siècle ; ils ne tardèrent pas à jouir d'une certaine faveur, leurs croisements surtout. Jusque-là un petit nombre de veneurs avaient introduit dans leurs chenils quelques rares étalons anglais. Mais vers 1640 nous voyons un certain Beaulieu-Picard arrivant en France avec une meute « de chiens courants anglais qu'il avait gaignée à un Anglais à qui aurait le cheval le plus viste ».

En 1642, le prince de Marcillac échange des vins de France contre des chiens et des chevaux d'Angleterre.

Le poète Savary, qui publia en 1634 un poème latin intitulé : *De la chasse du lièvre,* vante les chiens anglais pour ce savant laisser-courre. Il les dit « laids mais non criminels » :

> ... turpis sed criminis expers
> Anglus : forma placet galli, temeraria mos est,

tandis que le français, plus beau et moins docile, court après les moutons et supporte moins le froid. Cependant, pour le sanglier et le cerf, Savary préfère les chiens français « parce qu'ils percent mieux au fourré ».

Nous ne savons pas si Louis XIV se servit d'une meute composée uniquement de chiens anglais de pur sang, ou de bâtards ; l'équipage royal pour le cerf, qui comprenait uniquement « les grands chiens blancs », resta en faveur pendant tout son règne et maintint sa vieille réputation.

Sélincourt, qui blâme l'introduction des bâtards anglais dans les équipages du dix-septième siècle, comme étant la cause de l'extinction de nos beaux chiens « antiques », nous dit cependant que cette nouvelle espèce de chiens courants était en faveur à la fin du règne de Louis XIV. Il ne peut s'empêcher de lui reconnaître une meilleure construction et une menée plus belle que dans la race anglaise pure ; c'était aussi l'avis de Jacques Savary : « Ils tiennent, dit-il, un juste milieu entre la sagesse trop lente des anglais, et l'impatience des français. »

Gaffet de La Briffardière, qui servit pendant quarante ans dans la vénerie de Louis XIV et de Louis XV, constata le même fait. Le célèbre veneur d'Yauville se montre lui aussi très partisan des bâtards : « Ils sont, dit-il, bien vigoureux et bien chassants. » Desgraviers, officier des chasses du prince de Condé à l'époque de la Révolution, reconnaît aux bâtards « le train du chien anglais et la gorge du normand ».

De nos jours, c'est encore l'avis de nombre de nos meilleurs veneurs : aux chiens français, manquant aujourd'hui de santé et de train, aux chiens anglais, devenus muets, ils préfèrent leurs croisements, héritiers des précieuses qualités qui caractérisent leur espèce respective.

Quand on étudie le siècle de Louis XIV, même par le petit côté qui nous occupe, on est agréablement surpris de retrouver à chaque page les noms des grands hommes qui rayonnèrent autour du roi-soleil : les plus belles dames, les plus illustres capitaines de cette époque, ont leur place dans cette modeste étude.

Pénétrons avec le savant baron de Noirmont au milieu de la cour du grand roi. Il nous servira de guide.

Dans les *Mémoires* de Mme de La Guette, nous voyons ces séduisantes Mancini, nièces de Mazarin, suivre avec ardeur les chasses du jeune Louis XIV, et ce dernier « pleurer, un jour qu'il les voyoit partir ».

Mme de Comminges, nous apprend Loret, était une amazone intrépide.

> En chassant...
> Elle échappa, ce dit-on, belle,
> Car la monture de la belle
> Trois fois aprement regimba,
> Mais toutes fois point ne tomba.

D'après Tallemant des Réaulx, la « première femme de *ville* qui s'avisa de suivre les chasses à cheval, Mme de Guedreville, grande estourdie, s'y montra d'une sotte manière, point galamment du tout. Tout autre était la première femme du comte du Lude, Éléonore de Bouillé, faisant sa toilette dans son écurie, ne se plaisant qu'aux chevaux, qu'elle piquait mieux qu'un homme. » Des Réaulx la qualifie de « chasseuse à outrance, qui joue icy au mail publiquement en justaucorps ».

Le même auteur raconte que Mme de Chasteangay, qui habitait en Auvergne près de Murat, allait d'ordinaire à la chasse à cheval avec de grosses bottes, la jupe retroussée, un chapeau avec un bord « et des rayons en fer et des plumes pardessus ; l'espée au costé et les pistolletz à l'arçon de sa selle ; elle se fâcha avec des gentilshommes, MM. de Gane, ses voisins. Or un jour qu'elle était à la chasse, elle les aperçoit de loin, pique intrepidement à eux et les attaque, et eux furent si lasches que de la tuer ; elle fit toute la resistance imaginable. »

Anne Mancini partageait tous les goûts de son mari le duc de Bouillon : « elle se servait du fusil pour combattre les ennuis (quoiqu'elle eût des armes plus dangereuses) et ne revenait point du combat qu'avec quelques contusions ». (Comtesse de La Suze.)

Sa fille hérita de son ardeur ; sur la fin de son règne, Louis XIV se plaisait à être accompagné par elle à la chasse, « que cette princesse aimait fort ».

Du reste, les dames de la cour étaient de presque toutes les chasses à courre, au vol, et même à tir ; les unes montaient en voiture avec le roi dans de vastes calèches à dix ou douze places, ou dans deux autres plus petites.

« Les plus intrépides chassaient à cheval, bravant sans se plaindre la pluie, le vent et les frimas. Vêtues de riches amazones, elles étaient coiffées de capelines à plumes si élégantes qu'elles les gardaient souvent le soir pour aller au bal. » (*Mercure galant.*)

Mmes de Mortemart, de Bellefonds, d'Humières, étaient de ces dernières ; tandis que Mmes de Maintenon, de Thianges, de Chevreuse, de Gramont, accompagnaient Sa Majesté dans sa voiture.

« Un jour, le vent ayant emporté la capeline de la charmante Fontanges, elle eut l'idée de la remplacer par un nœud de rubans, qui garda son nom : Louis XIV la trouva si jolie sous cette coquette coiffure, que l'astre de Mme de Montespan en fut éclipsé. » (DANGEAU.)

La bonne et pieuse reine Marie-Thérèse montra un goût très vif pour la vénerie ; sa

Scène de chasse (Tableau de PHILIPS WOUWERMAN)

belle-fille, Mme la dauphine, accompagnait le roi et le dauphin aux pénibles courres du loup. Mlle de Nantes, fille de Mme de Montespan, duchesse de Bourbon, sa belle-sœur Marie-Thérèse de Condé, Mlle de Blois, fille de Mlle de La Vallière et princesse de Conti, rentraient parfois au château « mouillées et crottées comme les plus simples mortels ».

Les œuvres de Wouwerman nous donnent une haute idée de l'intrépidité des amazones du dix-septième siècle.

Bénédicte de Condé, duchesse du Maine, un jour que son mari chassait avec le roi, fit sortir son équipage, et sans que M. du Maine s'en mêlat, prit trois cerfs bout à bout.

La princesse Palatine, Élisabeth-Charlotte de Bavière, seconde femme de Monsieur, frère de Louis XIV, fut une intrépide amazone. Elle a laissé les mémoires les plus curieux ;

nous y puiserons à pleines mains. Dépourvue de coquetterie autant que de beauté, elle n'aimait guère, après ses enfants, que ses chiens et ses chevaux, et ne quittait son costume de chasse et sa perruque d'homme que pour l'habit de cour. « Je ne vois pas pourquoi il faut aux gens tant de costumes divers : mes seuls vêtements à moi sont le grand habit et un costume de chasse quand je monte à cheval... » « Je suis tombée vingt-quatre ou vingt-cinq fois, mais cela ne m'a pas effrayée... » Une fois cependant, étant avec le dauphin, son cheval, au moment où un loup bondit sous ses pieds, se cabre et tombe sur le côté ; la princesse se démit le bras, qui fut aussitôt remis par un « barbier rebouteux » d'un village voisin. « Je vais à la chasse à cause de ma santé... J'ai, suivant mon usage, chassé la fièvre... Il m'est arrivé bien des fois d'y rester depuis le matin jusqu'à cinq heures du soir et en été jusqu'à neuf heures. Je rentrais rouge comme une écrevisse, et la figure toute brûlée ; c'est pourquoi j'ai la peau si rude et si brune. »

Arrivée à l'âge de soixante ans, elle reconnaît que l'exercice à pied serait plus favorable à sa santé, mais devenue trop lourde, elle s'en tiendra au cheval aussi longtemps qu'elle le pourra. La princesse écrit, en 1696 : « Pour m'ôter de la tête ces tristes réflexions, je chasse tant que je peux ; mais bientôt mes pauvres chevaux ne pourront plus aller, car Monsieur ne m'en a jamais acheté de nouveaux, et à coup sûr il ne m'en achètera pas. Jusqu'ici le roi me les a donnés, mais les temps sont durs. »

Dans les dernières années de Louis XIV, elle suivait les chiens en calèche avec la même assiduité que dans sa jeunesse. « Jeudi dernier on courut un cerf qui était un peu méchant. Il y avait derrière ma calèche une autre voiture où étaient trois ecclésiastiques, l'archevêque de Lion et deux abbés ; craignant d'être attaqués par le cerf, deux d'entre eux sortirent hors de la calèche et se couchèrent par terre à plat ventre. Je regrette de n'avoir pas vu cette scène, qui m'eût fait rire. » « J'ai vu prendre plus de mille cerfs ; nous autres, vieux chasseurs, nous n'avons ainsi peur d'un cerf. » (20 octobre 1714.)

Essayons de raconter une des dernières aventures de la vieille princesse en nous efforçant d'éviter la crudité de ses expressions. Un jour qu'elle était à la chasse du cerf, elle descendit de sa voiture, et « comme elle venait de mettre une haie touffue entre elle et sa calèche », le diable y envoie le cerf et tous les chasseurs. Elle veut fuir, s'accroche à une racine, tombe sur le nez, « et se voit forcée d'appeler au secours. On la relève et on la fait remonter dans sa voiture, où elle resta bien malgré elle pendant deux heures ». « Dans la dernière chasse que nous avons suivie à Fontainebleau, il aurait pu m'arriver un grand malheur si, me souvenant à propos de mes anciens sauts, je ne me fusse lestement élancée de mon cheval.

« Une biche, effrayée par la chasse et de plus par la rencontre d'un cavalier qui me précédait, s'élança droit sur moi avec une telle violence que, malgré tous mes efforts pour retenir mon cheval, je ne pus l'arrêter assez court pour éviter le choc de la bête, qui vint en bondissant frapper ma monture à la bouche et brisa les branches, le mors et la bride. Mon cheval eut si peur qu'il ne savait plus ce qu'il faisait ; il soufflait comme un ours et se jeta de côté. Mais quand je vis qu'il ne tenait plus le mors, je lui tournai la bride dans la bouche, et, m'élançant à terre, je le tins ferme jusqu'à ce que mes gens accourussent à mon aide. Si je n'avais fait cela si lestement, mon cheval m'aurait infailliblement cassé le cou... Cette aventure a fait un tel bruit à la cour que pendant deux jours on n'a pas parlé d'autre chose. Ici l'on transforme la moindre bagatelle en une grosse affaire. Pendant longtemps le roi n'a pas voulu croire que je n'étais pas tombée, mais j'ai pu le lui prouver par six témoins qui avaient vu l'aventure de mon saut... » (Lettre datée de Fontainebleau, du 29 septembre 1683, à la duchesse de Hanovre, Sophie-Dorothée, tante de l'auteur, par Élisabeth-Charlotte, princesse Palatine, épouse de Monsieur, duc d'Orléans, frère de

Scène de chasse (Tableau de Philips Wouwerman)

Louis XIV et mère du régent. — A.-A. Rolland, *Lettres nouvelles et inédites de la princesse Palatine*. — Paris, F. Didot, p. 70.)

La princesse mourut en 1722, à l'âge de soixante-dix ans, ayant conservé jusqu'à cet âge sa passion pour la vénerie.

Les princes du sang, les grands seigneurs, les illustres capitaines du siècle de Louis XIV, ne le cédèrent en rien aux dames de cette époque. Le plus intrépide de tous fut le fils aîné de Louis XIV, communément appelé le grand dauphin. Madame, dans ses *Mémoires*, et le marquis de Dangeau, dans son *Journal*, ont noté jour par jour les légendaires chasses au loup du grand dauphin. Nous ne parlerons ici que de ces dernières, bien que Monseigneur, outre son fameux équipage de loup, entretînt une meute pour le lièvre commandée par le vicomte de Sélincourt, et qu'à l'occasion il courût souvent cerfs et sangliers.

Le dauphin chassait par tous les temps et constamment, avec une ardeur telle qu'il en oubliait parfois le boire et le manger. Son équipage, commandé par le marquis d'Hendicourt, grand louvetier de France, et conduit par le fameux veneur Jean de La Rue, seigneur de Bernapré, son lieutenant général, fut le plus splendide et le meilleur qui fut jamais. Il n'eut pas son égal pour la composition du personnel, le nombre et la qualité des chevaux et des chiens : la meute se composait de cent chiens; vingt chevaux de selle montaient quatre lieutenants, deux piqueurs et deux valets de limiers.

L'équipage chassait au moins une fois par semaine; en 1685 il fit soixante-deux chasses, prenant des louvards à la fin de l'automne et en hiver, et courant de grands loups au printemps et en été : toute vaillante qu'elle était, sa meute ne triomphait que rarement de ces infatigables animaux; nous signalons plus loin les plus remarquables hallalis.

De quelle espèce de chiens se composait l'équipage? Ces renseignements, qui seraient si intéressants pour nous à l'heure actuelle, nous manquent à peu près complètement. Desportes, dans un tableau peint en 1722, conservé au musée du Louvre sous le n° 164, nous montre des chiens un peu lourds mais robustes, de couleur tricolore, parfois à manteau noir bordé de roux; ils me paraîtraient devoir être des bâtards anglo-normands, mais ce n'est de ma part qu'une supposition.

La première prise de vieux loups, citée par Dangeau et le *Mercure*, eut lieu *le 4 octobre 1684; l'hallali se fit dans une des îles de la Loire.*

« Le 4 mars 1685, le dauphin courut un loup sans le prendre; la chasse fut si rude qu'il y eut sept ou huit chevaux de crevés.

« Le 8 février 1686, Monseigneur courut le loup pendant trois jours de suite, se rendant à six lieues au laisser-courre.

« Le 11 juillet 1689, Monseigneur court le loup avec Madame : le loup les mena de Sénart à Fontainebleau; partie le matin de Versailles, Madame y revint coucher. Monseigneur s'opiniâtra à la chasse, força son loup à la nuit, et coucha à Villeneuve-Saint-Georges.

« Le 5 mai 1698, Monseigneur courut le loup et le manqua, il a chassé ce même loup huit fois sans pouvoir le prendre.

« La dernière prise, enregistrée par Dangeau, eut lieu le 15 mai 1710 à Marly; le loup fut forcé à la porte de Pontchartrain, et Monseigneur fut reçu le soir par M. le chancelier. »

Le grand dauphin mourut peu après, en 1711; probablement ses fatigues extrêmes, suites de ses rudes chasses au loup, et ses nombreuses chutes de cheval ne furent pas étrangères à sa fin prématurée.

Desnoirterres, dans ses *Cours galantes*[1], raconte une jolie aventure arrivée au grand dauphin :

« Un jour, en 1685, Monseigneur, se trouvant entraîné à la suite d'un loup qui faisait

1. Curel et Fayard frères, éditeurs.

faire du chemin à la meute et aux chasseurs, s'aperçut qu'il avait laissé son monde derrière lui et n'était plus accompagné que du seul grand prieur.

« Il faisait nuit, impossible de songer à regagner Versailles ; le plus sage était de trouver un gîte pour jusqu'au jour ; le clocher d'un village guida nos chasseurs, qui frappèrent à la porte de la maison du curé.

« Celui-ci, bien qu'il ignorât le rang des gens qui venaient lui demander l'hospitalité, eut la discrétion de ne pas s'en informer, et mit tout ce qu'il avait au service de ses hôtes ; malheureusement il n'y avait pas grand chose chez le digne prêtre : un quartier de mouton et c'était tout.

« Quant au vin, il n'y en avait point, mais il s'offrit d'en aller quérir, à la condition que les chasseurs tourneraient la broche en son lieu et place.

« Bref, le curé revint avec une provision qu'on partagea en frères, puis on parla de se coucher. Il n'y avait qu'un lit, que le curé céda de bonne grâce ; il en serait quitte pour aller demander l'hospitalité à l'une de ses ouailles. On se couche, on dort...

« Le matin, de bonne heure le cor retentit. La suite du dauphin avait battu les solitudes les plus reculées de la forêt ; le grand prieur se mit aussitôt à la fenêtre et ne tarda pas à être aperçu. Monseigneur, de son côté, est vite sur pied et rejoint la troupe fatiguée, inquiète, que sa vue ranime. Il ne fut plus question que de regagner Versailles, ce que l'on fit prestement sans trop penser à remercier l'hôte obligeant à défaut duquel on couchait à la belle étoile et l'estomac creux.

« On ne se donna même pas la peine de retirer la porte, si bien que ce dernier, en voyant sa maison abandonnée, crut d'abord qu'il avait eu affaire à des bandits et ne posa qu'en tremblant le pied dans son pauvre logis.

« Toutefois chaque chose était à sa place, son petit mobilier avait été respecté, ce qui le réjouit fort, mais l'étonna bien davantage. On voulut expliquer ce miracle par les mœurs mêmes des bohémiens, qui, pour ne pas se voir impitoyablement refuser toutes les portes, considèrent comme sacré et inviolable le toit qui les a abrités : au moins l'interprétation était-elle plausible et le curé s'en contenta.

« Une fois de retour à Versailles, l'on n'eut rien de plus pressé que de raconter les événements de la nuit. L'aventure amusa le roi assez pour lui inspirer l'envie de la pousser plus loin.

« Le prêtre fut mandé à la cour, ce qui ne laissa pas déjà que de l'embarrasser. L'interpellation du roi n'était pas de nature à le mettre à l'aise.

« Sa Majesté lui demanda s'il était bien vrai et comment il se faisait qu'il donnât, la nuit, asile à des larrons. Grande protestation d'innocence de la part de notre homme, qui n'avait pu soupçonner tout d'abord à quelles gens il avait affaire. Si on les lui présentait, les reconnaîtrait-il ? A cette question il répondit affirmativement.

« Le roi dit tout bas qu'on appelât le dauphin et le grand prieur.

« Le grand prieur vint le premier. Aussitôt le curé de s'écrier en l'apercevant : « Sire, « en voilà un. » Et Monseigneur paraissant après : « Sire, voilà l'autre. »

« Ce qu'il y avait d'étrange, c'était le respect de toute la cour pour ce dernier brigand. Le pauvre curé, tout simple qu'il était, en fut étourdi; il pressentit la vérité, et la façon dont il venait de s'exprimer à l'égard de ses hôtes ne contribua pas peu à lui faire perdre toute contenance. Le roi eut pitié de lui et, pour le tirer de gêne et payer le petit divertissement qu'il prenait à ses dépens, il lui dit qu'il le faisait son pensionnaire pour cinq cents écus. « Allez, ajouta-t-il, logez toujours dans votre maison de tels larrons et ressouvenezvous de moi dans vos prières. »

Les trois fils du grand dauphin, les ducs de Bourgogne, d'Anjou et de Berry, héritèrent des goûts de leur père. A peine âgés de douze, onze et huit ans, les jeunes princes

Scène de chasse (Tableau de Philips Wouwerman)

assistèrent, le 29 mars 1694, à une chasse au faucon, montés sur des petits chevaux appropriés à leur taille.

L'année suivante, nous les voyons à Fontainebleau accompagner leur grand-père et demeurer après lui pour achever de tuer les sangliers qui étaient dans les toiles. (Plus loin nous parlerons de ce genre de chasse particulier à l'Allemagne.)

A l'âge de dix-sept ans, le duc de Bourgogne courait déjà le loup avec son père. Le roi observant à Monseigneur que ces chasses étaient trop dures pour un adolescent, le dauphin promit de ne plus l'y mener si souvent. Passionné pour cet exercice, le duc de Bourgogne le pratiqua jusqu'à la fin d'une vie trop courte : il mourut à la fleur de l'âge, en 1712, épuisé par les fatigues excessives auxquelles il s'exposait chaque jour.

Son frère Philippe, duc d'Anjou, appelé à dix-sept ans au trône d'Espagne par le testament du feu roi Charles II, quitta Versailles avec ses deux frères, le 4 décembre 1700;

le 22 janvier il s'embarquait seul sur la Bidassoa, et ses frères continuaient leur voyage par Toulouse, Montpellier, Nîmes, Marseille, Toulon, Aix, Lyon et Dijon. Le duc de Bourgogne y prit la poste et arriva à Versailles le 20 avril, le duc de Berry n'y fut de retour que quatre jours plus tard après une absence de plus de quatre mois et demi.

Duche de Vanci, gentilhomme de la suite du duc de Noailles, s'est vu attribuer la relation la plus complète de ce long voyage, l'un des plus intéressants du dix-septième siècle ; elle a été publiée en 1830 à Paris par Lacroix-Maneille-Camoin (1 vol. in-8°). L'œuvre est anonyme. Nous lui empruntons cependant tout ce qui a trait à la chasse des trois frères.

Le roi était accompagné d'une cour assez nombreuse, quarante personnes sans compter les valets. On y voit figurer une musique ayant pour maître le sieur Gaye, un joueur de gobelets appelé Baptiste ; M. de Boisbrun, porte-arquebuse de Philippe V, qui le suivra en Espagne, charge ses armes. Il y a encore Pascariello, l'un des acteurs de la Comédie italienne, Lalande, violon de l'Opéra, etc., etc., plus une escorte de gardes du roi et de cent-suisses.

« 5 décembre 1700. — A Chartres les princes s'amusent à tirer sur des pigeons, et en tuent trois, que le roi d'Espagne paye à leur propriétaire à raison d'une pistole l'un.

« 17 décembre. — A Poitiers, les princes vont à la chasse après leur dîner, mais ne tuent que quelques petits gibiers.

« 23 décembre. — A Saint-Jean-d'Angely, les trois frères, logés à l'abbaye de Saint-Benoist, passent l'après-midi dans l'appartement du duc de Berry, d'où ils s'occupent à tirer sur des poules et sur des moineaux.

« 28 décembre. — A Mirambeau, ils s'amusent encore à tirer des moineaux.

« 12 janvier 1701. — A Dax, après dîner, le roi d'Espagne alla à la chasse ; mais il s'embourbe en cherchant un endroit convenable pour ajuster une perdrix ; les ducs de Bijar et d'Ossoma s'embourbent eux-mêmes en voulant porter secours à leur maître ; on les retire enfin et tous sont obligés de rentrer.

« 20 janvier. — A Bayonne, ils vont à la chasse.

« 21 janvier. — Toujours à Bayonne, le roi retourne à la chasse.

« 31 janvier. — A Dax, les princes vont à la chasse quand il fait beau.

« 1er avril. — Valence. Les princes allaient l'après-midi à la chasse dans la terre appartenant au marquis de Prayet, qui leur offrit une collation. »

Arrivé en Espagne, Philippe V voulut introduire dans son royaume les belles meutes et les préceptes de la vénerie de France ; il dut bientôt renoncer à sa tentative, les Espagnols ayant, de tout temps, préféré les grandes battues au cerf et au sanglier à l'aide de mille ou de quinze cents rabatteurs.

Quant au duc de Berry, la chasse lui devint fatale ; il attaqua un jour un loup à Versailles, en 1704, et le lendemain un cerf à Fontainebleau ; en 1705, il se démit l'épaule et se blessa grièvement ; mais en 1714, un jour qu'il chassait avec l'électeur de Bavière, son cheval s'abattit, et le pommeau de la selle lui fracassant la poitrine, le jeune prince mourut peu de jours après.

D'une imprudence rare, il était si ardent dès l'âge de douze ans, qu'à un tiré de lapins il blessa un des rabatteurs. Son sous-gouverneur, M. de Rasilly, eut beau lui recommander de ne pas tirer du côté des hommes, le jeune étourdi n'en tint aucun compte et manqua de tuer le duc de Bourgogne.

« M. de Rasilly lui arracha vivement son fusil et ne voulut pas lui permettre de tirer. Le fougueux enfant entra dans une rage épouvantable, il fit mine de se briser la tête avec une pierre, il appela son gouverneur *coquin, traître, scélérat*, et comme celui-ci disait : « Je

Levrier gardant deux lièvres (Tableau de Desportes, au musée du Louvre)

« m'en plaindrai au roi, qui me fera justice. — Il vous fera couper la tête, vous le méritez », riposta l'élève furibond.

« Le roi infligea au duc de Berry huit jours d'arrêts dans sa chambre, ce dont il ne s'inquiéta pas du tout.

« En 1712 il avait déjà estropié quatre ou cinq personnes auxquelles il faisait des pensions. Puis, la même année, il eut le malheur de crever un œil à M. le duc en tirant un lièvre sur une mare glacée. » (Noirmont.)

Le frère du roi, M. le duc d'Orléans, n'aimait, dit la princesse Palatine, « ni les chevaux ni la chasse; il ne se plaisait qu'à jouer, tenir un cercle, bien manger et faire sa toilette : en un mot il se plaisait à tout ce qu'aiment les dames. »

Il eut cependant de nombreux équipages de vénerie et de fauconnerie, bien qu'il ne s'en servît guère, au grand regret de sa vaillante femme !

Le grand Condé, dont la vie si agitée lui laissa peu de loisirs pour se livrer à la chasse, continua la tradition de ses aïeux. Déjà dans son enfance, à Montrond, il avait une meute. (Voir l'*Histoire des princes de Condé*, tome III.) Plus tard, revenu des Pays-Bas et retiré à Chantilly, qu'il s'occupait d'embellir, il n'oubliait pas la chasse, et, s'il s'absentait, son capitaine des chasses, Louis de La Rue, avait ordre de lui envoyer des rapports presque journaliers sur ses chiens et ses oiseaux. Ces rapports sont conservés aux archives de Chantilly. Il avait une belle meute, dont le roi ne dédaignait pas de se servir. En voici comme preuve une lettre adressée par son fils le duc d'Enghien à la reine de Pologne, Marie de Gonzague, grande amie des Condé, le 5 novembre 1665, de Versailles : « Sa Majesté a faict icy de grandes chasses le jour de la saint Hubert. Il y avoit ses deux meutes, celle de M. de Verneuil et celle de M. mon père, qui coururent touttes quatre de quatre costés diférens ; et come les cerfs que l'on force se font prendre d'ordinaire dans l'eau, la reine estoit alée à un estan qui est au milieu de tous les bois, où l'on couroit, espérant que les cerfs se viendroient faire prendre devant elle ; mais il n'y eut que le cerf de M. mon père qui y vint et qui dona à toutte la cour le plus grand plaisir du monde. Il passa trois ou quatre fois devant la reine, et devant touttes les dames, et en passa mesme une fois si près qu'il la pensa choquer ; et il l'auroit fait asseurément si tous les gardes ne s'estoient mis devant elle. Enfin il entra dans l'estan, où il fut pris. Les autres cerfs n'y voulurent jamais venir et prirent des pays tous diférens, si bien que la meute de M. mon père eut l'honneur de la chasse. Le roy en faict encore une demain, et les quatre meutes doivent encor coure comme elles firent le jour de la saint Hubert ; je ne sçay si nous serons aussi heureux que nous le fusmes. Le roy a couru aujourd'hui le daim avecque touttes les dames, quoy qu'il ayt faict une pluye et un vant horrible... »

Le grand Condé importa à Chantilly les fameux cerfs à nez blanc qu'on retrouva pendant de longues années dans la forêt et dont tous les livres de chasse de Chantilly ont fait mention. Un compte de 1686 conservé dans les archives du château mentionne ce fait : « Rendu à M. de La Rue... la somme de cent livres quinze sols pour la dépense par lui faite pour prendre à Saint-Macer un cerf et une biche à nez blanc, qui ont été menez à Chantilly et mis dans le parc au mois de janvier dernier[1]. »

Il installa à Chantilly un excellent équipage pour le cerf ; lorsque le roi vint le voir en 1671, Condé lui fit faire une chasse fantastique. « Sa meute attaqua un cerf au clair de la lune et réussit à le forcer, aux applaudissements des veneurs présents. » (Marquise DE SÉVIGNÉ, tome I.)

Son fils, le duc d'Enghien, devenu prince de Condé à la mort de son père, eut l'honneur de recevoir plusieurs fois Louis XIV à Chantilly et de lui faire prendre des cerfs avec une meute composée de chiens anglais dont Gaffet de La Briffardière dit merveilles.

---

1. Archives de Chantilly, compte de 1686.

N'oublions pas les fils légitimés de Louis XIV et de Mme de Montespan : le duc du Maine, dont l'équipage du cerf était, au dire de Dangeau, « le plus magnifique qu'on ait jamais vu » ; son frère puîné, le célèbre comte de Toulouse, possesseur dès 1698 d'une meute incomparable dite « des sans quartier », devant laquelle aucune bête ne trouvait

Louis XIV chassant à Chambord (Gravure du xviie siècle)

grâce, et qui mérita si bien de succéder au vieux duc de La Rochefoucauld dans la charge de grand veneur de France.

Le grand Turenne était bon connaisseur en vénerie, nous apprend Sélincourt ; passionné pour le courre du lièvre, il tenait, au faubourg Saint-Antoine, une meute de chiens fort vites.

Le maréchal de Brézé, le prince de Rohan-Guéménée, le duc de Bouillon et son fils le comte d'Evreux, le duc du Lude, furent d'intrépides veneurs ; citons enfin le comte de Comminges, lequel, malgré son énorme embonpoint, qui lui valut l'honneur de servir de « parrain à des mortiers à bombe » d'un calibre inusité, mérite d'être mis au rang des meilleurs chasseurs de son temps.

Parmi les divertissements de la cour, citons aussi, bien que ces tueries ne méritent pas le nom de chasse, ces hécatombes où des centaines de cerfs, chevreuils et sangliers, enfermés dans une enceinte, étaient tués sans peine et sans danger. Le graveur Melchior Ruffel nous a laissé des reproductions de ces hécatombes bien antérieures à celles de Léonberg.

Si des grands seigneurs nous passons aux simples gentilshommes de province, nous retrouvons chez eux la même ardeur pour les déduycts de la vénerie.

Henri d'Agrippa avait dit : « Si quelqu'un veut devenir gentilhomme, qu'il devienne chasseur premièrement, car ce sont là les principes et les rudiments de la noblesse. »

Plus tard, à la fin du seizième siècle, Jehan du Bec-Crespin ajoutait : « Le gentilhomme retiré dans sa maison ne peut estre sans quelque plaisir. Le plus honneste, et en faisant lequel Dieu est le moins offensé, ce me semble la chasse. »

Au commencement du dix-septième siècle, le grand agriculteur Olivier de Serres loue fort, dans son *Théâtre d'Agriculture*, ce joyeux passe-temps, « comme moyen de la santé, venant du lever matin, de l'exercice, de la sobriété; aussi de façonner l'esprit, rendant l'homme patient, discret, content, modeste, magnanime, hardy, ingénieux ; l'article de fournir la table de précieuses viandes ne sera pas oublié, ni celui de la visite des terres et la sollicitation au travail, mesnage que tout d'une main l'on fait, allant et revenant de la chasse ».

Les auteurs cynégétiques de ces deux siècles nous ont conservé les noms des plus célèbres chasseurs de leurs provinces ; malgré les mauvaises plaisanteries de Molière à propos des pauvres gentilshommes de province qu'il appelle « hobereaux », ces derniers, qui se contentaient de fouetter leur lièvre pendant les courtes trèves des guerres incessantes des seizième et dix-septième siècles, doivent être tenus en haute estime. Comme veneurs, ils ont maintenu chez nous une science toute française ; comme soldats, ils ont, au prix de leur sang, gagné les victoires qui ont fait la patrie.

Malgré la gravité dont elle se piquait, la noblesse de robe imita de son mieux la noblesse d'épée.

Nous voyons l'auteur de l'*Histoire universelle de son temps*, le docte Auguste de Thou, Michel de L'Hospital, Pibrac, Michel Montaigne, possédant des meutes de chiens courants.

L'illustre auteur des *Essais* invita le roi de Navarre, en 1584, à prendre gîte au château de Montaigne et lui fit « esclamer dans sa forêt un cerf qui le promena deux jours ».

Le comte de Sablé, Abel Servien, intendant de Guyenne, fut exilé à Angers, où il « chassait et coquetait ; tout borgne qu'il était, il ne laissait pas d'aller à la chasse ». (Tallemant des Réaulx.)

Jean Molé, intendant de la Champagne, avait une meute de cent chiens.

La Bruyère ridiculise dans ses *Caractères* les goûts cynégétiques de certains avocats, qui eux aussi avaient des prétentions à la vénerie. « Un autre, avec quelques mauvais chiens, aurait envie de dire : Ma meute. Il sait un rendez-vous de chasse, il s'y trouve, il est au laisser-courre, il entre dans le fort, se mêle aux piqueurs, il a un cor. Il ne dit pas, comme Ména-lippe : Ai-je du plaisir ? Il croit en avoir, il oublie lois et procédure... Le voyez-vous le lendemain à sa chambre, où on va juger une cause grave et capitale ? Il se fait entourer de ses

Hécatombe (Gravure de Melchior Ruffel)

confrères, il leur raconte comme il n'a point perdu le cerf de meute, qu'il s'est étouffé de crier après les chiens qui étaient en défaut, ou après ceux des chasseurs qui prenaient le change, qu'il a vu donner les six chiens. L'heure presse, il achève de leur parler des abois et de la curée, et il court s'asseoir avec les autres pour juger. »

Un passage du même auteur nous décrit le costume du chasseur à tir en 1687 : « L'un d'eux, qui s'est couché tard à la campagne et qui voudrait dormir, se lève matin, chausse des guêtres, endosse un habit de toile, passe un cordon où pend le fourniment, renoue ses cheveux, prend un fusil ; le voilà chasseur s'il tirait bien ; il revient de nuit mouillé et recru, sans avoir tué ; il retourne à la chasse le lendemain, et il passe tous les jours à manger des grives ou des perdrix. »

La petite bourgeoisie, tout entière à son négoce, n'avait guère le loisir de s'occuper de la chasse : plusieurs villes néanmoins conservèrent jusqu'à la Révolution certains droits.

Depuis un temps immémorial, les habitants de la ville d'Auxerre possédaient le curieux privilège de pouvoir chasser le 3 novembre, jour de la saint Hubert, sur les terres seigneuriales du comte. Le *Mercure galant* en fait mention à propos d'une chasse qui eut lieu en 1680. « Il n'y a personne qui n'y prenne part, depuis les plus simples habitants jusqu'aux plus considérables. Vêtus de leurs habits de cérémonie, munis d'un bâton pour toute arme, les hommes sortent de la ville, musique en tête, et les uns à pied, les autres à cheval, entourant un vaste terrain. Enfermés dans un cercle, les lièvres essayent de franchir la ligne ; une grêle de bâtons en étend morts des centaines. Ils prennent même à la main nombre de perdrix exténuées par une poursuite acharnée. Le lièvre, qui appartient de droit au premier qui, le saisissant, l'élève au-dessus de sa tête, est souvent l'objet de querelles qui se terminent par l'écartellement de la pauvre bête. On appelle cela *un déchiris*. A midi on fait halte pour dîner ; les dames de la ville en belles toilettes y prennent part ; la douce gaieté coule avec le bon vin, quand tout à coup on signale un lièvre dans la plaine : tout le monde s'élance à sa poursuite, quittant verres et gobelets, et chacun de rire ! Souvent des chasseurs facétieux apportaient des lièvres vivants sous leurs manteaux pour les lâcher au moment où les dîneurs étaient le plus occupés. Cependant douze demoiselles des plus belles et des plus aimables de la ville montaient à cheval en habit de chasseresses, accompagnées de douze jeunes garçons : les vingt-quatre aimables chasseurs de l'un et l'autre sexe marchaient deux à deux, montés sur des chevaux ornés de rubans gris de lin, précédant les heureux chasseurs ; une superbe collation, servie par des jeunes gens en habits blancs, bordés de galons gris de lin, terminait cette jolie fête. »

Je me demande si le menu peuple s'amuse autant dans ce siècle de progrès que dans ce bon vieux temps !

Quant aux simples paysans, ils avaient beaucoup plus d'occasions et de facilités de chasser que le peuple des villes ; la plupart des seigneurs possédant des fiefs se montraient tolérants et permettaient à leurs tenanciers certaines chasses, entre autres celle de tirer le renard à l'appât avec « arbalestes », de prendre les oiseaux à la pipée, à l'abreuvoir et au filet ; de terrer les blaireaux avec leurs chiens « vantés ».

Dans les Alpes et dans les Pyrénées, les chasses à l'ours et au chamois leur étaient permises.

En Normandie et en Picardie, les seigneurs autorisaient leurs tenanciers à chasser les oiseaux de mer et de passage, moyennant une certaine redevance en nature.

Sous Louis XIV, nombre de prélats de haute naissance se livrèrent à l'exercice de la chasse.

Le fameux abbé de Gondi se battit en duel avec Coustenau, capitaine des chevau-légers du roi, un jour qu'il venait de courir le cerf à Fontainebleau.

Henri de France, fils de Henri IV et de la marquise de Verneuil, devenu évêque de Metz, entretint en Lorraine une des meilleures meutes de son temps.

Le célèbre abbé de Rancé, réformateur de la Trappe, qui se convertit à l'âge de trente et un ans, en 1657, après la mort de la duchesse de Montbazon, eut une jeunesse agitée. Dom Gervaise, son biographe, raconte que souvent « après avoir chassé trois ou quatre heures le matin, il venait en poste de douze ou quinze lieues soutenir une thèse en Sorbonne ou prêcher avec autant de tranquillité d'esprit que s'il fût sorti de son cabinet ».

Il rencontre, un jour, dans la rue, Champvallon, qui lui demande où il allait : « Ce matin prêcher comme un ange, et ce soir chasser comme un diable. »

Hécatombe (Gravure de Melchior Ruffel)

Un autre jour, cet homme, « qui remplissait d'admiration par ses austérités la cour de Louis XIV, guettait des oiseaux d'eau, à la pointe de la Cité, derrière Notre-Dame; d'autres chasseurs postés sur le bord opposé lui envoyèrent par mégarde une décharge qui l'eût tué sans la garniture en acier de sa gibecière. « Que serais-je devenu, dit-il, si Dieu « m'eût appelé à lui en ce moment ? » (Chateaubriand.)

Le frère du maréchal de Villeroy, archevêque de Lyon, avait un grand équipage; il aimait tellement la chasse à cheval que sur la fin de ses jours, devenu aveugle, il la suivait entre deux écuyers.

Les principaux auteurs qui ont écrit sur la vénerie et la fauconnerie sous Louis XIV sont d'abord, en 1655, Robert de Salnove, lieutenant de la grande louveterie; puis en 1685, Sélincourt, dont l'ouvrage : *Le parfait Chasseur*, est on ne peut plus intéressant ; pour la fauconnerie, le sieur Claude de Morais, chef du vol pour le héron, lequel, dans son traité *Le véritable Fauconnier*, publié en 1683, marche sur les traces des Boissoudan et des d'Arcussia, ses non moins illustres devanciers.

Pourrions-nous oublier l'auteur des *Bergeries*, Honoré de Bueil, marquis de Racan ? Elzéar Blaze a raconté, avec l'esprit qu'on lui connaît, une jolie anecdote arrivée à l'aimable poète, un jour qu'il voulait mener à la chasse son ami le prieur de La Ronde.

« — Il faut que je die vespres, dit le prieur, et je n'ai personne pour m'aider.

— Bast ! on peut bien s'en passer !

— Impossible ! Un dimanche !

— En ce cas dépêchez-vous.

« Et les voilà partis pour l'église. Le prieur, occupé d'expédier vivement ses vespres, ne remarqua pas que Racan était costumé en chasseur, la gibecière sur le dos et le fusil en bandoulière. Racan avait chanté le *Magnificat*, quand tout à coup le prieur, voyant son ami dans cet équipage, partit d'un grand éclat de rire.

— Bel exemple que tu me donnes là ! lui dit Racan.

— Mais aussi qui diable tiendrait son sérieux en voyant un enfant de chœur si bizarrement accoutré ? »

N'oublions pas, en terminant ce long règne, notre immortel La Fontaine ; fils d'un maître des eaux et forêts, il dut être initié de bonne heure à tous les genres de chasse. Se serait-il, dans sa fable des lapins, peint en Jupiter foudroyant du haut d'un chêne cette gent craintive, nous aurait-il montré dans le cerf se mirant dans l'eau ce noble animal donnant le change aux chiens, la perdrix contrefaisant la boiteuse pour sauver sa couvée, s'il n'eût été chasseur ? Si la France littéraire le revendique comme une de ses plus illustres gloires, les disciples de saint Hubert ont le droit de compter le charmant fabuliste au nombre de leurs confrères. De telles scènes n'ont pu être si fidèlement peintes et la nature prise sur le vif avec autant de vérité que par un véritable chasseur.

Chasse au cerf (Gravure du xviiie siècle)

CHAPITRE VII

LES BOURBONS (Suite)

LOUIS XV

ADAME, dans sa correspondance, nous montre le jeune roi, à peine âgé de douze ans en 1722, « adroit dans tout ce qu'il faisait ; il commence déjà à tirer des perdrix ; il a une grande passion pour le tir ».

D'Yauville, commandant de la vénerie du roi, et dont le *Traité de Vénerie* passe à juste titre pour le meilleur du dix-huitième siècle, nous dit que, le jour de la saint Hubert, le jeune Louis, revenant de se faire sacrer à Reims, fit sa première chasse à courre en calèche à Villers-Cotterets. Ce ne fut que deux ans après qu'il courut un cerf à cheval pour la première fois. Il n'avait alors que quatorze ans, « et ne pensait qu'à chasser ».

L'avocat Barbier s'écrie à ce propos : « Le roi ne songe qu'à chasser, il ne veut pas tâter du cotillon ! J'avoue en mon particulier que c'est dommage ; car il est bien fait et beau prince ; mais si c'est son goût, qu'y faire ? »

Cette indifférence, fruit d'une solide et chrétienne éducation, outre qu'elle était naturellement de son âge, se prolongea jusqu'en 1732 ; plût à Dieu pour le bonheur du roi et celui de la France qu'elle se fût indéfiniment prolongée ! Mais après sa première aventure avec Mme de Mailly, le galant monarque regagna le temps perdu avec un zèle qui dut satisfaire Barbier.

Telle était l'ardeur du jeune roi pour tous les exercices du dehors, que, l'année qui

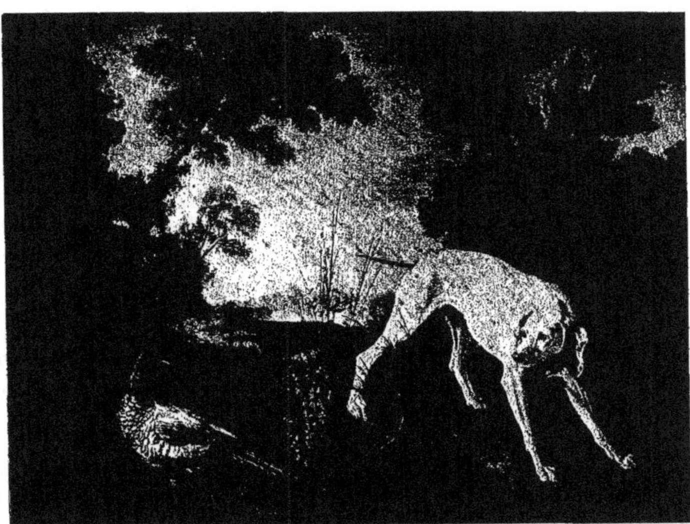

Blanche, chienne de la meute de Louis XV (Tableau d'OUDRY, au musée du Louvre)

suivit sa première chasse à courre, un certain Mouret, dans un opuscule rarissime intitulé : *Chasse du roy et la quantité de lieues que le roy a fait tant à cheval qu'en carrosse pendant l'année 1725*, constate que le roi fit trois mille deux cent cinquante-cinq lieues dans le courant de cette seule année.

Les nouvelles passions du roi n'affaiblirent pas son goût pour la vénerie. Barbier attribue à son abus un rhume violent dont il fut attaqué en décembre 1727 : « Il a gardé le lit et surtout on lui a défendu la chasse pour quelque temps, ce qui doit faire grand plaisir à ses officiers ; car malgré la gelée, les brouillards et la neige, il court toujours. »

Louis XV fut non seulement un veneur passionné, mais surtout un veneur consommé ; il ne craignait pas de courir le cerf seul avec sa petite meute, partant lui-même avec son limier de bon matin pour faire le bois, détournant au milieu d'une harde un cerf dix-cors, et le prenant après avoir fait donner les relais disposés d'avance par lui seul.

Il existe à la manufacture des Gobelins une tapisserie d'après Oudry qui semble retracer cette scène. Le roi, facilement reconnaissable en ce qu'il est seul couvert, tient en laisse un limier noir de la race de l'abbaye de Saint-Hubert.

Le roi courait ordinairement le cerf trois fois par semaine et le sanglier une fois. En octobre 1745, un sanglier à son tiers an qui tenait les abois chargea le roi, qui avait tiré sur lui sans le toucher. Le sanglier blessa son cheval. Sa Majesté le tua entre les jambes de sa monture.

Louis XV était aussi bon tireur que bon veneur. Passionné pour la chasse à tir, il y employait le temps que lui laissaient les affaires du pays et ses continuels laisser-courre. Nous devons à Oudry le portrait de Blanche, sa chienne favorite, que possède le musée du Louvre.

A la fin de 1773, quelques mois avant sa mort, nous le voyons chasser encore à Saint-Germain, à Marly et dans les bois qui avoisinent le palais de Versailles.

Le duc de Luynes, dans ses *Mémoires*, raconte que le roi alla tirer à Gennevilliers et abattit deux ou trois cents pièces dans un après-midi. Trois cents pièces à Gennevilliers ! quel rêve ! Une autre fois, Sa Majesté ordonnait qu'on détruisît les lièvres devenus trop nombreux... *à Nanterre*. Trop de lièvres à Nanterre !!!

Il entretint des équipages à peu près identiques à ceux de Louis XIV ; il y ajouta cependant la « petite meute » pour le cerf, que le duc de Bourbon lui donna en 1725. Il fit quelques réformes, supprima dans sa vénerie les emplois de quarante gentilshommes pour n'en garder que six ; en 1748, vingt piqueurs et vingt-trois personnages de l'équipage de la fauconnerie furent obligés de renoncer à leur service et mis à la retraite.

Mme Campan, dans ses *Mémoires,* nous apprend qu'un des six commandants de la vénerie, M. de Landsmath, très aimé du roi à cause de son courage, de sa force prodigieuse et de sa rude franchise, courant à cheval devant le roi un jour de chasse, voulut faire ranger un tombereau rempli de vase. Le charretier résiste et répond insolemment ; Landsmath, sans descendre de cheval, le saisit par le devant de sa veste et le lance dans son tombereau.

Ce même M. de Landsmath calma les alarmes de Louis XV le jour de l'attentat de Damiens (janvier 1756). « Ce n'est rien, lui dit-il après l'avoir bien examiné, f...-vous de cela, dans quatre jours nous forcerons un cerf. »

Ce fut sous le règne de Louis XV que le chevalier Antoine de Beauterne, porte-arquebuse du roi, parvint à tuer la bête du Gévaudan. Elle avait déjà dévoré quatre-vingt-trois personnes et blessé plus de trente. Ce loup avait pris un goût particulier pour la chair humaine ; il dévorait de préférence les femmes et les enfants. Le gouvernement avait dépensé plus de 29.000 livres pour essayer d'en débarrasser le pays sans pouvoir y réussir.

M. Duhamel, du régiment de Clermont-Prince, à la tête de plus de cinquante dragons, avait en vain cerné son repaire, et après six mois d'efforts inutiles, avait dû renoncer à l'atteindre.

M. d'Enneval, qui était un des meilleurs louvetiers de l'époque et passait pour avoir tué en Normandie plus de mille loups, était venu tout exprès en Bourgogne avec ses meutes sans avoir plus de succès... « En vain avait-il, raconte M. Amédée Pichot dans une de ses conférences (*Lutte de l'homme contre les animaux*), fait attacher à des poteaux de gros moutons coiffés et habillés en femmes, dressés sur leurs pattes de derrière et les bras

La bête du Gévaudan (Gravure du xviiie siècle)

ouverts, le rusé compère ne s'y laissait pas prendre et évitait les embuscades où l'attendaient les chasseurs. »

Les populations de la Bourgogne et de l'Auvergne étaient affolées. La superstition et la terreur populaires prêtaient à cette bête « les formes les plus fantastiques empruntées aux grands félins, au singe et à la hyène ». Elle avait, disait-on, « la gueule presque semblable à celle du lion, mais beaucoup plus grande ; deux rangées de dents, dont deux ressemblaient à des défenses de sanglier, un dos de requin couvert d'écailles de crocodile, la queue d'un léopard, la dimension d'un veau ». (A. PICHOT.)

Après plusieurs campagnes infructueuses, le chevalier de Beauterne eut l'honneur de mettre un terme aux exploits de la terrible bête. Embusqué dans un ravin, il la vit arriver droit à lui ; d'un coup de tromblon il la jette à terre ; malgré les morsures des dogues qui s'élancent à son secours, le chevalier est bientôt renversé par le loup, qui n'est que blessé. Le garde Reinhart arrive heureusement à temps pour l'achever d'un coup de fusil tiré à bout portant. Le fils du brave porte-arquebuse porta le cadavre à Paris pour le présenter au roi, qui fit peindre par Oudry la prise de ce grand loup, et donna une copie de ce tableau au chevalier Antoine. Nous retrouvons comme porte-arquebuse du

Les chasses de Louis XV (Tapisserie des Gobelins, au musée de Florence)

premier consul un arrière-petit-fils du chevalier de Beauterne, appelé lui aussi Antoine. (Note de M. Pichot.)

Louis XV fit bâtir une multitude de rendez-vous de chasse ; à Saint-Germain, les pavillons de la Muette et de Noailles ; à Rambouillet, le château de Saint-Hubert ; à Saint-Cloud, un autre pavillon, ainsi qu'à Verrières, à Marcoussy, à Fausserepos, sans compter un superbe chenil à l'entrée de Versailles, sur la route de Sceaux, et dont la dépense s'éleva à la somme énorme de 100.000 livres.

L'exemple donné par Louis XV ne resta pas sans imitations ; nous trouvons dans les annales du dix-huitième siècle un nombre infini d'habiles veneurs et d'intrépides amazones. Parmi ces dernières, brillent au premier rang les princesses du sang.

La petite-fille de Mme la duchesse de Berry courait à cheval principalement le cerf et le loup, et dans l'intervalle le sanglier, avec son mari ; elle rentrait souvent mouillée à faire pitié, ainsi que ses dames.

« La pauvre reine Marie Leczinska, bien qu'elle eût débuté par une chasse au cerf à Fontainebleau deux jours après son mariage (1725), crut devoir, quoique délaissée par son mari peu d'années après, apparaître à des chasses où ses rivales triomphaient.

« S'étant présentée un jour au rendez-vous revêtue de l'habit de vénerie, Mme de Mailly le trouva mauvais ! » (Marquis d'ARGENSON.)

La seconde femme du dauphin, Marie-Josèphe de Saxe, « bien qu'elle connût mieux la chasse à tir que la chasse à courre », dit le duc de Luynes, accompagna souvent le roi et Mesdames de France ses filles. En 1747, un accident faillit avoir des suites fâcheuses pour cette princesse : un cerf à l'hallali chargea l'attelage de sa voiture ; le postillon s'enfuit épouvanté, laissant les dames sans conducteur ; heureusement pour elles, un brave piqueur de la petite écurie vint les dégager, en tuant d'un coup d'épée le cerf, dont les andouillers s'étaient embarrassés dans les rênes des chevaux.

Les filles du roi, Mmes Adélaïde, Victoire, Sophie et Louise, avaient suivi leur père dès l'âge le plus tendre ; l'aînée n'avait que treize ans la première fois qu'il lui donna le spectacle d'une chasse à courre.

Lorsque leur âge leur permit de monter à cheval, le roi leur fit cadeau de son équipage pour le daim. Vêtues d'amazones vertes, ces princesses, qui montaient à cheval de très bonne grâce, coururent pendant longtemps le daim dans les bois de Verrières. Leur équipage était dirigé par le marquis de Dampierre, « à la satisfaction de ces grandes, bonnes et dignes princesses ». (*Vénerie Normande.*)

Charlotte de Rohan, femme de Louis-Joseph, prince de Condé, et sa belle-fille, Louise d'Orléans, duchesse de Bourbon, assistaient souvent, accompagnées des dames de leur suite, aux brillants laisser-courre de Chantilly, à cheval, en voiture, en traîneau et même en chaise à porteurs. A l'occasion de l'arrivée de Mlle de Condé à Chantilly en juin 1777, il y eut des fêtes splendides et des prises de cerfs mémorables. « La princesse de Condé courut et prit un cerf, étant à cheval, et quelques jours plus tard, elle en vit prendre deux, ayant suivi la chasse en calèche. »

Si des grandes dames nous passons aux « petites », nous voyons la première favorite de Louis XV, la comtesse de Mailly, suivre la chasse royale, tantôt à cheval, revêtue de l'élégante tenue de la vénerie, tantôt en calèche et même en « soufflet ». Le duc de Luynes nous la montre, en octobre 1741, courant elle-même un dix-cors dans une forêt voisine de celle de Rambouillet ; et l'année suivante, éprouvant un accident dont les suites auraient pu être mortelles. Étant en calèche avec Mme de Vintimille, sa sœur, leur attelage culbuta dans un précipice près du *Long-Rocher*, dans la forêt de Fontainebleau. Un bloc de pierre arrêta très à propos leur voiture, et l'un des chevaux de volée resta suspendu par les traits au-dessus de l'abîme.

Le dauphin partagea les goûts de Mme la dauphine jusqu'au jour où, « un page lui

LES CHASSES DE LOUIS XV

(Tapisserie des Gobelins, au musée de Florence)

27

ayant donné un fusil bandé sans le prévenir, le coup partit au moment où son écuyer, le marquis de Chambors, passait devant le prince, et le blessa mortellement ». Navré de douleur, le dauphin jura de ne jamais chasser désormais et tint parole.

Le fils du régent, le duc de Chartres, aima follement la vénerie pendant sa jeunesse et la minorité de Louis XV ; il conduisit souvent la meute royale pour le cerf, mais à partir de la mort de sa femme (1726), bien qu'il eût un équipage personnel très bien entretenu, il ne voulut pas s'en servir ; d'un caractère et d'idées tout opposés au régent, il rompit avec les plaisirs de la cour et se livra tout entier aux pratiques de la dévotion la plus austère.

L'illustre lignée des Condé continue sous Louis XV les traditions de ses ancêtres. Louis de Bourbon, arrière-petit-fils du grand Condé, était de toutes les chasses de Sa Majesté ; le roi lui empruntait parfois son excellente meute ; nous voyons en 1765 l'équipage de M. le duc prendre trente-deux cerfs, et son vautrait quarante-sept sangliers dans le bois de Boulogne. Chantilly doit au duc Louis de Bourbon les chenils et les somptueuses écuries qui n'ont pas de rivales ; il y entretenait deux cent cinquante chiens et deux cent quarante chevaux. Aussi le roi aimait-il à rendre souvent visite au duc et à chasser dans les magnifiques forêts du domaine de Chantilly, dont le périmètre ne mesurait pas moins de cent-vingt kilomètres. Nous trouvons dans les archives de Chantilly, gracieusement mises à notre disposition, une intéressante et inédite lettre du roi au prince de Condé, du 7 avril 1766 ; voici cette lettre :

« Versailles, 7 avril 1766. — Mon cousin, je vous ay souvent parlé de Chantilly, et malgré que vous dîtes l'année mauvaise, j'ay une fantaisie d'y tirer quelques pièces de gibier en m'en retournant à Compiègne dans les premiers jours du mois prochain. La crainte de vous embarrasser m'a retenu jusqu'à présent, mais je connois assés vostre attachement pour ma personne pour douter du plaisir que vous aurés à m'y recevoir. Mais je vous deffends absolument de m'y donner la plus petite idée de feste ; les pertes récentes que j'ay faites me sont trop présentes pour pouvoir jouir de quelque feste que ce soit, sans compter le peu de goust que j'y ay jamais eu. Vous serés contrarié sûrement, mais la force malheureuse de mes raisons vous y fairont différer. Sur ce je prie Dieu qu'il vous aît, mon cousin, en sa sainte et digne garde. — A Versailles, ce 7 août 1766. — Louis. »

Puis une lettre de Toudouze, du 15 avril 1769 : « Louis XV arrive de Compiègne à Chantilly avec soixante-cinq seigneurs et dames le 16. Sa Majesté a chassé le cerf dans la forêt de Chantilly. Rendez-vous à la Table. Son Altesse Sérénissime a fait attaquer un cerf dix-cors aux Tilles près Pontarmé, qui a été pris sur le grand chemin de Paris près la Muette. Son Altesse Sérénissime a fait attaquer un second cerf au Héquet, qui a été pris au bord du buisson de Montgrésin. Après la chasse le roy et toute sa cour sont rentrés au château. Les toiles et lacs ont été tendus depuis Saint-Lazare jusqu'à Pontarmé. L'on a fait curée chaude, où le second cerf a été pris, le roi présent. — Le 17, le roi a chassé sur les plaines hautes de Creil et Laversine et plaine basse de Saint-Maximin. — 18, départ du roi pour Compiègne. Mᵐᵉ du Barry a été du voyage. » (Toudouze.)

Une deuxième note de Toudouze énumère le programme d'une fête donnée à Chantilly : « 27 novembre 1768, arrivée à Chantilly du duc d'Orléans et du duc de Chartres. — 28 novembre, à six heures soir, arrivée du roi de Danemarck ; opéra et comédie, souper au château. — 29 novembre, chasse du cerf; prise aux étangs, comédie et opéra. Souper au château. Ce même jour, arrivée à Chantilly des trois cerfs et cinq biches du Gange, trois pour le duc d'Orléans, quatre pour le prince de Condé, une pour M. de Marigny. — 30 novembre, promenade, opéra, grand bal ; mauvais temps. — 1er décembre, le roi part à deux heures pour Paris. — Pendant son séjour, cent soixante-huit seigneurs et dames. » (*Journal* de TOUDOUZE.)

Les chasses de Louis XV (Tapisserie des Gobelins, au musée de Florence)

Une troisième parlant des cerfs attelés : « Le 9 juin 1769, Son Altesse Sérénissime a été à la ménagerie, de là à la faisanderie, aux chenils et écuries, où Son Altesse Sérénissime a fait atteler les cerfs à la voiture et les a menés un instant. » (*Journal* de TOUDOUZE.)

Une quatrième note extraite des *Nouvelles Descriptions des environs de Paris,* par J.-A. Dubaure [1] : « Presque tous les princes de l'Europe sont venus admirer Chantilly. Dans un court espace de temps ce beau lieu a été visité par le roi de Danemarck, le grand-duc de Russie, le roi de Suède, le prince Henri de Prusse, etc.

« Le grand-duc de Russie n'avait jamais vu de chasse au cerf dans ses voyages : il était sur le point de partir sans jouir de ce divertissement, et il ne lui restait que peu de temps. Au bout d'une heure, tous les apprêts furent faits ; on ne tarda pas à rencontrer le

---

1. Paris, 1786.

LES CHASSES DE LOUIS XV

(Tapissérie des Gobelins, au musée de Florence)

cerf; il enfile une allée qui aboutit à la grille du vertugadin de Chantilly ; de là il court dans le parc; M. le duc de Bourbon le suit et le force à se jeter dans le canal. Les chiens l'assaillent, la multitude l'effraie ; le canal est bientôt entouré d'une foule de curieux de tous états, de toutes couleurs. Les eaux, réfléchissant tant d'objets mouvants et variés, offrent le plus beau cadre et le plus curieux des tableaux. Dans les transports de la joie la plus vive, on entendit le grand-duc s'écrier à plusieurs reprises : « Ah ! mon Dieu, le beau tableau ! » M. *Le Paon*, peintre de batailles, saisit rapidement le bel instant de cette scène et l'a rendu avec le plus grand succès dans un tableau destiné au grand-duc de Russie et qu'on a vu quelque temps au salon de la Correspondance, exposé à l'admiration des connaisseurs [1]. »

Ce tableau existe encore à Saint-Pétersbourg. Il y a quelques années, le grand-duc Wladimir en fit faire une copie et l'envoya à Mgr le duc d'Aumale, qui l'a placée dans le vestibule du château de Chantilly, où on peut la voir aujourd'hui.

On conserve aux archives de Condé une lettre du grand-duc (depuis Paul Ier), adressée au prince de Condé, de Paroloroskoé, le 20 septembre 1785. Il remercie le prince de Condé « du *tableau* et des plans de Chantilly » qu'il lui a envoyés; « ces trois choses me retracent bien vivement votre amitié et tout l'agrément du séjour que nous fîmes chez vous, dont le souvenir ne pourra jamais s'effacer de mon cœur ».

Le 13 septembre 1776, le prince de Condé attaque au carrefour de Silvie un cerf dix-cors, qui après avoir traversé la pelouse et sauté dans un petit jardin des maisons de la pelouse, a été pris dans le bassin des chenils dans les grandes écuries.

C'est cette chasse qui est représentée dans un tableau qui se voit aujourd'hui dans l'antichambre du château de Chantilly.

Le prince de Condé voulut plus tard perpétuer ce souvenir par la sculpture, car, le 23 février 1778, lors d'une chasse dans la forêt, le cerf fut pris; « M. Stouf, sculpteur, l'ayant bien vu et très satisfait pour faire son modèle pour le cerf qui a été pris dans le bassin de la cour des chenils le 13 septembre 1776. » (TOUDOUZE.)

Dans le *Journal des Chasses* de Toudouze, communiqué par le duc d'Aumale, nous trouvons le récit suivant d'une chasse au daim à Chantilly : « Un daim chassé par trois chiens est entré dans le grand parc par la porte des Marchands, et dans la ménagerie, ayant sauté un mur : de là au grand canal, au canal Saint-Jean, à l'île d'Amour, et pris à la Gerbe. Ce daim a été mené au château. Mme la princesse de Monaco lui a fait donner du vin, et fait relâcher ensuite dans le parc du château. » (6 mars 1777.)

« Le 5 août, le roi courut le sanglier dans le parc de Chantilly avec les chiens de M. le duc. Il fut au rendez-vous avec un attelage de chevaux tigrés, dont la robe est fort belle. » (LUYNES.)

---

1. Ouvrage à consulter : *La Feste de Chantilly*, contenant tout ce qui s'est passé pendant le séjour que Mgr le Dauphin y a fait, avec une description exacte du chasteau et des fontaines (Extraordinaire du *Mercure*, septembre 1688).

Voici le récit des chasses : Chasse au cerf le 22 août, avec la meute de M. le grand prieur; chasse au loup le 23 ; chasse au cerf le 24, avec la meute de M. du Maine ; chasse aux perdreaux le 25 ; chasse au loup le 26 à Mello ; chasse au cerf le 27, avec l'équipage du duc du Maine, battue de sangliers, cerfs et biches, dans les étangs de Commelle ; 28, chasse au loup ; 29, chasse au cerf avec l'équipage du grand prieur.

Ce fut à un de ces laisser-courre que M. de Meluse, n'ayant pu arrêter à temps son cheval au moment où le cerf de meute l'abordait en travers, reçut dans les côtes un coup d'andouiller qui le renversa par terre ; le lendemain il mourut de sa blessure.

Parfois les veneurs avaient de singulières manières de se soigner quand, malades, leur ardeur les entraînait à la chasse : « François de Béthune, duc d'Ancenis, atteint d'une irritation d'entrailles, voulant à toute force chasser avec le roi, mangea trente œufs durs, fut à la chasse et mourut de l'inflammation qui suivit. »

Le marquis d'Argenson, qui raconte cette histoire, oublie de nous dire s'il était présent

Halte de chasse (Tableau de Carl Van Loo, au musée du Louvre)

à cette pantagruélique absorption d'œufs durs : j'incline à penser, bien que je ne sois pas de la Faculté, que Béthune eût dû étouffer même avant la seconde douzaine !

Toudouze, lieutenant de la vénerie de Chantilly, rédigea le journal des chasses du fils de M. le duc, Louis-Joseph, prince de Condé. Ce qu'il raconte de la quantité de cerfs qui peuplaient alors les forêts de Chantilly est à peine croyable : « Le 23 décembre 1769, Son Altesse Sérénissime fit attaquer une harde de vingt-deux cerfs, laquelle harde en ramassa plusieurs autres, de sorte qu'il y eut bientôt deux cents cerfs sur pied. » Toudouze constate que dans trente et un ans, il avait vu tuer dans ce domaine, en y comprenant les animaux forcés, 924.717 pièces.

Cambry, visitant en 1778 les ruines pittoresques de Creil, fut émerveillé, en traversant *l'île Longue*, qui s'étendait à l'extrémité du château, de la quantité de faisans, de perdrix, de lièvres, qui sans cesse se croisaient dans les allées.

Excellent veneur, tireur non moins habile, le prince de Condé ne se contenta pas d'entretenir les meutes les mieux choisies, meilleures même que celles des rois Louis XV et Louis XIV. Dans la superbe ménagerie du château, on acclimata des animaux rares destinés à peupler son vaste domaine : « On y vit paraître des rennes, des axis, des cerfs blancs, des faisans de Chine. » (TOUDOUZE.) Exemple suivi depuis par notre Société d'acclimatation du bois de Boulogne.

Les chasses de Louis XV (Tapisserie des Gobelins, au musée de Florence)

Les oncles du prince Louis-Joseph, les comtes de Charolais et de Clermont, eurent, comme leur neveu, d'excellents équipages. Les princes de la maison de Condé n'ont-ils pas été pendant plus de deux siècles les premiers veneurs de France? Saluons en passant cette noble lignée, digne du sang Bourbon qui coulait dans ses veines, et dont les fossés de Vincennes et l'espagnolette de Saint-Leu ont tari les glorieuses destinées !

Le prince de Conti, Louis-Armand de Bourbon, petit-neveu du grand Condé, réunissait dans ses châteaux de l'Isle-Adam et de Trie l'élite de la cour : nous voyons, en 1723, assistant à un de ses brillants laisser-courre, le duc de Chartres, fils du régent, les comtes d'Eu et de Toulouse, le prince de Lorraine, et les évêques de Laon et de Beauvais, que la calomnie accusait de préférer à leur bréviaire des passe-temps moins canoniques.

L'avocat Barbier s'exclame sur l'impétuosité des nobles veneurs : « Parmi les seigneurs de la cour du prince de Conti, il y a le marquis du Bellay, qui est un diable, c'est pis qu'un piqueur. Tous étaient magnifiquement montés, avaient changé plusieurs fois de chevaux, et tous ces seigneurs allaient comme des diables à travers bois et partout. Je ne sais comment ils peuvent résister à une fatigue pareille ! »

« Il était flatteur, dit le prince de Ligne, d'être des thés et de la société de feu M. le prince de Conti ! »

Deux jolis tableaux conservés au musée de Versailles ont conservé le souvenir de ces rendez-vous aussi gais qu'ils étaient élégants.

Les deux fils du duc du Maine, le prince de Dombes et le comte d'Eu, faillirent se noyer près de Chelles en voulant traverser la Marne à la suite d'un cerf ; ils étaient très jeunes, et sans le dévouement d'un meunier accouru à leur aide, ils eussent inévitablement péri. Cet accident émut la bile de Barbier, peu partisan des déduycts de la vénerie. « La fureur qu'on a de la chasse à la cour ne produira que du malheur ! »

Devenu vieux, le vainqueur de Fontenoy, l'illustre maréchal de Saxe, vécut à Chambord avec une magnificence princière.

Il y entretint jusqu'à sa mort une troupe de comédiens, son régiment de uhlans et des équipages dignes de cette splendide demeure.

Le baron d'Espagne, qui écrivit en 1775 l'histoire du maréchal de Saxe, nous a laissé d'intéressants détails sur le séjour du grand capitaine dans ce royal château bâti par le roi chevalier et dont le nom a été, de nos jours, porté avec tant d'honneur par le plus illustre prince du dix-neuvième siècle.

Les gentilshommes de province ne le cédèrent en rien à ceux de la cour : l'auteur de la *Vénerie normande*, Leverrier de La Conterie, nous signale en Normandie, comme modèles d'une sage conduite et d'une grande érudition, le comte d'Olliamson, le comte de Flers, le marquis de Courcy, le marquis de Canisy, le comte et le chevalier du Bourg, MM. de Bernay, de Roncherolles et de Saint-Sauveur, restés célèbres, ces deux derniers surtout, dans les traditions du pays. « Marchez sur les traces de ces grands maîtres, s'écrie La Conterie, suivez-les pas à pas, vous chasserez dans la crainte de Dieu, dans l'amour du souverain, dans le respect des lois. »

Mentionnons, avec Leverrier, les noms des piqueurs normands qui accompagnaient ces intrépides veneurs : Corbin, au marquis de Canisy ; Lanchevin, à M. de Bernay ; Raquene, au marquis de Foudras ; La Rivière, au marquis de Courcy... ; enfin, le célèbre Piet, appartenant à M. de Saint-Sauveur, avant d'entrer au service du marquis de Canisy.

Le Masson, qui l'a connu dans sa vieillesse, en parle en ces termes : « Excellent cavalier, piqueur consommé, adroit dans tous les exercices, d'une bravoure téméraire, sans aucune instruction, très original, pétillant d'esprit, ce Paul Piet, doué de tous les avantages physiques, d'un force herculéenne, était un homme vraiment extraordinaire. »

Ce fut pendant que Piet était sous ses ordres qu'il arriva à M. de Saint-Sauveur, déterminé chasseur de loups, l'aventure suivante. Un gentleman anglais, étant venu chasser en Basse-Normandie, offrit à M. de Saint-Sauveur de parier qu'il prendrait un vieux loup en six heures avec trente chiens anglais. M. de Saint-Sauveur mit pour enjeu sa meute et son

LES CHASSES DE LOUIS XV

(Tapisserie des Gobelins, au musée de Florence)

meilleur cheval contre l'équipage du gentleman. Celui-ci manqua son loup et se noya en traversant une rivière ; le lendemain, M. de Saint-Sauveur attaqua et prit le même loup. On raconte en Normandie que ce gentilhomme normand à la suite de ce pari aurait fait pendre la meute anglaise aux arbres de son avenue.

Du reste, la chasse du loup eut toujours beaucoup d'attrait pour nos veneurs de l'Ouest ; le Poitou, l'Angoumois, la Saintonge, peuvent sur ce point rivaliser avec la Normandie.

Les La Rochefoucault, les Larye, les La Rochejacquelein, les Céris, les Beauregard, les Boiscouteau, Charette même, ne le cédèrent en rien aux Roncherolles, aux Saint-Denys, aux Canisy, aux Saint-Sauveur, et à tant d'autres veneurs normands, dont La Conterie a immortalisé les exploits.

Un autre veneur normand, M. de Popipou, prenait, à dix heures du soir, dans les jardins de Versailles, un cerf lancé à sept heures du matin dans la forêt de Navarre, près de la ville d'Évreux.

MM. de Roncherolles attaquent, dans la forêt de Villedieu près de Coutances, un grand sanglier qui commence par leur tuer onze chiens ; obligés d'abandonner leur animal à la nuit, ils couchent sur les lieux pour l'attaquer de nouveau dès le matin.

Le sanglier s'étant forlongé, nos veneurs le rapprochent tout le jour sans pouvoir le relancer. Le troisième jour, même cérémonie : le sanglier allait toujours devant lui sans se remettre. Ils le prirent enfin le quatrième jour à trente lieues du lancer. Ils se trouvaient à deux lieues et demie de Rennes. Les États de Bretagne étant alors assemblés, MM. de Roncherolles firent lever la hure, et la donnèrent à l'intendant de là province, M. de Viarmes ; *elle était d'une grosseur énorme*, raconte La Fare.

Il est regrettable que la plupart des noms des plus illustres veneurs de France ne nous soient pas parvenus : ce serait une longue liste de glorieux disciples de saint Hubert à ajouter à celle des veneurs normands. Cependant nous pouvons, en glanant çà et là, faire revivre la mémoire du marquis de Fussey et de Bologne en Bourgogne ; des Foudras, des Larye, des Boiscourbeau en Haut-Poitou ; des gentilshommes bas-poitevins, les Guerry, les Lescure, les La Rochejacquelein, les Chabot, les Tinguy, les Béjarry, et de tant d'autres qui faisaient partie de la célèbre société de la Morelle ; des Saint-Légier, en Saintonge ; des Tournon et des Reculot, en Franche-Comté.

Notons encore le marquis du Hallay, qui commanda la vénerie du comte d'Artois, et le chevalier Desgraviers, qui dirigea celle du prince de Conti à la fin du dix-huitième siècle. A cette liste incomplète, il convient d'ajouter quelques noms de prélats et d'abbés qui se distinguèrent dans l'art de la vénerie.

L'abbé de La Rochefoucault était si passionné pour la chasse qu'il n'en perdit jamais l'occasion ; aussi ses contemporains l'avaient-ils surnommé « l'abbé Tayaut ».

L'évêque de Poitiers, Mgr de Foudras, qui avait été autrefois capitaine de dragons, était un veneur émérite ; il entretenait, en sa maison de campagne de Dissais, un chenil renommé : ce fut à lui que le Haut-Poitou fut redevable de cette fameuse race de chiens bleus dits « de Foudras », issus de l'accouplement de la lice de Saintonge avec l'étalon haut-poitevin.

Le cardinal de Bernis ne se contentait pas d'être un enragé chasseur, il chantait volontiers la chasse et les chasseurs dans ses rimes galantes : qui ne connaît les vers suivants :

> Bravons les lions dévorants,
> Ces ours destructeurs de la terre ;
> Que la chasse ainsi que la guerre
> Nous arme contre nos tyrans !

Le duc de Choiseul dans la forêt d'Amboise
(Fragment d'une gouache exécutée par Cozette, en 1772, au bas d'une carte de la forêt d'Amboise)

L'abbé de Boisgelin, dernier abbé de Mortemer, continua autour de la forêt de Lyons les traditions de Jehan du Bec ; ses hauts faits cynégétiques revivent encore dans la contrée.

« L'abbé de Voisenon se retira près de Melun, dans le château dont il portait le nom, y passant sa vie à mourir d'un asthme, à jouer au trictrac et à chasser. Un jour il eut une crise terrible ; on le crut mourant, et l'on se hâta d'aller chercher le curé pour l'administrer. Cependant le malade, s'étant tout d'un coup ranimé, était sorti par une porte dérobée pour courir à la chasse. Comme il s'acheminait le fusil sur l'épaule, il rencontra le prêtre qui lui apportait en procession le saint viatique. Il se met à genoux en bon chrétien, sans qu'il vînt à l'idée de personne de le reconnaître ; il laisse le pieux cortège continuer sa route, et poursuit sa chasse de son côté comme si de rien n'était. » (NOIRMONT.)

L'illustre comte de Buffon aimait à tuer, dans son domaine de Montbard, les chevreuils qu'il offrait chaque année au roi Louis XV. Le grand naturaliste avoue devoir à ses courses dans les forêts à la poursuite des oiseaux et des nombreux animaux qui les peuplaient de curieuses observations.

A ce goût naturel à tous les hommes, il consacre quelques-unes de ses plus belles pages : « Quel exercice plus sain pour le corps, quel repos plus agréable pour l'esprit? L'habitude du mouvement et de la fatigue, l'adresse, la légèreté du corps si nécessaires pour soutenir et même seconder le courage, se prennent à la chasse et se portent à la guerre : c'est le seul amusement qui fasse diversion aux affaires, le seul délassement sans mollesse, le seul qui donne un plaisir vif, sans mélange, sans langueur et sans satiété ! » *(Hist. nat.,* Du cerf.)

Voltaire lui-même, entouré dans sa jeunesse d'une bande de poètes et de philosophes épicuriens :

> Ces voluptueux et ces sages,
> Qui rimants, chassants, disputants
> Sur les bords heureux de la Loire,
> Passaient l'automne et le printemps
> Moins à philosopher qu'à boire,

voulut singer le gentilhomme, et se montrer chasseur élégant aux yeux de la belle Émilie. Il écrivait à ce propos à son factotum, l'abbé Moussinot : « J'ai besoin de grands exercices; je vous prie de me faire acheter un bon fusil, une jolie gibecière avec appartenances, marteaux d'armes, tirebourres, etc., etc. »

Plus tard il voulut même se faire nommer lieutenant des chasses du pays de Gex. Où l'amour-propre va-t-il se nicher?

L'auteur du *Voyage du jeune Anacharsis* se dépeint gaîment suivant le capitaine des chasses du duc de Choiseul, à Chanteloup, « monté sur un cheval si petit que ses jambes traînaient à terre et se confondaient avec celles du cheval, excepté qu'elles n'étaient pas si jolies ». Plus loin, l'abbé Barthélemy raconte qu' « il s'est cassé la clavicule pour avoir voulu faire le joli cœur, et passer sa jambe sur l'arçon de la selle à la manière des femmes ».

Sous Louis XV parurent un grand nombre d'ouvrages très estimés sur la chasse à courre.

Le *Traité de Vénerie* de Gaffet de La Briffardière fut publié en 1742; *L'École de la chasse aux chiens courants,* le meilleur ouvrage et le plus pratique que nous ayons avec celui de d'Yauville, parut en 1762. Six ans après, Goury de Champgrand fit imprimer un livre qui donne, outre les préceptes qui s'appliquent à la vénerie et à la fauconnerie, quelques détails sur la chasse à tir.

En 1771, l'ancien braconnier La Bruyère fait paraître : *Les Ruses du braconnage mises à découvert.*

Desportes, qui ne mourut qu'en 1742, avait été peintre de la vénerie de Louis XIV ; nous avons parlé plus haut des beaux portraits des chiens couchants tant aimés du grand roi et nous en avons donné des reproductions.

Son successeur, Oudry, fut pensionné par Louis XV et logé aux Tuileries : le prince passait de longues heures dans son atelier à le regarder peindre les tableaux de chasse que la manufacture des Gobelins était chargée de reproduire ensuite.

Invité aux chasses du roi, Oudry put étudier à son aise les usages et les costumes des veneurs ; les chiens et les chevaux de Louis XV étaient peints avec une telle vérité, que ce prince se plaisait à les reconnaître et à les appeler par leur nom. Vanloo aussi a illustré ce règne. Les musées de Compiègne, de Fontainebleau et du Louvre ont conservé bon nombre de ces remarquables peintures aussi intéressantes pour les veneurs que pour les amateurs de tableaux où l'art le dispute à la couleur.

Bien que cette étude cynégétique soit éminemment française et que les chasses à la haie nous aient jusqu'à présent peu occupé, nous ne pouvons passer sous silence ces formidables battues allemandes qui nous sont révélées par les gravures de Jacob Wangner, et qui nous ont été expliquées par M. P. Megnin.

« La vénerie est une science française qui n'a jamais été appréciée de l'autre côté du Rhin, où la battue constitue seule la grande chasse et est regardée comme le suprême de l'art cynégétique... « Le Français ne chasse pas un chevreuil, un sanglier ou un cerf pour le manger, mais pour avoir l'honneur de le vaincre en opposant la force à la force, le courage au courage, la ruse à la ruse.

« Qui n'a jouissance qu'en jouissance, disait Montaigne, qui ne gaigne que le hault « poinct, qui n'aime la chasse qu'en la prinse, il ne lui appartient pas de se mêler à notre « eschole : plus il y a de marches et de degrés, plus y a d'honneur au dernier siège. »

« Aussi pour les Allemands, qui ne sont pas de notre *eschole*, la chasse à courre paraît ridicule ; ils préfèrent fusiller traîtreusement les nobles bêtes au coin d'un bois ou du haut d'un kiosque.

« Malheureusement le goût teutonique de la battue est en grande voie de prendre droit de cité chez nous. Il ne s'agit heureusement que de battues de faisans et de lapins, et il est peu probable qu'on en vienne aux battues du grand gibier, d'abord parce qu'il est assez rare chez nous et ne paraît pas en voie d'augmentation, ensuite parce que la vénerie française n'est pas près de s'éteindre.

« Une chasse en battue a eu lieu en 1748 près de Leonberg. On voit, à l'aménagement de l'étang, aux constructions en colonnades et en rotondes qui l'entourent, que ce n'est pas une chasse fortuite, mais que la scène se représente fréquemment et sans doute périodiquement au même endroit. Une battue monstre, qui doit nécessiter des milliers de rabatteurs, amène (grâce à des haies habilement aménagées) les cerfs de toute la contrée à se précipiter dans la pièce d'eau qui est entourée de trois côtés de barrières infranchissables ; et là ils sont fusillés par les chasseurs tranquillement installés dans un kiosque.

« Les victimes sont repêchées, puis étalées côte à côte, et à la fin de la séance on comptera les pièces du tableau et on ira célébrer la victoire en sablant le johannisberg aux tables que l'on voit dressées dans les deux rotondes supérieures.

« De tous les environs on est accouru aussi au spectacle, soit à cheval, soit sur des voitures qui servent ensuite d'observatoires aux nombreux curieux. On voit que beaucoup de ceux-ci n'ont pas attendu la fin de la chasse pour se restaurer, ainsi que le montre la gravure, au premier plan à droite ; car ces chasses allemandes paraissent être surtout un prétexte à agapes.

« Cette gravure nous montre aussi combien les cerfs étaient nombreux, au siècle dernier, dans les forêts allemandes. » (P. Megnin.)

CHAPITRE VIII

LES BOURBONS (Suite)

LOUIS XVI

ÉRÉDITAIRE dans sa race, la passion de la chasse absorba presque entière-
ment la jeunesse de l'infortuné monarque ; ce fut, à vrai dire, avec
l'amour de son peuple, sa seule passion. Perrier de Strasbourg a peint
le dauphin à la chasse en carrosse, faisant signe aux veneurs de ne pas
traverser les récoltes des paysans. Nous en donnons ici la gravure.
Nous voyons, dans les registres où il inscrivait les faits de chaque jour
et l'emploi de son temps, quelle place importante cet exercice occupait dans son existence.
Quand le roi ne chassait pas, il inscrivait ce seul mot : « Rien ! »

Ce monosyllabe sera la seule note qui se trouvera à la date du 14 juillet 1789 !

Dans l'escalier qui conduisait à ses appartements, à Versailles, on voyait, appendus à
la muraille, six tableaux indiquant l'état de toutes ses chasses à courre et à tir, soit quand il
était dauphin, soit quand il fut roi ; le nombre, l'espèce du gibier qu'il avait tué, avec une
récapitulation pour chaque mois, chaque saison, chaque année, étaient indiqués avec soin.

La fameuse armoire de fer contenait, entre autres papiers, un manuscrit écrit de la
main du roi, consignant le détail de ses chasses avec les noms de ceux qui l'accompagnaient, la liste des gardes, la topographie des forêts royales.

Le chevalier de Chateaubriand, le futur auteur du *Génie du Christianisme*, nous raconte dans ses *Mémoires d'outre-tombe* la première chasse où il fut invité par le roi, en février 1787.

L'étiquette exigeait que le chevalier suivît la chasse du roi sur un cheval fourni par les écuries de Sa Majesté, avec le modeste habit gris des débutants, remplacé plus tard par la splendide tenue de vénerie : bleue, rouge et or. Le chevalier se trouva de bonne heure, avec trois autres débutants, au rendez-vous, forêt de Saint-Germain.

« Nous arrivons, dit Chateaubriand, au point de ralliement où de nombreux chevaux de selle, tenus en laisse sous les arbres, témoignaient leur impatience. Les carrosses arrivent dans la forêt avec les gardes ; les groupes d'hommes et de femmes, les meutes à

Le dauphin, chassant en voiture, fait respecter à ses gens les récoltes des paysans. (Tableau de Perrier)

peine contenues par le fouet des piqueurs, les aboiements des chiens, le trépignement des chevaux, le bruit des cors, formaient une scène très animée.

« Au descendu des carrosses, le chevalier présente son billet aux piqueurs ; on lui donne une jument appelée *l'Heureuse*, bête légère, sans bouche, ombrageuse et pleine de caprices.

« Le roi monte à cheval, part, est suivi par toute l'assemblée, pendant que le malheureux débutant reste à se débattre avec sa jument, qui refuse de se laisser monter. Enfin il s'élance en selle, *l'Heureuse* part à fond de train, s'emporte à travers les groupes des veneurs et renverse presque une amazone.

« Dans une longue percée, près d'un pavillon, un coup de fusil part ; *l'Heureuse* tourne court, brousse tête baissée dans le fourré et me porte juste à l'endroit où le chevreuil venait d'être abattu : le roi paraît.

« Je me souviens alors, mais trop tard, des injonctions du duc de Coigny. La maudite *Heureuse* avait tout fait. Je saute à terre, d'une main poussant en arrière ma cavale, de l'autre tenant mon chapeau bas. Le roi regarde et ne voit qu'un débutant arrivant avant lui aux fins de la bête ; et, au lieu de s'emporter, il me dit avec un ton de bonhomie : « Il n'a « pas tenu longtemps ! » (Noirmont.)

Peu à peu le bon roi, désireux d'alléger les charges du peuple, réduisit considérablement les dépenses de sa vénerie. Il réforma les équipages pour le sanglier et le loup, supprima la grande fauconnerie ; il ne conserva que la meute du cerf et fit chasser le chevreuil aux chiens de la petite meute. Au milieu des événements qui précipitèrent la ruine de la monarchie et de la vieille société française, les meutes royales continuèrent à chasser, bien qu'à de rares intervalles ; six jours après la prise de la Bastille, le roi tua deux pièces en se promenant dans le petit parc de Versailles.

Le 5 octobre, qui vit la plus immonde populace de Paris se ruer sur le palais, pour en arracher la famille royale, le journal de Louis XVI porte cette mention : « Tiré à la porte de Châtillon ; tué quatre-vingt-une pièces ; interrompu par les événements ! » Phrase laconique, mais sans fiel, et qui peint la sérénité d'âme du roi martyr !

Peu après, Louis XVI, confiné aux Tuileries, vit supprimer ses équipages ; à peine eut-il la liberté de faire de loin en loin quelques promenades au bois de Boulogne, délassement innocent, interdit aussitôt après le fatal voyage de Varennes. Le peuple de Paris, livré à ses instincts destructeurs, se rua sur les forêts et les parcs royaux ; en prenant une part ardente aux hécatombes des animaux sauvages qui les peuplaient alors, il s'enivra de sang, se fit la main et préluda ainsi aux orgies sanglantes de la Révolution.

Monsieur, comte de Provence, qui régna plus tard sous le nom de Louis XVIII, ne partagea pas les goûts de son frère. Il en fut autrement du comte d'Artois. Tout le monde connaît la passion de ce prince pour la chasse. Son premier veneur, le marquis du Hallay, entretint avec soin ses équipages jusqu'au moment où, forcé de fuir l'emprisonnement et la mort, le comte d'Artois dut se réfugier en Angleterre.

Le prince de Ligne, dans ses *Mémoires*, raconte gaiement comment le comte d'Artois voulut un jour le forcer d'aller chasser un sanglier, et la belle défense qu'il fit ce jour-là : « Le comte d'Artois vint dans sa chambre à six heures du matin pour l'enlever de vive force. Saisi dans son lit, habillé bon gré mal gré par le comte lui-même, entraîné jusque dans la cour, il s'esquive au moment de monter à cheval ; il s'enfuit à travers les cuisines ; poursuivi par vingt valets, qui le prennent pour un empoisonneur, il va se réfugier dans la salle de spectacle ; réclamé par le prince, il se déchire la joue en s'accrochant à un clou des coulisses, d'où le comte veut l'enlever, ce que voyant, le prince le laissa tout en sang soigner sa balafre. »

A cette époque, le duc de Chartres, qui devint plus tard, en 1785, duc d'Orléans, chassait souvent le sanglier avec le comte d'Artois. Partisan des idées nouvelles, il monta ses équipages à l'anglaise avec des chevaux de pur sang et la tenue des veneurs d'outre-

Le duc d'Orléans (D'après CARMONTELLE)

Manche. Carle Vernet nous a laissé son portrait, ainsi que celui de son fils, alors duc de Chartres, devenu en 1830 Louis-Philippe, roi des Français.

Le même peintre, dans un autre tableau, a représenté une chasse à courre à laquelle le prince assiste en redingote bleue et en chapeau rond. C'était en 1792 ; Louis d'Orléans avait pris le nom d' « Égalité » ; il put, à l'aide de ce déguisement, chasser à courre jusqu'au moment où on aiguisa pour lui le couperet qui avait fait tomber la tête de son cousin le roi Louis XVI.

« Un jour, raconte Mᵍʳ le duc d'Aumale, un cerf lancé par sa meute dans la forêt de Villers-Cotterets entra dans Paris par la barrière de Clichy et se fit prendre sur le boulevard des Italiens. » Ce dut être son dernier plaisir !

Le prince de Conti, qui ne mourut qu'en 1814, âgé de quatre-vingts ans, avait eu

Marie-Antoinette ramène dans son carrosse un paysan blessé par un cerf. (Gravure du xvɪɪɪᵉ siècle)

pendant trente ans pour commander sa vénerie le chevalier Desgraviers. « C'était, dit cet auteur dans son *Parfait Chasseur*, le prince le plus passionné pour la chasse et dont la vénerie jouissait de la plus grande réputation, même parmi les princes de sa maison. »

Lorsque le prince héréditaire de Brunswick-Lunebourg vint à passer par la France en 1766, à son retour d'Angleterre, on lui donna partout des fêtes dont on retrouve la trace dans les mémoires et chroniques du temps. Le prince de Conti le reçut au château de l'Isle-Adam (Seine-et-Oise), et donna en son honneur une chasse précédée d'un banquet sous une tente qui avait été dressée dans une étoile du bois de Cassan. Le cerf vint se faire prendre dans l'Oise, au pied même du château de l'Isle-Adam.

En souvenir de cette fête, le prince de Conti commanda à son peintre ordinaire,

HALLALI DU CERF AU CHATEAU DE L'ISLE-ADAM

(Tableau d'Olivier)

M. B. Olivier, de Marseille, un des artistes que l'on désigne sous le nom de petits maîtres du dix-huitième siècle, deux tableaux pour orner le salon de l'Isle-Adam. Ces tableaux quasi-officiels réunissent toutes les célébrités qui, à cette époque, formaient la cour du Temple et de l'Isle-Adam.

Ce traité de Desgraviers, dédié au prince de Conti, ne parut qu'en 1814. En 1784, aidé de son frère, Éléonore Desgraviers, il avait publié *L'Art du Valet de limier*. Quatre ans après, Magné de Marolles faisait paraître son excellent livre *De la Chasse au fusil*, et enfin, la même année, parut l'œuvre capitale du dix-huitième siècle en fait de vénerie : le *Traité* d'Yauville.

La haute noblesse n'avait pas, sous Louis XVI et jusqu'à la Révolution, dégénéré de ses ancêtres. Le vertueux duc de Penthièvre avait succédé comme grand veneur à son père, le comte de Toulouse ; il s'acquitta de sa charge avec le zèle, le talent, la conscience que comportait son caractère. Le duc de Bouillon, le prince de Soubise, resteront célèbres dans les fastes cynégétiques de la fin de ce siècle. Mais le plus illustre de tous fut le cardinal de Rohan, Louis-René-Édouard, évêque de Strasbourg et grand aumônier de France. Il possédait en Alsace les deux châteaux princiers de Saverne et de Mazurie, où il offrait à ses hôtes des chasses d'une magnificence inouïe. Le petit-neveu du marquis de Valfons a publié dans les *Souvenirs* de son oncle quelques détails curieux sur la grande existence du fastueux prélat.

« Je soupais souvent chez M. le cardinal de Rohan, qui avait un état de souverain et où toute la province se rassemblait. L'abbé de Ravennes, qui était à la tête de tout, me disait que, depuis le garçon de cuisine jusqu'au maître de la maison, tout compris on comptait sept cents lits.

« J'y ai vu les plus belles chasses : six cents paysans, rangés avec des gardes de distance en distance, formaient une chaîne d'une lieue, parcourant un terrain immense devant eux en poussant des cris, battant les bois et les buissons avec des gaules.

« On était à les attendre au bas des coteaux, où ils conduisaient toute sorte de gibier ; on n'avait qu'à choisir pour tirer. On faisait trois battues comme cela jusqu'à une heure après midi, où la compagnie, femmes et hommes, se rassemblait sous une belle tente, au bord d'un ruisseau, dans quelque endroit silencieux ; on y servait un dîner exquis, assaisonné de beaucoup de gaîté ; et comme il fallait que tout le monde fût heureux, il y avait des rondes et des tables creusées dans le gazon pour les paysans.

« La halte finie, chacun allait reprendre de nouveaux postes, et la battue recommençait. Il m'a paru que les femmes à qui j'avais entendu le plus fronder le goût de la chasse aimaient celle-là. La journée finie, on payait bien les paysans, qui ne demandaient qu'à recommencer, ainsi que les dames. »

Le cardinal entretenait en outre un équipage en Touraine, au château de Couzières ; il y avait fait construire un chenil tout en marbre, ce qui fit qu'un jour la spirituelle marquise de Contades, à qui il le faisait admirer, lui dit : « Monseigneur, vos chiens sont logés comme des princes, mais vous, vous êtes logé comme un chien. »

N'oublions pas Arthur-Richard Dillon, d'abord évêque d'Évreux, puis archevêque de Narbonne, illustre par sa générosité envers les pauvres, par son luxe et par sa passion pour la chasse. D'un caractère fier et énergique, plein d'esprit, il fut pris à partie un jour par Louis XV. « Vous chassez beaucoup, Monsieur l'évêque, j'en sais quelque chose; comment interdire la chasse à vos curés, si vous passez votre vie à leur en donner l'exemple? — Sire, répondit-il, pour mes curés, la chasse est leur défaut; pour moi, c'est celui de mes ancêtres. »

Plus tard, alors qu'il était archevêque de Narbonne, Louis XVI lui dit un jour : « Monsieur l'archevêque, on prétend que vous avez des dettes, et même beaucoup. — Sire, répond Dillon de son ton de grand seigneur, je m'en informerai à mon intendant, et j'aurai l'honneur d'en rendre compte à Votre Majesté. »

Ce furent les derniers prélats chasseurs; la Révolution arrivait à grands pas; les communautés, les évêques, votent en vain en 1789 le rachat de leurs droits de chasse au profit, non des seigneurs ecclésiastiques, mais des indigents : on sait le reste!

La charmante dauphine Marie-Antoinette d'Autriche avait manifesté, en arrivant à la cour de France, un goût assez vif pour la chasse à courre; le roi et le dauphin avaient plaisir à la voir à cheval avec la livrée de la vénerie; elle avoue qu' « elle n'a pas eu de peine à se conformer à leur goût ». (Lettre à sa mère.) « J'espère, ajoute-t-elle, que je me laisserai toujours arrêter par les gens sensés qui m'accompagnent. » Le peintre Brown l'a représentée chassant avec le comte d'Artois, vêtue d'une amazone de velours bleu, coiffée d'un large chapeau de paille à plumes blanches. La fille infortunée de la grande Marie-Thérèse devait être séduisante sous ce charmant costume.

Joséphine Tascher de La Pagerie, mariée alors au vicomte de Beauharnais, prit une part brillante aux chasses royales.

Elle était alors dans tout l'éclat de cette douce et étrange beauté qui devait amener à ses pieds le plus grand capitaine des temps modernes, et la faire asseoir sur le trône de France. Son oncle, le marquis de Beauharnais, écrivait en 1787 : « La vicomtesse court les champs; ce soir, le roi et vingt-cinq chasseurs arrivent... la vicomtessse a été il y a trois jours à la chasse au sanglier: elle en a vu un.

« Elle a été mouillée jusqu'à la peau; elle ne s'en est pas vantée; elle a fait bonne contenance, après avoir changé de tout et mangé un morceau. »

Pendant les règnes de Louis XV et de Louis XVI, la chasse du loup fut très en honneur en France. Le premier équipage spécial pour le loup avait été formé vers 1590 par M. Andrézi et acquis ensuite par Henri IV. L'exemple du roi fut suivi par ses successeurs; et depuis lors nombre de veneurs se sont illustrés dans cet émouvant laisser-courre. Parmi les plus célèbres chasseurs de loups de la fin du siècle dernier, nous citerons le marquis d'Enneval, le comte de Roncherolles, le marquis du Hallay en Normandie, le vicomte de Larye en Limousin et en Poitou. Le premier, après avoir détruit nombre de loups, dont quelques-uns, au dire de son ami, Le Verrier de La Conterie, « avaient mangé *femmes grosses et enfants* », fut choisi par Louis XV en 1765 pour commander une expé-

BANQUET OFFERT AU PRINCE DE BRUNSWICK DANS LE BOIS DE CASSAN

(Tableau d'Olivier)

dition contre la bête du Gévaudan. L'effroi inspiré par ce loup était telle qu'on ne manquait jamais, dans tout le pays, de terminer sa prière par ces mots : « De la bête, Seigneur, délivrez-nous. »

On connaît le résultat infructueux de l'expédition du marquis d'Enneval; il ne put jamais lancer le terrible loup. Le comte de Roncherolle passa sa vie à détruire les animaux nuisibles qui, à cette époque, infestaient la Normandie : il eut la gloire de pouvoir dire, à l'âge de quatre-vingts ans : « Deux grands sujets de consolation viennent adoucir mes derniers jours : je n'ai pas à me reprocher d'avoir jamais sali ma carabine sur un fauve, et j'ai pu encore dernièrement chasser et tuer un vieux loup. »

Un loup monstrueux, désigné sous le nom de *grand loup de Versailles,* désolait à cette époque les campagnes des environs de Paris. Le chevalier Antoine de Beauterne, porte-arquebuse du roi et fils de celui qui, sous le règne de Louis XV, s'était signalé dans une expédition de ce genre et qui, pendant cinquante ans, servit avec honneur dans les équipages royaux, eut encore la gloire de tuer cette bête féroce, presque aussi redoutable que la bête du Gévaudan. Cet exploit ne s'accomplit pas sans peine ; aucun chien courant ou de force n'osant se mesurer avec ce terrible animal, on fit venir du royaume de Naples trois couples de chiens des montagnes des Abruzzes. D'une taille énorme, blancs, à poils longs, habitués à coiffer les loups et à attaquer les ours, ces vaillants chiens acculèrent le loup et permirent au chevalier d'arriver à temps pour le tuer.

En Poitou, nous voyons à cette époque MM. de Guerry, de La Rochefoucauld, de La Rochejacquelein, faire une guerre acharnée aux loups. La meute du marquis de La Roche-jacquelein prend en 1771 un loup qui désolait le Bas-Poitou : de son côté, le comte de La Rochefoucauld détruit un loup qui dévorait bergers et bergères. Les dames imitaient leurs maris; nous voyons, en 1772, Mme la marquise de La Rochejacquelein, en l'absence de son mari, prendre deux louveteaux et en tuer un troisième : issus d'un loup féroce qui les avait habitués à la chair humaine, ces jeunes bandits avaient déjà commis de nombreux dégâts dans les environs de Châtillon-sur-Sèvre.

Sous le titre de *Un Veneur du dix-huitième siècle,* M. Amédée Pichot a publié, dans le numéro de juin 1897 de la *Revue Britannique,* une curieuse biographie du dernier marquis de Bologne, né en 1717, mort en 1794. Voici le début de cet intéressant article, signé *Laforêt.*

« Avant de placer sa tête sous le couteau révolutionnaire, le marquis de Bologne s'écria : « Je donne mon âme à Dieu, mon cœur au roi, et *le reste* à la République. » Cette exclamation peint l'homme en entier; le gentilhomme chrétien et monarchiste, le soldat et le chasseur ayant risqué maintes fois sa vie sur les champs de bataille et dans les luttes corps à corps avec les bêtes fauves, marche au supplice, railleur et caustique, et, vieillard presque octogénaire, retrouve sur l'échafaud la crânerie de ses vingt ans, lorsqu'il chargeait à la tête de ses carabiniers les houzards ou les pandours de Marie-Thérèse. »

« Un homme qui meurt avec cette sénérité gauloise ne pouvait être le premier venu. » Je résume brièvement sa biographie.

M. de Bologne réalisait le véritable type du gentilhomme campagnard du dix-huitième siècle : gai, bon vivant, d'une vigueur à toute épreuve, chassant par tous les temps, prêt à voler à la défense de la patrie au premier appel du roi.

En 1742, alors que son régiment, après la campagne de Bohême, prenait ses quartiers d'hiver en pays ennemi, le marquis de Bologne obtint un congé et résolut de regagner ses pénates à pied, le fusil en main et la carnassière au dos, d'Egra jusqu'à son château de Thivet en Champagne. Son petit-neveu, le marquis de Foudras, raconte dans son roman : *Un Capitaine de Beauvoisis*, les aventures dont son oncle fut le héros pendant ce singulier voyage cynégétique, bien digne d'un vaillant disciple de saint Hubert. — Veuf à trente-quatre ans de Mlle de Choiseul-Beaupré, qu'il adorait, il résolut, pour faire diversion à son chagrin, de s'adonner exclusivement à la chasse ; il poursuivit jusqu'à la fin de sa vie les hôtes de ses bois, « auxquels il ne faisait grâce que la semaine de Pâques ». Tout genre de chasse lui était bon ; il s'amusait aussi bien à celle du loup qu'à celle de la grive, au courre du sanglier comme au tiré de l'alouette. Ce qu'il tua de bêtes noires est incalculable, plus d'une centaine par an. Du reste, de nos jours, la Haute-Marne est encore la patrie

Grand loup de Versailles (Gravure du temps)

des sangliers. — La meute du marquis, composée de chiens ardennais, était, paraît-il, excellente ; elle compta plusieurs sujets d'élite qui eurent alors une réelle célébrité. M. de Foudras avait eu l'intention de rapporter les prouesses de *Caligula* dans une nouvelle qui, malheureusement, n'a pas été publiée et qu'il avait intitulée : *Grandeur et Décadence du limier Caligula.*

Quand l'âge ne lui permit plus ses déplacements, il remplaça sa meute par des bassets, et fit ses chasses à pied, raccourcissant les fauves à l'aide de *Fusillo*, comme il le disait lui-même en plaisantant.

On conserve à Bugnières, dans la famille de son piqueur L'Épine, le portrait peint à l'huile de sa chienne favorite ; excellente, admirablement dressée, il la prêtait à des amis qui désiraient chasser en plaine, en leur disant : « Si elle lève du gibier et que vous le tiriez, gardez-vous de le manquer ! »

Au bout de quelques minutes, l'ami voyait partir devant lui lièvres et perdreaux ; s'il manquait le premier coup de fusil, la chienne s'arrêtait, le regardait de travers, puis se remettait en quête ; au second coup manqué, la bête se retournait, fixait le maladroit, et, prenant sa course, se hâtait de retourner à Beauvoisis, abandonnant le maladroit. Ce curieux fait n'est pas unique ; un de mes oncles de Chabot m'a souvent raconté qu'il avait eu un excellent chien d'arrêt qui, en tout point, agissait de même avec les mazettes auxquels il le prêtait.

Arrive 1789 : la noblesse se dépouille volontairement des privilèges que son sang versé par la patrie lui avait obtenus ; la suppression des titres nobiliaires toucha peu le marquis, mais la loi sur la chasse l'exaspéra : « Voyez-vous d'ici le marquis de Bologne obligé de prendre un permis ? »

Généreux, charitable, assistant les pauvres et les malades, il fut néanmoins arrêté comme ci-devant noble, traîné à Chaumont et de là à Paris, puis emprisonné à la Conciergerie. L'accusateur public lui reprocha d'avoir toléré qu'on lui donnât le titre de marquis, et d'avoir osé donner celui de duc au ci-devant Penthièvre. J'ai cité plus haut les dernières paroles du noble et vaillant chasseur qui de son vivant s'appelait « le marquis de Bologne », dernier du nom.

L'heure fatale avait sonné : la vieille société française, si brillante, si admirée des autres pays pour sa courtoisie et sa suprême élégance, ne tarda pas à disparaître dans l'affreux cataclysme qui suivit l'assassinat juridique de la famille royale. Qu'il nous soit permis, jetant un regard en arrière, de saluer respectueusement nos anciens maîtres en vénerie, et de donner un sincère regret à ces antiques et nobles chasses françaises, dont les préceptes, en fait de vénerie, ont pendant des siècles fait loi en Europe.

Avant d'aborder l'époque moderne, nous devons dire quelques mots du langage et des coutumes de la vénerie, des armes employées à la chasse, enfin des instruments, cor, cornets, trompes, de tout temps vade-mecum de tout disciple de saint Hubert.

Le langage de la vénerie française, souvent expressif, toujours pittoresque, a peu varié depuis le quatorzième siècle. Divers États de l'Europe l'emploient encore, en partie du moins.

On ne pardonnerait pas à un veneur d'appeler tricors une *troisième tête,* patte un *pied* de chevreuil, pied une *trace* de sanglier. Chaque animal avait en quelque sorte un vocabulaire spécial ; la tête du sanglier s'appelle la *bure,* ses oreilles les *écoutes,* tandis qu'on dit la *tête* du chevreuil et du cerf, la *nappe,* au lieu de la peau, etc., etc. L'usage seul pouvait et peut encore apprendre ces termes spéciaux.

De curieux usages ont longtemps subsisté entre veneurs. Qui ne connaît leurs repas homériques avant le lancer ; la fameuse charrette de Du Fouilloux pour la chasse au *tesson,* « garnie de jambons de Mayence, langues fumées, pièces de bœuf *de saison,* pâtés, venaisons et autres bons *harnois de gueule, pour remplir le boudin* »? Cependant, du Fouilloux et ses compagnons ne se contentent pas ni de *jongler* ni de *bourder* ; le veneur poitevin indique encore certains sujets de conversations par trop scabreux et par trop décolletés auxquels se plaisaient les chasseurs de son temps.

Quant aux rois et aux seigneurs de la cour, ils imitèrent jusqu'au règne de Louis XIII les simples gentilshommes de province, étendant leurs manteaux sur l'herbe, se couchant de *côté* dessus, buvant, mangeant, riant et faisant *grand'chère*. Le mélancolique Louis XIII et le fastueux roi Louis XIV eurent une tenue plus correcte ; ils rayèrent du programme des rendez-vous royaux le déjeuner sur l'herbe.

La Conterie est trop sérieux pour ne pas dédaigner ces repas plus ou moins prolongés : il qualifie de *faux chasseurs* ceux qui ne viennent au rendez-vous que « *pour manger comme cinquante et parler comme cent* ».

Nous avons cité ce droit abusif que s'arrogeaient les valets de chiens de déshabiller et de fouetter les curieux malavisés qui venaient leur adresser des questions impertinentes.

Le sire de Montsoreau voulut faire *donner le relais* à des marchands de toile qui traversaient ses bois un jour de chasse. Passent au même instant deux vieilles *fausses saunières* (contrebandières) auxquelles il fait ôter le sel dont elles étaient chargées.

Tallemant des Réaulx, qui raconte cette histoire, peut seul nous dire quelle fut la commutation de peine proposée aux pauvres marchands, aux lieu et place de celle du fouet. Après s'être amusé de la frayeur de ces pauvres gens, on leur laissa continuer leur chemin.

Parmi les usages les plus anciens de la vénerie, les *honneurs du pied* et *la curée* tenaient le premier rang.

La présentation du pied *droit de devant* au maître d'équipage ou à celui des assistants désigné par lui subsiste encore de nos jours. Ordinairement elle est dévolue au premier piqueur.

Cet usage, toléré chez les simples gentilshommes, n'était pas admis dans les équipages des riches seigneurs, « lesquels payant à leur *piqueux* de très gros gages, ne veulent pas qu'il en coûte rien à ceux qui partagent leurs plaisirs ; le premier *piqueux* cependant ne lève pas moins le pied pour le porter au commandant, qui le présente au prince qu'il a l'honneur de servir ». (La Conterie.)

Plus loin, le même auteur dépeint plaisamment le *piqueux* d'un gentilhomme normand sonnant l'hallali du lièvre, puis tirant son chapeau de la main gauche, et de sa main droite, qui tient sa trompe, présentant le pied ; et aussitôt *sonnant fanfare, l'œil de côté pour voir venir la pièce*.

La curée *chaude* et la curée *aux flambeaux* se faisaient avec une grande solennité. Le roi ne dédaignait pas de la présider et d'y sonner de la trompe, ainsi que tous les assistants. Du temps de Salnove, l'usage voulait que dans ce moment solennel chacun ôtât ses gants sous peine de les voir confisquer par les valets de chiens. La curée *chaude* avait lieu immédiatement après l'hallali, tandis que la curée aux flambeaux était réservée pour le soir, elle se faisait ordinairement après le souper, dans la cour du château. La meute impatiente tenue sous le fouet, les trompes sonnant la royale, la Saint-Hubert et les honneurs du pied, l'assemblée rangée en cercle, les fascines et les torches résineuses illuminant de lueurs rougeâtres les murs de l'habitation seigneuriale, formaient un spectacle aussi varié qu'il était imposant. De nos jours, la curée aux flambeaux est encore en honneur dans les réunions de chasse les plus élégantes.

Sans égaler la minutieuse étiquette qui présidait aux chasses royales, le rituel de la vénerie était cependant ponctuellement suivi dans les réunions des gentilshommes de province. Le rapport à l'assemblée, l'attaque, le laisser-courre, les honneurs du pied, la curée, etc., etc., sont encore de nos jours astreints à des règles dont un *malappris* peut seul s'écarter.

Les armes les plus anciennes servant à la chasse sont savamment décrites dans des ouvrages spéciaux. Nous n'en parlerons que pour mémoire. L'arc, l'arbalète, l'arquebuse, le fusil, furent employés successivement pour tuer toutes les bêtes sauvages, oiseaux et quadrupèdes. Les veneurs se servirent de javelots ou dards, d'épieux, d'épées et de couteaux de chasse. Le javelot, arme favorite des chasseurs de l'antiquité, ne servit guère en France que pour la chasse aux sangliers renfermés dans les toiles.

L'épieu était manié à cheval ou à pied, de là deux sortes d'épieux. Le veneur monte sur son roussin, « il doit avoir son espieu croysié (garni d'une croix en métal pour l'empêcher de s'engager dans le corps de l'animal frappé), bien agu, et bien taillant et bonne hante (hampe) *et forte* ». (Gaston Phébus.)

Begues y vint paumoiant son espié.
(Garin le Loherain.)

Paumoyer un épieu veut dire le brandir en le tenant par le milieu de la hampe. Cette sorte d'épieu fut à peu près abandonnée au quinzième siècle.

L'épieu dont on se servait à pied fut, au contraire, en usage jusqu'au dix-septième siècle. Il était beaucoup plus fort que le premier. La traverse ou croix d'un épieu du seizième siècle, provenant du château d'Anet, est en corne de cerf sculptée; la hampe est en bois noueux et ornée de clous à la tête saillante et arrondie, pour que la main du veneur pût le tenir plus ferme; le fer, large et tranchant, est renfermé dans un étui en cuir. Cette sorte d'épieu devait être maniée à deux mains à cause de sa pesanteur.

L'épée, sous quelque nom ancien ou moderne qu'on la désigne, fut de tout temps l'accessoire indispensable du chasseur; elle ne céda la place au couteau de chasse moderne que vers la fin du dix-septième siècle. L'estoc ou *longue épée* servait surtout pour la chasse au sanglier; du temps de Gaston Phébus, l'estoc avait jusqu'à quatre pieds de longueur. L'épée de chasse de Charles IX était dorée et enfermée dans un *fourreau de cuyr jaune lissé*. Ces armes ne différaient guère alors des épées de combat. Mais sous Louis XIII elles furent profondément modifiées; attachées à un ceinturon et non à un baudrier, on les porta courtes, à lame roide, aiguë et tranchante, avec une garde simple et légère.

Le cor ou trompe de chasse fut, avec l'arme défensive, le plus essentiel des accessoires de la vénerie. Les plus anciens auteurs cynégétiques ne parlant pas de cors ou cornets usités à la chasse, nous ne savons pas si les peuples de l'antiquité, Égyptiens, Grecs et Romains, avaient l'habitude de s'en servir. Nous constatons seulement que les Franks et les autres peuples germains connurent de bonne heure l'emploi du cor à la chasse. Le roi Clotaire II « sonnait de *pleines joues* et à *perdre baleine* dans un *cor recourbé, pour appuyer*

31

ses chiens : Tunc cornu curvo, plenis buccis anheliter, latratus canum acuit. » (*Moines d'Occident,* tome II.)

L'olifant de Roland, que sonnait le héros mourant dans les gorges de Roncevaux et que, d'après la légende, Charlemagne entendait à trente lieues, existe actuellement dans le trésor de Frohsdorf.

Les cors d'ivoire, appelés alors olifants, furent, pendant les temps chevaleresques, tenus en grand honneur. Les anciens documents les concernant sont nombreux. On les représente, la plupart du temps, curieusement sculptés, garnis d'or et d'argent, souvent même enrichis de diamants et de pierres précieuses ; un baudrier, appelé aussi *guiche* ou *enguichure,* tissé de soie précieuse, parfois *ferré d'or et d'argent,* sert à les suspendre au cou du veneur.

> Pend à son col un cor d'yvoire chier
> De neuf viroles de finor bien loiés (liés),
> La *guiche* en fust d'un vert paile prisié.
>
> (GARIN LE LOHERAIN.)

Charles V se servait « d'ung cornet d'yvoire bordé d'or, pendant à une courroye d'un tissu de soye ferré de fleurs de lys et de daulphins d'or ».

Un cornet de chasse en ivoire orné des plus fines sculptures existe en Angleterre ; c'est un spécimen aussi curieux que rare de l'art au quatorzième siècle.

Les cornets en métal apparaissent dès le siècle suivant : les uns étaient à pans coupés, les autres repliés sur eux-mêmes, comme ceux qui sont représentés dans les gravures de la *Vénerie* de du Fouilloux. Ces petites trompes étaient souvent en métal précieux, ornées de perles et de diamants et d'un travail exquis. Celle du roi Henri II était en argent doré, et ornée de fleurs de lys. Les ducs de Bourgogne, entre autres joyaux, en possédaient deux merveilleusement belles : l'une était d'argent *niellée et sur les arectes et aux deux bouts garnye d'or ;* l'autre était en or, *pendant à un large tissu de soye noir, ferré d'or ; garnye ladite trompe de IX diamants, de IX rubis, et de XVIIJ perles.*

Tous ces cornets avaient une forme à peu près mi-circulaire, se rapprochant de la corne des animaux, laquelle en fut pendant longtemps la matière première. Nous les voyons employés jusque vers la fin du dix-septième siècle. Van der Meulen nous montre pour la première fois, dans un tableau peint vers 1675, une trompe circulaire de petite dimension, suspendue à une enguichure. Plus tard, dans les tableaux d'Oudry, apparaissent les grandes trompes d'un tour et demi, dites plus tard trompes à la Dampierre, du nom du veneur célèbre qui nota le premier les fanfares de chasse les plus usitées même de nos jours, tant elles sont simples, gaies et bien composées.

Ces trompes, incommodes à cause de leur grande circonférence, furent bientôt remplacées sous Louis XVI par les trompes de deux tours et demi, semblables aux trompes modernes. Les anciens olifants, cors, huchets et cornets, ne donnaient qu'une seule note ;

aussi devait-elle être bien assourdissante, la musique produite par les *six-vingts piqueurs* qui sonnaient l'hallali du cerf aux chasses royales de Henri II !

M. de Dampierre a eu l'honneur d'enrichir la vénerie moderne d'une sonnerie toute française, aussi charmante pour nos oreilles que le cornet aigu de l'Anglais est triste et monotone. La largeur et la simplicité de la facture des célèbres fanfares : la *Reine* (le daguet), la *Discrète* (la seconde tête), la *Dauphine* (la troisième tête), la *Louyse royalle* (la quatrième tête), la *petite Royalle* (le dix-cors jeunement), la *Royalle* (le dix-cors), cette dernière une des plus belles fanfares de la vénerie, n'ont jamais été, sinon égalées, du moins dépassées par les nombreux et habiles compositeurs de fanfares du dix-neuvième siècle.

Nous ne terminerons pas cette partie de notre étude sans dire quelques mots des costumes en usage chez les chasseurs, de leur couleur surtout, les dessins qui précèdent nous ayant déjà fixés sur les formes successivement adoptées.

Les peuples de l'antiquité, Égyptiens, Babyloniens, Grecs et Romains, nous ont laissé sur le sujet qui nous occupe les monuments les plus intéressants, reproduits dans nombre d'ouvrages savants. Les costumes des Gallo-Romains ont été également décrits. Mais les chefs franks, qui leur succédèrent, avaient-ils ou non un costume spécial pour la chasse? Nous inclinons à penser qu'ils ne changeaient rien à leur tenue habituelle et que, pour la chasse comme pour la guerre, ils étaient vêtus d'un habit court et serré à la taille par un large ceinturon auquel ils suspendaient leur épée, leur coutelas et une aumônière qui contenait leurs briquets, leur peigne et leur argent. (Abbé Cochet.) Viollet-le-Duc pense que les monuments figurés ne donnent pas aux chasseurs de vêtements spéciaux pendant les époques mérovingienne et carolingienne. Aussi n'avons-nous guère sur ce sujet de renseignements certains avant la fin du douzième siècle.

A cette époque nous voyons les chevaliers endosser un vêtement spécialement consacré à la vénerie, *la cotte à chasser* ; ils y ajoutaient une pelisse ou *peliçon* doublé de petit gris ou d'hermine :

> Cote à chascier li Loherens vesti.
> Hueses (bottes longues) chausciées et esperons d'or fin.
>
> (Garin le Loherain.)

Au treizième siècle nous trouvons décrite avec soin la couleur du costume de chasse d'un grand seigneur.

La belle Urrake aide le comte de Blois à le revêtir :

> Courte cemise, ce m'est vis (je l'ai vu),
> Et un court peliçonet gris
> Et d'un bon vert corte gonéle (robe)
> Li a vestu la damoiselle.
>
> (*Roman de Partonopeus de Blois.*)

Suit la description de tout l'attirail de chasse du comte de Blois ; sa ceinture de cuir d'Irlande, son couteau, la brochette de fer qui servait à battre le briquet et à aiguiser ses armes, son amadou et son *galet* (pierre à feu), ses mitaines, ses chausses de soie, ses bas d'écarlate, ses bottes fortes et *dures*, ses éperons d'or et d'argent ; puis la gente damoiselle :

> Son cor d'ivoire à son col pent,
> Que la belle Urrake li rent :
> Puis il affuble son mantel
> De bon vair et de gris novel.

Au quatorzième siècle, Gaston Phébus et le *Roy Modus* décrivent avec soin la forme et la couleur du costume de vénerie usité de leur temps chez les riches seigneurs.

Il diffère peu du précédent. Phébus veut que le vêtement soit, en été, de couleur verte, pour courir le cerf, et de couleur grise en hiver, pour le sanglier. Ils remplacèrent cependant la cotte courte par la *cotte hardie*, sorte de longue tunique tombant presque jusqu'au bas de la jambe.

On portait aussi une espèce de robe longue, attachée à l'occasion à l'arçon de la selle par un large ruban de soie noire, appelée housse ; en hiver elle était doublée de fourrures de même noir, en été la housse *simple* n'était pas doublée.

L'usage des habits verts était alors général parmi les veneurs français, à quelque catégorie qu'ils appartinssent, rois, grands seigneurs, ou simples gentilshommes.

> Jamais ne voiz tant de gens verts
> Car chascun en estoit vestu.
>
> *(Chasse du grand sénéchal.)*

Cette mode subsista longtemps ; nous voyons François Iᵉʳ vêtu d'une robe verte tombant jusqu'aux genoux ; Charles IX s'habillait d'une robe de serge verte de Florence ; trois aunes et demie avaient été employées à la façon de cette robe ; ses grosses bottes étaient en vache grasse, *fermans à blouques et à genoux*, ses gants en peau de chien étaient *larges allant jusqu'au coulde*.

Henri IV endossa la casaque rouge : c'était une espèce de manteau à manches tombant au-dessous du genou. Cette couleur fut adoptée dans la vénerie royale jusqu'au milieu du règne de Louis XIV. Le jour où le roi fit sa fameuse entrée au parlement, vêtu de son habit de chasse, il portait un *justaucorps rouge*, un *chapeau gris* et de *grosses bottes*.

Plus tard, Louis XIV décida que le justaucorps de sa vénerie fût à l'avenir de couleur bleu turquoise, doublé de rouge ; le galon de vénerie se compose d'un galon d'argent entre deux d'or ; c'est le même qui est adopté de nos jours par les chasseurs élégants. Un chapeau galonné, la veste et la culotte rouges, les bottes fortes à chaudron, formaient le complément de cette magnifique tenue que nous admirons dans les tableaux d'Oudry et de Van der Meulen.

Plusieurs princes voulurent cependant que leur livrée personnelle devînt celle de leurs équipages. Le plus célèbre dans nos annales cynégétiques fut le fameux habit ventre-de-biche de Condé, illustré par tant d'hallalis. Les princes de Conti avaient adopté une couleur jaune plus pâle dite « *chamois Conti* ». La livrée galonnée d'argent avec les parements de velours bleu était charmante.

L'habit du comte de Toulouse et de ses enfants était rouge et or.

L'uniforme du grand dauphin consistait, dit le *Mercure*, « en un justaucorps de drap bleu, chamarré d'un galon or et argent, moucheté de noir et d'incarnat, et une veste fort riche dont le fond est rouge, des gants à frange d'or, un chapeau bordé d'or avec une plume blanche, un couteau de chasse, un ceinturon et une housse de cheval. »

Les gentilshommes qui suivaient les laisser-courre des princes tenaient à honneur d'y paraître avec la livrée de l'équipage ; aussi ces réunions avaient-elles ce cachet de suprême élégance française que les nations voisines cherchaient à imiter sans pouvoir l'atteindre.

La livrée des ducs d'Orléans, écarlate, bleue et argent, fut portée par eux jusqu'au retour d'un voyage en Angleterre que le duc Louis-Philippe-Joseph fit en 1783. Il voulut alors que lui et ses fils parussent avec les modes anglaises : redingotes rouges, capes de velours noir, bottes à revers jaunes. Les gentlemen anglais portent encore le même costume ; chez quelques-uns cependant, le chapeau à haute forme a remplacé la toque en velours : c'est assez laid et peu commode, surtout sous bois.

Troisième Partie

La Chasse depuis la Révolution de 1789
jusqu'à nos jours

CHAPITRE I

PREMIÈRE RÉPUBLIQUE

N 1812, Desgraviers, dans son traité *Du parfait Chasseur*, écrivait ceci :
« Vingt ans de désastres et de malheurs ont presque effacé les traditions
de l'art de la chasse. »

La Révolution guillotina la plupart des veneurs, anéantit les
équipages, et c'est à peine si dans certaines provinces on put soustraire
à la fureur républicaine quelques restes de nos anciennes races de chiens
courants.

Avant de parler des rares veneurs qui purent pendant la première République chasser
encore à courre dans quelques coins reculés de notre territoire, nous croyons utile de citer,
à propos de la conservation de certaines de nos races de grand équipage, quelques faits
peu connus et cependant intéressants pour la plupart de nos veneurs français.

En Bas-Poitou, au cœur de la Vendée militaire, le comte de Vaugiraud avait réussi à
conserver un étalon de la race des grands chiens blancs du roi ; croisé plus tard avec les
briquettes du pays, il devint la tige des chiens dits « de Vendée ». Avant d'émigrer,
M. de Vaugiraud avait confié ce chien à un fermier, après toutefois lui avoir fait couper la
queue et les oreilles : son maître avait voulu que son chien eût l'air d'un mâtin, de peur
que sa mine aristocratique ne le signalât comme suspect.

Le vicomte de Larye, gentilhomme d'origine écossaise, avait créé en Haut-Poitou et
Limousin une race rivale des « Foudras ». On sait que c'est par un croisement de ces
derniers avec un chien importé d'Écosse qu'il obtint son remarquable équipage pour le
loup.

Avant de partir pour l'émigration, M. de Larye avait donné quelques-uns de ses chiens à deux de ses voisins, MM. de La Borderie et des Thermes. Par un heureux hasard, cette précieuse race ne fut pas perdue. M. de La Borderie avait pu conserver pendant la tempête révolutionnaire un chien remarquable, *Figaro*. M. de La Guéronnière le croisa avec deux lices qui descendaient des grands chiens blancs du roi, et fit ensuite cadeau à M. de Villars de plusieurs de leurs produits. Le neveu de M. de Villars, le vicomte Émile de La Besge, reçut de ce dernier quelques couples de ces précieux chiens ; pendant de longues années ce sang remarquable s'est conservé dans le chenil de l'habile veneur de Persac.

Sous ce titre : *Un preneur de loups sous Louis XVI*, M. P. Laforêt a publié dans la *Revue Britannique* (novembre 1897) un article intéressant sur le vicomte de Larye. Très aimablement autorisé par l'auteur, nous en détachons les pages qui suivent.

« Le vicomte Jacques de Larye naquit au château de la Berge, le 3 juillet 1752. Sa jeunesse fut celle de ses ancêtres ; elle se passa en plein air. Ayant hérité des goûts cynégétiques de ses pères, ses premières aspirations le poussèrent vers le grand déduit de saint Hubert, et nous osons affirmer que le jour qui fit époque dans sa vie fut celui où il lui fut donné de faire le bois pour la première fois avec le limier favori de l'équipage paternel.

« Habitant une contrée sauvage et inculte, avec des communications avec les villes voisines rendues impossibles en hiver, où les chemins défoncés offraient aux voyageurs de réels dangers, l'unique distraction d'un seigneur, à cette époque et dans cette partie de la France, n'était et ne pouvait être que la chasse. Aussi fut-elle le grand passe-temps des Larye. La vie qu'on menait à la Berge, au dix-huitième siècle, était analogue à celle des barons du moyen âge dans leurs forteresses crénelées ; le mari passait son existence à galoper derrière ses chiens, pendant que la châtelaine filait sa quenouille en s'occupant de ses enfants.

« Cependant la poursuite des fauves et le soin de perpétuer leur nom ne fut pas l'unique occupation des Larye. Tout bon gentilhomme devait débuter dans la vie par servir son prince ; aucun d'eux ne faillit à ce devoir ; tous furent soldats. François de Larye avait été officier dans le régiment de Beauce, son fils Jacques servit aux chevau-légers du roi. Quand cette troupe fut diminuée sous le ministère du comte de Saint-Germain, le vicomte rentra dans ses terres et se maria. Il épousa Marie-Thérèse de Romazière, dont il eut quatre enfants, trois filles et un fils. Ce dernier mourut tragiquement, âgé de huit à neuf ans.

« Devenu chef de famille par suite de la mort de son père, le vicomte de Larye mena cette vie simple et rustique qu'avaient menée les premiers de sa race. Il avait hérité d'eux ces heureuses qualités de cœur qui les avaient rendus si populaires auprès des habitants des campagnes et qui avaient uni par un lien d'étroite sympathie le château et la chaumière. On voit, en effet, en parcourant les registres de l'église de Pont-Saint-Martin, qui était la paroisse de laquelle dépendait la terre seigneuriale de la Berge, que le châtelain, sa femme et leurs enfants acceptaient souvent d'être le parrain ou la marraine des nouveau-nés du village, et qu'ils ne dédaignaient pas de s'associer aux fêtes de famille qu'occasionnaient ces petites solennités. A ces époques heureuses, on ne pouvait prévoir les catastrophes qui devaient bouleverser ces existences paisibles et semer dans ces régions tranquilles le désespoir et la mort.

« La fortune foncière du dernier des Larye était considérable en étendue; mais ses revenus, étant donné la pauvreté du sol, étaient relativement modestes. Ce fut au château de la Berge, la résidence de la famille, qu'il fixa la sienne. Situé sur une colline dominant le cours pittoresque et sinueux de la Gartempe, ayant en face de lui Château-Tison, sur la rive droite de la même rivière, le manoir favori des Larye avait grand air.

« En ces temps le gibier foisonnait en France et surtout les loups. En Limousin, ils étaient particulièrement nombreux, et c'est encore de nos jours cette contrée qui abrite dans ses vastes forêts les derniers débris de cette race maudite. Chaque jour était témoin de leurs méfaits, et dans les longues veillées d'hiver, sous le chaume, on racontait sur leur compte des histoires lugubres. Autant par affection pour ses paysans que par goût personnel, le vicomte s'occupa de mettre sa meute dans la voie de ce fauve redoutable, et il découvrit dans ses chiens de telles aptitudes pour le courre de cet animal qu'il délaissa les autres pour ne s'occuper que de celui qu'il considérait comme devant être son délassement favori et celui de ses précieux auxiliaires. Dès lors, chaque jour, au château de la Berge, les trompes sonnaient de nouveaux triomphes et les murs du chenil se couvrirent de trophées attestant les grandes qualités de veneur du maître, de même que la valeur de ses inestimables compagnons de gloire.

« Les chiens de M. de Larye jouirent d'une grande renommée noblement acquise, et justifièrent par leurs rares qualités l'origine illustre à laquelle ils appartenaient, de même que les judicieux croisements auxquels ils devaient leurs mérites sont un titre de gloire pour le créateur de leur race, l'illustre du Fouilloux. Ces chiens étaient donc au château de la Berge depuis le seizième siècle, et c'est avec un soin jaloux que les générations successives firent leurs efforts pour conserver et pour améliorer cette race splendide dont ils étaient si fiers à si juste titre.

« Les principales qualités de ces bêtes excellentes étaient un fond inépuisable allié à une excessive finesse de nez. Ils attaquaient quelquefois un loup sur une brisée de la veille au soir, et cela en plein midi, après que le soleil avait pris soin de dessécher le sol. Étant donné la légèreté de la voie de cet animal, on peut se rendre compte de l'acuité de leur sens olfactif. Ils avaient, en outre, une telle prédilection pour la chasse du loup et étaient si bien créancés, qu'ils quittaient les autres voies pour suivre celle de ce fauve avec un acharnement remarquable. Aussi avec de pareils auxiliaires toutes les prouesses étaient possibles.

« Un jour, voulant avoir une preuve convaincante de la valeur de ses braves compagnons de chasse, le vicomte de Larye attaque un vieux loup, décidé à ne pas lâcher à moins de fatigue évidente de la part des chiens et des chevaux. Pendant trois jours, la chasse continua ardente; le soir on s'arrêtait le plus près possible de la brisée et à proximité d'une ferme s'il y avait moyen, on pansait les chevaux, on réconfortait les chiens, et le lendemain l'équipage, frais et dispos, recommençait sa chevauchée. A la fin du troisième jour, le pauvre loup, les jambes raidies, coiffé par la vaillante meute, recevait le coup de couteau qui mettait fin à ses tribulations.

« Une autre fois, le gentilhomme lance un loup à la forêt des Coutumes avec seize chiens ; l'animal débuche, son piqueur et lui perdent la chasse ; ils la cherchent vainement tout le jour, et le lendemain, en revenant à cette même forêt des Coutumes, près de Bellac, pour quêter leurs chiens, ils les retrouvent tous seize, qui chassaient vaillamment leur loup de la veille. Ils l'avaient mené et avaient été vus à la forêt de la Braconne, près d'Angoulême, à quinze lieues de là.

« Tous les écrivains cynégétiques font mention de la fameuse chasse du grand dauphin, qui, attaquant un loup dans la forêt de Rambouillet, le prit trois jours après aux portes de Rennes. Cette prouesse du fils de Louis XIV parut tellement extraordinaire, que l'on emboucha toutes les trompettes pour la sonner à tous échos. Un modeste gentilhomme campagnard l'accomplit avec plus de mérite encore, puisqu'il n'avait pas sous la main les éléments dont pouvait disposer un fils de France.

« Le marquis de Foudras, dans *Les Gentilshommes chasseurs*, cite un trait semblable à l'actif de MM. les officiers de la gendarmerie de Lunéville, et, bien que l'aristocratique écrivain ait été doué d'une imagination très féconde, il se peut fort bien que cette chasse mémorable, qui eut son dénouement sur les terres de l'électeur de Trèves, ait eu sa réalité.

« Du reste, ce fait de la prise d'un grand loup après plusieurs jours de chasse ne fut peut-être pas aussi rare au siècle dernier qu'on pourrait le supposer. On possédait à cette époque des races de chiens tellement remarquables qu'on pouvait tenter de semblables entreprises avec des chances de succès. Elles furent peu communes parce que les maîtres d'équipage, s'étant une fois rendu compte de la valeur de leurs meutes, ne jugèrent pas à propos de renouveler une fantaisie aussi inutile que coûteuse. Aussi la chasse du grand dauphin ne fut-elle pas unique en son genre, et d'autres plus modestes preneurs de loups montrèrent autant de persévérance et d'énergie que le fils de Louis XIV. Avec M. de Larye et MM. les officiers des gendarmes de Lunéville, nous pourrons citer encore le comte de Saint-Légier, grand chasseur de Saintonge, qui attaqua un vieux loup entre Saintes et Blaye, et le prit deux jours après dans les montagnes du Limousin.

« Voici le portrait de ces chiens inestimables tel qu'a bien voulu nous le faire M. le vicomte Émile de La Besge, mieux à portée que qui que ce soit au monde pour en donner la description. Les chiens Larye étaient tricolores, de taille moyenne de vingt-deux pouces environ, légers de conformation, le dos quelque peu harpé, la poitrine profonde, la tête fine, assez longue et peut-être un peu busquée. Ils criaient beaucoup avec des voix claires et prolongées et étaient doués d'un nez exquis qui leur permettait de rattaquer le lendemain leur animal sur une brisée de la veille. Ajoutez à cela un fond inépuisable, mais sans être très vites ; ils chassaient facilement un loup depuis le lever jusqu'au coucher du soleil.

« L'importance de l'équipage du dernier des Larye n'était pas considérable, vingt-cinq à trente chiens au maximum ; le nombre des chevaux était également minime. Mais, en fin connaisseur qu'il était, le vicomte n'admettait dans son écurie que la fine fleur limousine. Il lui fallait, en effet, des animaux de premier ordre pour les soumettre au régime qui lui était particulier. Chassant toujours en débucher dans un pays difficile, avec des forêts mal percées et des chemins dont les ornières étaient de véritables précipices, il était nécessaire d'être monté supérieurement.

« Cette existence en plein air, à la fois virile et inoffensive, dura jusqu'aux premiers grondements de l'orage révolutionnaire. Grâce au genre de sport auquel il se livrait et à sa bienveillance personnelle, le vicomte de Larye était adoré dans les campagnes, auxquelles il

Princesse, lice du Haut-Poitou, descendant de la race de Larye, ayant appartenu à M. le comte de Chabot.

donnait un peu de sécurité en les purgeant de leurs hôtes incommodes et dont il améliorait le sort des habitants par ses actes de charité. Du reste, l'importante manifestation qui eut lieu au moment de son emprisonnement est une preuve convaincante de l'affection que lui portaient les paysans. Étant donné cette popularité, le chasseur aurait peut-être traversé sans danger pour sa vie la période révolutionnaire, jouissant de la sécurité relative qu'on pouvait espérer à cette époque. Mais les gentilshommes croyaient, au début de l'émigration, quitter momentanément leurs châteaux, se flattant que leur exemple serait suivi d'une partie de la nation et que cette sorte de protestation tacite serait désastreuse pour le régime nouveau.

« M. de Larye suivit le mouvement général et répondit à l'appel du prince de Condé, se leurrant comme les autres sur le cours futur des circonstances. Il fit bravement son devoir de soldat, mais le temps commença à lui peser quand il vit que les quelques mois qu'il croyait passer hors de France se changeaient en années et que l'absence se transformait en exil. Dans les longues nuits de bivouac ou de grand-garde à la belle étoile, il se prit à penser aux êtres chéris qu'il avait abandonnés et à son foyer absent. Il revit ses coteaux boisés si giboyeux, ses bons chiens et ses loups qu'il chérissait au même degré, et la nostalgie l'aiguillonna chaque jour plus cruellement.

« Cependant les grandes hécatombes révolutionnaires avaient eu lieu. Les horreurs de septembre, la mort du roi et de la reine suivie de la décimation progressive des patriotes, avaient amené la chute de Robespierre, et le 9 thermidor avait mis fin à la Terreur. La famille de Larye n'avait pas été épargnée dans ces années sanglantes; elle aussi avait eu ses martyrs, et la femme, le fils et la sœur du gentilhomme émigré avaient payé de leur vie l'aristocratie de leur naissance. Un jour, une bande de forcenés avaient envahi le château de la Berge, et après l'avoir mis au pillage avaient massacré Mme de Larye et son fils alors enfant. Devenue veuve, la sœur du proscrit, la marquise de Calignon, s'était retirée au château de Vicq, près de Pierrebuffière, où elle vivait dans la retraite, vouée aux bonnes œuvres et à l'éducation de sa fille, qui devait devenir dans la suite la comtesse douairière de Montbron. Dénoncée comme suspecte, la pauvre femme fut arrachée de son lit en pleine nuit glaciale de janvier et jetée en prison. Sa couche, encore chaude, fut occupée par deux mégères de Pierrebuffière, les filles d'un nommé Rondaud, l'un des bourreaux de la vénérable femme. Elles voulaient, disaient-elles, voir comment on était dans le lit d'une aristocrate. La terre était couverte de neige et il gelait très fort; malgré cela un violent orage se déchaîna et la tradition rapporte que la foudre, en tombant dans la cheminée de la chambre qu'occupaient les deux misérables, les frappa dans le lit qu'elles avaient voulu souiller.

« Quant à Mme de Calignon, le froid lui épargna les angoisses de l'échafaud, et elle mourut en prison d'une fluxion de poitrine au bout de quelques jours.

« La crise aiguë de la Révolution étant passée, M. de Larye crut pouvoir se hasarder sur le territoire de la République. Malheureusement pour lui, la terrible loi sur les émigrés n'avait pas été rapportée, et, bien que la situation se fût améliorée, les peines existaient toujours contre celui qui avait quitté sa patrie et tourné ses armes contre elle. Reconnu une première fois à Dunkerque, il fut expulsé de cette ville. Il ne se découragea pas de cet insuccès et renouvela sa tentative de pénétration en France, qu'il put traverser sans encombre, déguisé en chaudronnier. Il touchait au but de son voyage et déjà il revoyait son cher Limousin, quand il fut reconnu à Guéret. Dénoncé, bientôt après arrêté, il fut dirigé sur Limoges, où on le mit en prison.

« La nouvelle de son retour émut profondément sa famille et les habitants des campagnes. Son cousin, le chevalier de Saint-Martin de Bagnac, partit pour Paris à pied, faute de ressources, pour demander sa grâce, et, à la requête d'un nommé Flineau, une députation de.cinquante paysans se rendit à Limoges dans le but d'apitoyer les juges sur le sort de leur infortuné châtelain. Le président du tribunal révolutionnaire, Dumas, comme son célèbre homonyme et collègue de Paris, ému d'une manifestation aussi édifiante, dit à ces braves gens : « Vous aurez aujourd'hui la permission de voir celui dont vous « demandez l'élargissement, entendez-vous bien ensemble, et, demain, à l'interrogatoire, « quand je lui demanderai s'il est bien M. de Larye, il n'aura qu'à répondre que non, et « aussitôt je le ferai remettre en liberté. »

« L'entrevue du seigneur avec ses paysans fut touchante. Ceux-ci l'adjurèrent de nier sa personnalité, et, pour les tranquilliser, le bon gentilhomme promit de faire ce qu'il pourrait pour les contenter. Ils se quittèrent les larmes aux yeux. Pleins d'espoir, croyant

Chasse au cerf et halte (Gravure du temps)

avoir sauvé leur maître, ils attendirent, avec une impatience bien légitime, le lendemain, qui devait leur rendre à jamais leur protecteur bien-aimé. Resté seul, M. de Larye savoura en silence le bonheur d'être aimé ; mais, tout en regrettant la peine qu'il allait causer à ces braves gens, il n'eut pas un instant l'idée de mentir, quand bien même ce mensonge devait lui sauver la vie. Et puis, à quoi bon vivre ? Quelles joies pouvait-il goûter désormais ? La chère compagne de sa vie odieusement assassinée ; son fils, le dernier du nom, égorgé malgré son jeune âge, son équipage détruit, tout ce qu'il aimait, tout ce qui pouvait le rattacher à l'existence, disparu et anéanti ! Il considéra la mort comme une réparation que lui offraient les hommes pour le mal qu'ils lui avaient fait, et ce fut avec reconnaissance qu'il accepta d'eux ce châtiment, qu'il considéra comme un bienfait.

« Le lendemain, la salle du tribunal révolutionnaire était comble. Le président Dumas, entouré des juges, donna l'ordre d'amener l'accusé. L'instant était solennel. Tous les yeux se portèrent sur le vicomte ; son maintien était calme et assuré. A la question qui devait décider de son sort et dont la réponse contenait la liberté ou la mort, un frisson parcourut l'assemblée et les cœurs cessèrent de battre, car le regard du gentilhomme était à la fois si fier et si grand de sérénité qu'on sentait qu'il allait se passer quelque chose de sublime et d'inattendu.

« Êtes-vous Jacques de Larye de La Berge, ci-devant vicomte? demanda le président « Dumas. — Oui, répondit l'héroïque veneur, je suis le vicomte de Larye, ma vie ne vaut « pas un mensonge. »

« Les juges le regardaient avec admiration, pendant que des sanglots se faisaient entendre, et c'est avec émotion que le verdict fut prononcé. C'était la mort.

Hallali de cerf (Gravure du temps)

« Le 8 messidor an IV de la République française, une et indivisible, le dernier des Larye monta sur l'échafaud, léguant à ses héritiers le souvenir d'un homme de bien et d'une mémoire sans tache.

« Telle fut la destinée du vicomte Jacques de Larye, une des plus glorieuses et des plus modestes personnalités cynégétiques du siècle dernier. »

Avec le marquis de Bologne, le vicomte de Larye nous offre le vrai type de ces gentilshommes de province, soldats vaillants d'abord, puis grands chasseurs ; caractères loyaux pleins d'honneur et de bienveillance. Leur vie toute de dévouement, leur mort héroïque, je dirai plus, *leur martyre*, nous reposent des abaissements de l'heure présente.

Un veneur franc-comtois, M. le comte de Reculot, raconte dans le *Journal des Chasseurs* (numéro du 15 mars 1857) la fin malheureuse de l'équipage d'un de ses voisins, à l'époque de la Terreur. « Les chiens de M. le marquis d'Authume, cernés dans une grande cour sans issue, périrent un à un sous les balles des bonnets rouges ; pas un ne fut épargné, pas même une lice avec ses petits. Ces misérables étaient si maladroits que le carnage dura trois heures. Le propriétaire n'évita le sort de ses chiens que par un heureux hasard; il put s'échapper par une porte de derrière; on le poursuivit sur ses chevaux de chasse, mais les écuyers valaient les tireurs, et le tout finit par une culbute ignoble des poursuivants. »

Nous avons trouvé dans un journal une curieuse épître adressée par Robespierre à une femme, au mois d'août 1793, accompagnant l'envoi d'un lapin tué par l'affreux et terrible conventionnel. Cette épître a été communiquée par l'arrière-petite-fille de cette femme, amie du tyran.

Ce fameux destructeur de choux
Et l'épitre qui l'accompagne
Paraîtront peu dignes de vous.
Ça n'est là, j'en conviens, qu'un présent de campagne;
Sans doute, il eût eu plus de prix,
Si moins fier de son manteau gris,
L'animal à patte velue
S'était offert à votre vue
Sous l'escorte de deux perdrix :
Les perdrix, je le sais, ont un double mérite;
Mais hélas! en vain, chaque jour,
L'espoir m'entraîne à leur poursuite :
Leur troupe m'aperçoit, se disperse et m'évite,
Comme vous évitez l'amour.
La reine des forêts refuse de m'entendre,
Quand j'implore pour vous le secours de son bras;
Tous mes efforts sont vains, il n'en faut rien attendre :
Les déesses ne m'aiment pas.
Vous ne recevrez donc avec ma dédicace
Que ce matois fort peu rusé
Qui sottement s'est avisé
De venir me braver en face.
Sa chute me fait grand honneur :
Je suis, je l'avoûrai, tout fier de ma conquête.
Mais votre critique s'apprête
A railler sans pitié le héros et l'auteur...
Trouvant le don mesquin et l'épître imparfaite,
Vous allez sûrement dire d'un ton moqueur :
« Cette chasse est bien d'un poète,
« Ces vers-là sont bien d'un chasseur. »

ROBESPIERRE.

Août 1793.

J'ajouterai une note gaie à cette lugubre époque. M. A. Pichot la raconte ainsi : « Le marchand Gonicourt, membre du Conseil des Cinq Cents, porta devant l'auguste assemblée la question de la destruction des loups. En 1797, on n'en avait pas tué moins

de 5351. « Des renseignements positifs ont instruit votre commission que ces animaux
« féroces commencent à donner de justes inquiétudes ; que voyant sans doute quelques
« moutons se réunir, ils ont cru devoir en faire autant. » Ces paroles provoquèrent une
bruyante hilarité, nous dit le *Moniteur* du 15 messidor. »

Pendant la Terreur, on chassa peu à courre ; la rage révolutionnaire. avant de s'en
prendre aux suspects, avait d'abord exterminé le gibier et dévasté nos forêts.

Le duc d'Harcourt, le maréchal de Broglie, le duc d'Uzès, le marquis de Barbançon,
ayant émigré et perdu une grande partie de leurs chiens, le marquis de L'Aigle acheta les
chiens de tête de ces quatre équipages.

La chasse à l'arc (Gravure du temps)

Celui-ci ayant été guillotiné en 1794, ses deux fils, Espérance et Victor, âgés l'un de
vingt ans et l'autre de dix-huit ans, émigrèrent en Angleterre.

La mort de Robespierre les décida à retourner près de leur mère, dangereusement
malade. Ils rentrèrent en France sous des noms supposés, en novembre 1796 ; bien qu'ils
fussent sous le coup de la terrible loi qui interdisait aux émigrés sous peine de mort le sol
de la patrie, ils eurent l'imprudence de recommencer à chasser à courre dans les forêts de
Carlepont et de Laigue, avoisinant le château de Tracy. Signalés aux autorités républicaines,
ils virent, un matin qu'ils allaient chasser, sept brigades de gendarmerie envahir le parc.

Sauter sur leurs chevaux déjà sellés, franchir au galop la prairie, à la profonde stupé-
faction des gendarmes, ne fut pour les intrépides cavaliers que l'affaire d'un instant. Un

large fossé, sorte de saut de loup, clôture le parc : MM. de L'Aigle n'hésitent pas : leurs deux chevaux abordent de front le formidable obstacle. Celui de Victor le franchit et met son cavalier à l'abri de la poursuite ; mais l'autre, s'arrêtant net au bord du saut de loup, livre Espérance aux gendarmes, qui s'emparent de lui et le garrottent.

Victor, s'apercevant qu'il est seul et qu'abandonner son frère serait commettre un acte de lâcheté, se résout à partager sa captivité et peut-être sa mort.

Il revient au château se constituer prisonnier, et tous deux sont emmenés à pied à Compiègne par des chemins détournés, de peur que la population, prévenue de l'événement, ne tente de les délivrer.

Dans les livres de chasse de MM. de L'Aigle, on lit à propos de cette arrestation cette phrase aussi laconique que significative : « Interruption et pour cause. »

De Compiègne on les mena à Paris ; le tribunal révolutionnaire fit subir aux deux frères un long interrogatoire ; grâce à l'intervention d'amis dévoués, ils obtinrent leur mise en liberté provisoire ; mais leurs biens furent séquestrés ; ce ne fut qu'au 18 brumaire qu'ils obtinrent leur radiation définitive de la liste des émigrés. Peu de jours après leur mise en liberté, les deux jeunes gens reprirent leurs laisser-courre, interrompus d'une façon si tragique. Ces détails nous ont été communiqués par M. le comte de L'Aigle.

A leur retour de l'émigration en 1796, MM. de L'Aigle avaient remonté un équipage composé de chiens anglais et de bâtards.

Nous trouvons encore à cette époque les du Hallay, Dauvet, Brière d'Azy, Boisrot de La Cour, qui durent entretenir quelques chiens et chasser à de rares intervalles. On avait alors assez à faire d'essayer de sauver sa tête.

Dans sa fameuse *Diane de Brecho*, le marquis de Foudras a popularisé une véritable héroïne de ce temps-là, la baronne de Draëk.

Elle habitait seule les environs de Saint-Omer et de Dunkerque ; passionnée pour le courre du loup, elle a chassé pendant toute la période révolutionnaire jusqu'en 1813. M. Le Couteulx assure qu'elle a pris 767 loups : elle-même conduisait sa meute, aidée par une soubrette à laquelle elle avait donné une livrée de piqueur.

Je dois à l'obligeance de M. le vicomte d'Artois une photographie d'un mauvais tableau représentant la baronne de Draëk entourée de son équipage, avec une notice curieuse intitulée : « Notice sur la biographie de Mme de Draëk, lettre à M. Victor Charles, avocat à Dunkerque ». J'en extrais les passages les plus intéressants, laissant la plupart du temps la parole à l'auteur, témoin des exploits cynégétiques de la célèbre baronne.

« Marie-Cécile-Charlotte de Lauretan naquit le 17 août 1747 ; elle était fille de François de Lauretan, issu d'une branche cadette des Lauretan, anciens doges de Venise, établie en France à la fin du seizième siècle. Son goût pour la vénerie et la chasse à tir se développa de très bonne heure ; son oncle Alexandre de Lauretan, en partant pour la chasse, se plaisait à la prendre sur son dos, les pieds de sa nièce dans sa carnassière, le cou entouré de ses petites mains.

« Il cheminait ainsi dans les plaines de Flandre, déposant de temps à autre son fardeau sur un tertre pour ramasser le gibier qu'il abattait. Le lendemain dès l'aube, la petite fille pressait son oncle de repartir le plus tôt possible. Entrée de bonne heure au couvent des Ursulines pour faire son éducation, la jeune Marie conserva sa passion pour la chasse, se promettant, aussitôt sa sortie du couvent, de reprendre son exercice favori et de quitter surtout un costume qui lui déplaisait. En attendant, notre héroïne s'amusait au couvent à poursuivre les rats « grimpant sur les meubles et bouleversant tout ». Un jour, sa maîtresse de classe la surprit montée sur une commode, poursuivant sans relâche la gent ratière : « Mademoiselle de Lauretan, lui dit-elle, veuillez descendre de suite, et montrer « votre agilité en remontant; puis vous resterez debout jusqu'à ce que je vous ordonne « de descendre. » Aussi leste qu'un oiseau, la demoiselle saute sur le meuble de la meilleure grâce du monde; ce que voyant, la religieuse lui pardonne aussitôt. A sa sortie du couvent, Mlle de Lauretan adopta définitivement le costume masculin. Cependant une grande contrariété l'attendait : sa famille désirait la marier; ce qui d'ordinaire plaît tant aux demoiselles qui sortent du couvent, d'avoir un mari, d'être dame de maison, d'avoir équipage, etc., faisait le désespoir de notre héroïne. « Quoi! disait-elle, je serais sous la puis- « sance d'un mari qui contrarierait mes volontés, mes goûts de chasse, et me ferait peut- « être prendre un costume de femme! » Cette pensée la révoltait. Ses parents lui déclarè- rent cependant qu'ils lui choisiraient un mari; on pensa d'abord à son cousin d'Artois; mais leur choix s'arrêta sur le baron de Draëk, seigneur d'Ouzille près Cassel.

« Présenté à la jeune personne, le baron de Draëk commença par lui persuader qu'il la laisserait libre de s'habiller à sa fantaisie et de suivre ses goûts; qu'étant lui-même très amateur de chasse, il monterait à cheval avec elle; qu'il était même flatté d'avoir une femme unique en son genre et différente de toutes les autres. Le jour du mariage surgit une difficulté. Le curé déclara qu'il ne pouvait marier deux personnes en costume d'homme. Force fut donc à la fiancée de passer une robe de femme par-dessus les habillements d'homme qu'elle ne voulut pas quitter; en sorte que cet accoutrement mi-partie des deux sexes ressemblait plutôt à une mascarade de carnaval. Souvent elle en riait en racontant plus tard cet épisode.

« Le mari tint parole; il laissa sa femme libre de faire ses volontés, et comme il était fort riche, elle put satisfaire tous ses goûts : elle prit des maîtres d'équitation et d'escrime; ses progrès furent si rapides que le cheval le plus fougueux ne lui fit jamais peur, et qu'elle se servit d'un fleuret comme un maître d'armes. Bien que les deux époux vécussent en bonne harmonie, le mari regrettant de n'avoir pas d'enfants, il s'ensuivit des querelles qui finirent par une séparation à l'amiable; le baron retourna à son château d'Ouzille, où il ne tarda pas à mourir, en laissant à sa femme la jouissance de toute sa fortune. Dans son habitation de Zutkerque, « tout y démontrait le goût de la châtelaine : on voyait les appar- « tements, cuisine, salle à manger, le salon même, encombrés et tapissés de fusils, cara- « bines, pistolets, sabres, couteaux de chasse, fouets et cravaches, cors de chasse, couples « pour les chiens, têtes et bois de cerfs, ainsi que les pieds des cerfs, chevreuils, loups, « sangliers, renards et blaireaux », que les piqueurs ont l'habitude de présenter au moment de l'hallali. Son équipage de chasse comprenait un piqueur, un valet de chiens, et plusieurs valets de limiers; de nombreux chevaux peuplaient ses écuries; sa meute pour le loup

La baronne de Draëk (Peinture du temps)

comprenait quarante chiens courants : elle entretenait de plus six chiens pour le lièvre, deux chiens d'arrêt et plusieurs terriers anglais pour les renards et les blaireaux.

« Au moment de la Révolution, les habitants de sa commune la réclamant comme nécessaire pour la destruction des loups et autres animaux nuisibles, on se contenta de la mettre en arrestation chez elle « avec un gardien à ses frais ». Le commissaire de police crut devoir faire une perquisition et enlever les armes de la baronne. Comme ce fonctionnaire tenait à la main son écharpe tricolore, elle lui dit : « Citoyen, vous pouvez mettre « cela dans votre poche en toute sécurité ; je n'ai pas envie de me révolter. » Quelques jours après, ses armes lui furent rendues, et depuis lors notre héroïne ne fut plus inquiétée.

Le même auteur nous dépeint le physique de la baronne : « Cette femme remarquable n'avait pas le caractère approprié à son sexe, elle n'en avait pas non plus la structure : d'une taille moyenne, sa figure, ordinaire pour un homme, était moins que belle pour une femme ; avec une barbe d'adolescent, pas de gorge, et un ventre proéminent, elle eût été ridicule sous un costume féminin. »

Passionnée pour la chasse du loup, elle en détruisit complètement l'espèce dans une partie de la Flandre et dans tout l'Artois. « Lorsque l'époque était venue de commencer ses chasses, elle disait à son valet de limier : « Allez à mon château d'Ablain-Saint-« Nazaire, faites des reconnaissances partout, préparez les voies et dans trois jours j'arri-« verai. » La veille de son départ, tout son monde recevait ses ordres : aux piqueurs et aux valets de chiens elle disait : « Vous partirez à onze heures de la nuit avec mes quarante « chiens pour le loup, couplés deux à deux comme de coutume ; ne les laissez pas s'écarter ; « n'entrez nulle part pour prendre ce dont vous avez besoin plus loin que la porte. » A son palefrenier et à ses domestiques : « Vous partirez, leur disait-elle, à trois heures du « matin, avec chacun vos chevaux et vous conduirez en main mes trois chevaux, sans vous « arrêter nulle part. » Le cuisinier recevait l'ordre de rassembler quelques pièces de sa batterie de cuisine et de partir à six heures du matin dans le fourgon de bagages pour Saint-Omer, où il devra prendre la poste afin de suivre la voiture de la baronne. Le lendemain, Mme de Draëk rejoignait Saint-Omer avec sa voiture et ses chevaux, prenait des chevaux de poste et arrivait à son château d'Ablain-Saint-Nazaire presque à la même heure que ses chiens, ses chevaux et tout son monde. »

Ce manoir a été le théâtre de ses exploits cynégétiques les plus remarquables : tous les jours étaient employés à prendre ou à tuer des loups, des renards et même des blaireaux.

L'auteur de cette notice nous apprend que « plusieurs louveteaux furent pris pendant un déplacement dans les bois de Saint-Éloi, près d'Arras ; le poil de ces animaux était argenté ; les chiens ne les chassèrent pas avec autant d'ardeur que les autres loups ; avec leur fourrure elle fit faire un manchon qu'elle montrait comme une rareté. Ce fut la seule fois de sa vie qu'elle trouva des loups de cette espèce. Elle détruisit complètement les carnassiers dans le pays qui s'étend entre Arras et Douai, et ce fut à cette occasion que les bergers de cette contrée lui présentèrent la chanson suivante, composée par l'un d'eux :

> Paissez en paix, mes chers moutons,
> Bêlez, bondissez sur l'herbette ;
> Le loup cruel dans ces cantons
> Ne peut plus avoir de retraite.

> Pour vous garder il me suffit
> De mes deux chiens, de ma houlette ;
> Nous jouirons pendant la nuit
> D'une tranquillité parfaite.
>
> Écoutez-moi, gentil troupeau !
> Pour prouver ma reconnaissance,
> Je chante sur le chalumeau
> L'auteur de notre délivrance :
> Je veux vous apprendre son nom,
> De Draëk est notre bienfaitrice ;
> Il faut que dans tous ces vallons
> L'écho toujours en retentisse.
>
> Dans nos bois nous le graverons ;
> Partout nous le ferons connaître ;
> Les voyageurs l'apercevront
> Écrit sur l'écorce du hêtre.
> Cet arbre nous sera sacré ;
> Réunis sous son vert feuillage,
> Au bras qui nous a délivrés
> Nous viendrons rendre un juste hommage.
>
> Je voudrais qu'on en fît autant
> Sur la surface de la France ;
> Chassons-en les buveurs de sang,
> Détruisons cette infâme engeance :
> Bons citoyens, unissons-nous,
> Rendons leur espoir chimérique,
> Purgeons, purgeons de tous ces loups
> Le terrain de la République.

L'auteur de la notice rend ainsi compte d'une année de la vie de Mme de Draëk :

« De l'arrondissement de Saint-Omer, Béthune et d'Arras, elle passait dans celui de Saint-Pol, près Hesdin, où elle séjournait beaucoup plus longtemps, car c'était le pays qui renfermait le plus grand nombre de ces animaux destructeurs. Mme de Draëk attribuait la préférence des loups pour cette localité non seulement à la quantité de bois et de forêts qui couvrent le pays, mais surtout et principalement aux troupeaux innombrables d'oies qui couvrent les marais de la Canche et des petites rivières environnantes ; ces animaux sont très friands de ces volailles, qui ne leur coûtent aucun combat ni danger pour s'en emparer. Je ne pourrais vous citer tous les bois nominativement où la destruction de ces animaux a été complète : un jour on revenait au logis avec deux loups, un autre jour avec quatre ou cinq ; enfin il était rare qu'un seul jour se passât sans que la chasse ne fût heureuse ; alors tout l'équipage, Mme de Draëk en tête, passait au travers la ville ou la commune la plus voisine en sonnant du cor de chasse, et toute la population accourait en foule voir les loups et aussi l'amazone qui était à la tête des chasseurs. Enfin, après avoir parcouru partout le département où il y avait des loups, et les avoir détruits ou expulsés, après six semaines de chasse, Mme de Draëk revint chez elle, passant par Saint-Omer avec vingt et une têtes de loups sur l'impériale de sa voiture; pendant que la poste était occupée au relais des chevaux, la place de Saint-Omer était pleine de curieux qui contemplaient les animaux féroces. Arrivée chez elle, tout rentrait dans l'ordre pour une année : chacun se livrait à ses occupations ordinaires. La dame de Draëk chassait le lièvre et le petit gibier, ou travaillait à la menuiserie et à faire le galon au métier, ou encore à tresser le fil de fer pour faire des volières à ses oiseaux. Le 3 novembre arrivé, jour de saint Hubert, patron des chasseurs, ce jour ne peut se passer sans le célébrer avec toute la pompe possible : la veille au soir, tous les domestiques arrivent, rangés en haie, avec un énorme bouquet sur un plat, présenter à Mme de Draëk l'expression de leur respect et de leur attachement. Alors le cor de chasse sonne les fanfares du cerf, du sanglier et de tous les animaux qui ont chacun la leur; celle du loup n'est pas oubliée, étant la principale et celle qui plaît le plus à la châtelaine; alors on fait venir un ménétrier et quelques jeunes personnes du voisinage, et Mme de Draëk, qui n'est fière que de ses hauts faits de chasse, ouvre le bal dans sa salle à manger, avec le plus aimable de ses voisins; alors tout se met en branle, depuis le piqueur jusqu'au valet de chiens; la durée du bal ne se prolonge guère, et on reçoit les ordres pour la chasse du lendemain; un loup n'étant pas assez malavisé pour venir participer au plaisir du chasseur, force est de se contenter d'un pauvre renard qui est choisi pour victime; cet animal, se mettant en quête des poules du voisinage, ne se doute pas que, pendant son absence, un homme est venu la nuit boucher toutes les ouvertures de son terrier et allumer même un peu de feu pour lui donner l'épouvante; le renard est donc forcé de rester sous bois jusqu'à ce que la meute arrive; il a beau tourner à l'entour de sa demeure; ne pouvant y rentrer, il se fait chasser assez longtemps, jusqu'à ce qu'il tombe sous le coup d'un des chasseurs; l'hallali étant sonné, le piqueur présente la patte de l'animal à l'heureux chasseur, qui la met à sa boutonnière; on revient au logis en sonnant des airs de chasse. »

« Cette description d'une année de la vie de Mme de Draëk s'est renouvelée pendant toute son existence; elle est décédée au mois de janvier 1823, regrettée de tous ceux qui l'avaient connue et surtout du cultivateur, qui lui devait la destruction de tous les animaux nuisibles à l'agriculture. Cette destruction est complète, surtout pour les loups, qui n'ont plus reparu dans le pays; elle aurait voulu en purger la France entière et elle disait : « Si « je pouvais être nommée louvetière de plusieurs départements, un seul loup ne paraîtrait « plus dans le pays que j'aurais sous ma surveillance. » Cette place de louvetière était sa marotte; elle en parlait souvent; elle en fit la demande au prince de Neufchâtel, qui lui répondit qu' « il ne pouvait pas lui accorder sa demande, que ce serait sans exemple qu'une « femme aurait eu cette place, mais qu'elle pouvait prendre un prête-nom chez elle, lequel « serait nommé de suite. » En effet, M. le vicomte d'Artois, parent de Mme de Draëk, fut nommé louvetier du Pas-de-Calais. »

Un chroniqueur du temps écrit ceci à propos de la célèbre baronne :

« Il fallait la voir, la tête nue, l'épieu au poing, parcourir les coteaux, suivie de chasseurs à la mine sauvage et de chiens non moins rébarbatifs ; les paysans effrayés faisaient la haie au cortège, et les jeunes filles n'écartaient qu'en tremblant les rideaux des fenêtres pour voir passer la « Diane de Brédenarde » avec ses sanglants trophées, dont, au retour, on clouait les têtes contre les portes du château. »

Le timide chroniqueur ajoute que, de la sorte, la baronne fit ainsi périr, de sa propre main, plus de 680 loups, très nombreux dans le pays, surtout dans la forêt d'Éperlecques.

« La baronne mourut sans postérité, le 19 janvier 1823 ; elle repose dans le cimetière de Zutkerque. Elle avait un piqueur non moins extraordinaire qu'elle et non moins enragé pour la chasse. Peu de temps avant sa mort, le général qui commandait à Boulogne-sur-Mer lui ayant demandé de lui envoyer quelqu'un pour apprendre à son ordonnance à jouer de la trompe, la baronne lui envoya... sa femme de chambre, la fameuse Caroline, qui portait, comme sa maîtresse, le costume masculin. Celle-ci n'est morte à Zutkerque qu'en 1854 ou 1855, et, pour obéir à sa maîtresse, elle ne quitta jamais son costume d'homme. Une longue blouse bleue lui descendait jusqu'aux chevilles, laissant voir le bas des jambes du pantalon ; elle portait les cheveux coupés courts et coiffés d'une casquette. C'est dans cet attirail que, jusqu'à sa mort, on a pu la voir, parcourant le pays, où elle vendait des balais de bouleau coupés dans les bois que l'on pouvait, grâce à sa maîtresse et à elle, parcourir impunément en tous sens. »

Contemporain et digne émule de la baronne de Draëk, le marquis du Hallay passe pour avoir détruit plus de douze cents loups ; pendant cinquante ans, il leur fit une guerre acharnée.

Arrêté au plus fort de la Terreur, il vit les portes de sa prison s'ouvrir à la demande pressante des populations qu'il avait si souvent préservées des méfaits des loups. « L'acte de mise en liberté, dûment légalisé, lui enjoignait de courir sus aux loups jusqu'à entière destruction. Or la destruction radicale de ces terribles bêtes pouvant compromettre la vie et la liberté du marquis, l'habile veneur, sans toutefois détruire jusqu'au dernier, leur fit une guerre si acharnée que, sur une nouvelle attestation des services rendus aux populations de la Normandie et de la Picardie, ses biens lui furent restitués. » « C'est ainsi que les loups sauvèrent la vie et la fortune du marquis du Hallay. » (D'HOUDETOT.)

La vénerie française avait-elle cependant totalement disparu avec les rois, les grands seigneurs de la cour et les simples gentilshommes de province ? Les historiens de tous les temps, à commencer par César, ont proclamé cette vérité que la misère, l'exil, les souffrances, la persécution, n'empêchèrent jamais un descendant de ces Gaulois intrépides de supporter gaiement les rigueurs du sort. Ce fut surtout pendant l'émigration que cette vérité brilla de tout son éclat, parce qu'elle eut pour démonstration des hommes que leur éducation n'avait pas préparés aux rudes épreuves que leur infligea la destinée.

Trahis par la politique égoïste des coalisés, les émigrés, après d'héroïques combats, se dispersèrent : quelques-uns formèrent des groupes isolés, où chacun mettait en commun ses ressources pécuniaires et sa bonne humeur. Un soir de février 1793, pendant que les émigrés qui demeuraient à Hanau devisaient sur leurs amères souffrances en achevant un très frugal souper, la marquis de Castellane prit la parole et dit qu'il avait un moyen infaillible de réagir contre leur cruelle position et leurs tristes pensées.

« Reconstituons, s'écria-t-il, mais sur un pied plus modeste, notre équipage de Luné-

Chasse de Barras

ville et remettons-nous à chasser. » Dans les dernières années de Louis XVI, la gendarmerie de Lunéville avait organisé un excellent équipage avec lequel les officiers de ce régiment chassèrent régulièrement jusqu'à la Révolution. Tout le monde connaît l'histoire du loup *Baptiste,* qui promena MM. les officiers de la gendarmerie de Lunéville des environs de Nancy jusque sur les terres de l'électeur de Hesse, au delà du Rhin.

Après une discussion animée, le projet de Castellane fut adopté par tous les membres présents, entre lesquels nous devons citer MM. de Vassy, de Maillé, de Contades, de Sainte-Aldégonde, de Thézan. Castellane fut chargé de l'exécution; on loua un vaste terrain de

Chasse de Barras

chasse en Silésie; les émigrés y furent sympathiquement accueillis, et les principes de la vénerie française refleurirent dans ce coin reculé de l'Allemagne.

Après la chute des Marat, des Robespierre, des Danton, des Carrier et autres tigres à figure humaine, la France sembla respirer et peu à peu reprendre ses habitudes.

Le premier équipage qui reparut fut, dit-on, celui du directeur Barras : Louis Blanc raconte des chasses somptueuses que Merlin (de Thionville) aurait faites à Grosbois en compagnie de Barras ; malheureusement pour Louis Blanc, je lis, dans une note de M. de Noirmont, qu'une petite-fille de Merlin nie ces belles chasses dont il parle tant : « Quelquefois il chassait le daim au fusil », et on ajoute à propos de ses brillants équipages : « Les deux meutes étaient deux bassets. » Quoi qu'il en soit, nous savons que l'équipage de Barras était un peu plus sortable, et plus en harmonie aussi avec les goûts aristocratiques que ce dévoyé tenait de sa race.

Nous devons à l'obligeance de M. A. Pichot la communication de deux tableaux représentant Barras et Mlle Lange à la chasse, accompagnés du nègre qui leur servait de piqueur.

M. de La Rue raconte dans un langage plein de verve l'histoire d'un des derniers laisser-courre du vicomte de Barras, de ce gentilhomme devenu montagnard, puis régicide, et enfin président du Directoire. « Qu'est-ce que ce bruit de cors et de chiens ? Écoutons !... Ah ! c'est la meute enrouée du citoyen Barras, qui vient, l'ex-vicomte, de maculer de sang ses parchemins plus vieux que les rochers de Provence, en votant la mort de Louis XVI ! Et cependant il chasse, le montagnard, sur son royal domaine de Grosbois ! Son équipage se ressent de l'esprit révolutionnaire : chiens et hommes ont été recrutés comme on a pu ; cependant, favorisé par le hasard, il a su mettre la main sur une épave précieuse, le père Aubry, un valet de limier incomparable.

« On signale un cerf qui serait entré dans le parc ; les prudents en ont revu seulement ; les flatteurs affirment qu'ils ont vu l'animal par corps. Il fut décidé qu'on le chasserait le lendemain.

« L'assemblée était nombreuse au château ; les dames surtout faisaient leur cour à M. le président du Directoire, dont Mlle Lange était la reine et Larivaudière le trésorier...

« A l'instar de François Ier, qui aimait à voir à ses chasses la petite bande de dames dont Catherine de Médicis était le capitaine, M. de Barras, par amour pour les bonnes traditions, avait aussi son escadron de jolies femmes, qu'il prétendait commander seul.

« Les chevaux, les voitures, attendent dans la cour d'honneur ; après un déjeuner joyeux et de circonstance, on part enfin. Une fois au milieu du parc, qui est immense, on découple tout, on veut attaquer de meute à mort. Les chiens s'emportent dans toutes les directions et se grisent en poursuivant les chevreuils, les lièvres et les lapins ; il y a vingt chasses, le désordre est complet, les coups de fouets des valets de chiens, des piqueurs, tombent comme grêle sur le dos des hourets de M. le vicomte. Tout à coup, au milieu de ce vacarme infernal, on entend sonner, sur un ton des mieux perlés, l'hallali par terre ; cavaliers et voitures se dirigent en toute hâte du côté d'où vient la fanfare inattendue, incompréhensible.

« Barras arrive le premier ; il trouve Aubry qui, tout en sonnant à pleins poumons, lui montre de la main le vol-ce-l'est d'un cerf parfaitement dessiné sur le sol. « Mais, maroufle ! « tu sonnes l'hallali, où donc est ton cerf ?

« — Mon cerf, Monseig... pardon, *Monsieur, citoyen vicomte*, mon cerf, il y a bon temps qu'il est mort! et que sa peau a servi à faire des culottes à celui qui a eu l'honneur de le donner à courre!

« — Encore une fois, Aubry, je ne comprends absolument rien à tout ce que tu dis; sois plus clair, au moins.

« — Rien n'est plus simple cependant; cette voie que je vous montre, eh bien, elle a été faite avec un vieux pied, pour se moquer de vous. Mais ce n'est pas à moi qu'on en fait accroire, et le malin qui a joué le tour avait compté sans le père Aubry; on n'a pas été premier valet de limier à cheval à la vénerie du roi sans apprendre son métier, c'est moi qui le dis. Tenez, ça n'est pas bien difficile à deviner : d'abord il n'y a pas d'allures, pas une foulure, et puis toutes les empreintes sont du même pied, du pied droit. Un cerf sans pieds de derrière, c'est drôle, convenez-en!... Voyez ensuite comme les pinces sont serrées; on a fait le cerf fuyant; alors est-ce qu'elles ne devraient pas être ouvertes?... Quant à l'éponge et aux comblettes, il n'y en a pas plus que sur ma main, tout a disparu en se desséchant; le pied est creux comme le cul d'une bouteille, parlant sauf votre respect. Cependant, à la forme ronde et à la grosseur du pied, je le juge dix-cors, venant d'une forêt pierreuse; ça se voit à l'usure des tranches. » Et il ajouta modestement : « Il n'y avait pas à l'équipage de cerf de la vénerie royale le plus jeune des valets de chiens à pied qui n'eût été capable, aussi bien que moi, de débrouiller tout cela. »

« Aubry était trop fin et savait trop son monde pour ne pas s'être aperçu qu'il parlait un langage incompris; aussi, prenant sa trompe en même temps qu'il haussait une épaule, tic qu'il avait contracté pendant la Révolution et qui voulait dire : « Vous me faites pitié », il sonna la retraite manquée, suivie de la rentrée au chenil.

« Peu après, une chaise de poste encombrée de bagages stationnait devant le perron du château; c'était la voiture du seigneur de Grosbois qui partait pour la Belgique, où le général Bonaparte, son protégé, devenu premier consul, l'envoyait faire « de la villégiature ».

CHAPITRE II

CONSULAT ET EMPIRE

VANT l'organisation du consulat à vie, Bonaparte avait déjà un équipage de chasse dont le chef était Dutillet, dit Mousquetaire. Les chiens, au nombre de soixante-dix, avaient été achetés un peu partout : au général d'Hautpoul, au général Macdonald, à des marchands, dont un certain Mauzairolles d'Aurillac : ils coûtaient une centaine de francs par tête ; c'étaient des anglo-normands, sous poil tricolore ; ils étaient marqués, comme les anciens chiens de la vénerie royale, « d'une croix dans un triangle ».

Le personnel de la vénerie du premier consul, recruté parmi les anciens serviteurs de la vénerie du roi et des princes, comprenait deux porte-arquebuse, quatre piqueurs, quatre valets de limiers, quatre valets de chiens à cheval, et six à pied. Certains de ces hommes sont restés célèbres dans les fastes de la vénerie contemporaine : Mousquetaire a mené toutes les chasses royales pendant la Restauration, et n'a été retraité qu'en 1830. Nous retrouvons Leroux dans la vénerie de Charles X ; il est le père de Jean Leroux, qui fut piqueur de Charles X et de Napoléon III ; Reverdi, dit *La Trace*, fut premier piqueur de la vénerie sous le second empire. Par autorisation spéciale, pour honorer ses longs et loyaux services, il portait, sous Napoléon III, les galons de maître sur son uniforme, et on l'appelait *Monsieur La Trace*. Les hommes de la vénerie portaient l'habit vert, orné de galons de vénerie sur la poitrine, aux poches et à la taille, gilet écarlate galonné, bottes fortes, chapeau à gousse d'argent; ceinturon brodé en or pour les piqueurs, en argent pour les valets de chiens. Le costume des premiers coûtait 411 francs, celui des seconds 345 francs. Les maîtres portaient le même uniforme, mais avec la culotte de daim blanc, les bottes à l'écuyère sans revers, et le chapeau uni.

Nous retrouvons le général Bonaparte, premier consul, chassant un jour un cerf dans les environs de Versailles.

A bout de forces, l'animal se réfugie dans un parc en franchissant un saut de loup qui le séparait de la forêt de Marly. Le premier consul se fait ouvrir d'autorité la grille de l'habitation, et à cheval, suivi de sa meute et de tout son monde, il hallalise le cerf.

Arrivé au trône, Napoléon s'empressa de repeupler les forêts dévastées par les républicains; il fit venir des cerfs d'Allemagne; Rambouillet en reçut cent cinquante et Fontainebleau soixante. Il n'aimait pas la chasse à courre, mais il l'encouragea en réorganisant l'ancienne vénerie royale, et en sachant bon gré aux maîtres d'équipages qui cherchaient à se remonter.

Il n'ignorait pas que la chasse accroît non seulement la prospérité d'un pays par les dépenses qu'elle entraîne, par l'élevage du meilleur cheval de guerre, mais aussi qu'elle forme des hommes robustes et courageux, des cavaliers excellents, des soldats résistants et capables de supporter les dures fatigues d'une campagne.

Les débuts ne furent pas brillants; on commença à chasser avec une meute de chiens de lièvre saisie aux Anglais dans un de nos ports.

L'empereur aimait le faste; bientôt une meute pour le cerf remplaça les harriers anglais.

Il choisit ensuite, pour réorganiser sa vénerie, un des meilleurs veneurs de l'ancienne monarchie, M. d'Hennencourt.

Le maréchal Berthier, dont le père avait été jadis l'ingénieur chargé de dresser la carte des chasses, fut nommé grand veneur; mais le service ne fut complété qu'en 1805 par l'adjonction de plusieurs officiers, dont la compétence était héréditaire : MM. de Caqueray et de Bongars. L'aide de camp du maréchal Berthier, le comte de Girardin, fut chargé des détails de l'organisation.

Les équipages impériaux comprirent jusqu'à trois cents chiens, cinquante faucons et quatre-vingts chevaux de relais pour les voitures.

Metternich, dans ses *Mémoires*, dit, en parlant de Napoléon, à la date de 1807 : « L'empereur chasse une quarantaine de mauvais cerfs qui ont été apportés de Hanovre et du reste de l'Allemagne pour repeupler une forêt de vingt lieues de tour (sans doute Fontainebleau), parce que les rois avaient également des jours fixés pour la chasse. Il n'aime au fond de ce plaisir que l'exercice violent qui convient à sa santé, et aussi ne fait-il que courir ventre à terre à droite et à gauche dans la forêt, sans suivre régulièrement la chasse. Il désespère sous ce rapport le maréchal Berthier, qui voudrait rétablir l'ordre dans son département de grand veneur. Le nombre de chevaux et d'équipages est insuffisant ; personne, excepté les princes étrangers, n'est admis à ces parties. »

Les laisser-courre du premier empire furent plutôt un déploiement de luxe qu'une application savante de l'art de la vénerie.

Jaloux de l'éclat de sa cour, Napoléon convia à des chasses, organisées à grands frais, les souverains qu'il fit venir à Paris. Les réunions avaient, comme à sa cour, un caractère tout militaire : ses officiers chassaient en tenue, et lui-même portait sur son habit vert sa légendaire redingote grise.

M. A. Pichot a fait faire une copie du tableau dont nous donnons ici la gravure ; l'original, œuvre de Carle Vernet, est aujourd'hui à l'académie de Saint-Pétersbourg ; il représente l'empereur à la chasse au cerf dans la forêt de Fontainebleau. L'impératrice Marie-Louise, accompagnée de deux de ses dames d'honneur, est arrêtée dans sa calèche attelée à la Daumont de quatre chevaux blancs. L'empereur, debout au pied d'un arbre et entouré par l'état-major de sa vénerie, sert à la carabine le cerf forcé qui fait tête dans un bas-fond. C'est, je crois, le seul tableau où Napoléon Ier soit représenté à la chasse d'une façon officielle.

Ce fut à une chasse à Fontainebleau, à la croix de Saint-Hérem, qu'eut lieu la rencontre de Napoléon avec son prisonnier, le vénérable pape Pie VII. L'empereur, en habit de chasse, descendit de cheval au moment même où le pape descendait de sa voiture. Le pape et l'empereur s'embrassent, la voiture se rapproche, l'empereur y monte le premier pour donner la droite au pape, et les deux souverains regagnent le château de Fontainebleau.

A l'une des grandes chasses à laquelle l'impératrice assistait, le cerf étant venu se jeter sous les roues de la calèche de Joséphine, cet asile le sauva : touchée de compassion, l'impératrice prit le cerf sous sa protection.

« Monsieur, dit-elle à Napoléon, je demande grâce pour lui, il est si beau ! »

L'empereur ayant ordonné qu'on l'épargnât, l'impératrice détacha sa petite chaîne d'or et voulut qu'elle fût passée au cou du cerf.

« Au moins, dit-elle, ceci attestera son inviolabilité, et le protégera contre les chasseurs. — Contre les chasseurs, reprit en souriant Napoléon, c'est possible, mais contre les voleurs, je n'en réponds pas. » L'histoire ne dit pas si le cerf au collier d'or a été retrouvé.

Les *Cahiers du capitaine Coignet* (Hachette, éditeur) nous donnent sur certaines chasses de l'empereur de curieux détails. J'en emprunte quelques pages au rude et peu lettré chroniqueur.

« Toute la cour se mettait à table avant de commencer la chasse. Ce jour-là, on avait apporté des cercles (avec un homme dedans chaque cercle) et autour des cercles, des faucons : Marie-Louise prenait un de ces oiseaux et le lançait sur le premier gibier venu.

« Cette chasse des plus amusantes dura une heure, puis les calèches partirent au galop pour se rendre dans un endroit où des paysans étaient en bataille avec des perches dans un grand enclos rempli de lapins qui ne pouvaient sortir. L'empereur avait beaucoup

CHASSE DE NAPOLÉON 1er A FONTAINEBLEAU

(Tableau de CARLE VERNET, à l'Académie de Saint-Pétersbourg)

d'armes chargées ; il donne le signal et les paysans frappent sur les buissons ; des fourmi-
lières de lapins se sauvent, et l'empereur de faire feu. Il dit à ses aides de camp : « Allons,
Messieurs, à votre tour ! prenez des armes et amusez-vous. » Et la terre était couverte de
victimes. Il fit appeler des gardes et dit à notre adjudant-major : « Faites ramasser ce
« gibier, et donnez un lapin à chaque paysan, quatre à chaque garde, faites mettre le reste
« dans le fourgon ; vous ferez la distribution par compagnie à mes vieux grognards. »
Voilà le premier jour de chasse, et le bataillon mangea du lapin.

« Le lendemain arrivent quatre fourgons, un pour les vivres, deux pour les grands
chiens russes, et un pour mettre les sangliers tout en vie.

« Avec les piqueurs, les valets de chiens, les gardes-chasse, nous partîmes cinquante
hommes et notre adjudant-major. Arrivés près du repaire où était *baugée* cette bande de
sangliers, on déchargea les voitures, et on mit les chiens deux par deux ; il y avait un
médecin pour panser les chiens blessés dans le terrible combat qui allait s'engager :
« *Primo*, dirent les piqueurs, il faut manger ; nous n'aurions pas le temps plus tard. »
Un valet de chiens sert le médecin et l'adjudant, serviette sous le bras. Nous voilà à faire
un dîner copieux : sitôt fini, nous partîmes pour arriver au lancé, les valets menant chacun
deux de ces grands et longs chiens. On fait lever les sangliers : et voilà six chiens partis ;
trois sangliers sont arrêtés sans pouvoir bouger : deux chiens prenaient l'animal chacun
par une oreille, se collaient le long de son corps, et le tenaient tellement serré contre eux,
qu'il ne pouvait bouger. Les gardes arrivaient avec un bâillon, et lui bridaient le museau
sans qu'il pût se défendre ; avec un nœud coulant les quatre pattes étaient unies, on débail-
lait les deux chiens, qui repartaient sur la bande, suivis par les valets qui les conduisaient.
Les prisonniers étaient portés dans le fourgon ; on ouvrait la porte par derrière, on ôtait
leurs entraves, et ils tombaient dans la profondeur de cette voiture.

« Nous prîmes la bande de quatorze ce jour-là, et la voiture fut remplie. Nous eûmes
deux chiens blessés par les coups de boutoir. Nous eûmes besoin de nous rafraîchir après
les courses au milieu des bois fourrés.

« L'empereur fut enchanté d'une pareille chasse ; il avait fait préparer un enclos près
de la porte de Paris, pour déposer ces animaux vivants. C'était une rotonde haute et
solide ; par le moyen d'une porte coupée on reculait la voiture, et ces furieux tombaient
dans la rotonde. Voilà notre deuxième chasse ; continuée pendant quinze jours, il y eut de
pris cinquante sangliers et deux loups en vie.

« Dans cet enclos, on avait construit un amphithéâtre sur pilotis avec des fauteuils
autour pour contenir la cour. On arrivait par une pente douce au milieu de l'enclos sous
une belle tente. La cour arrive à deux heures : il fallait monter sur les sapins pour voir tous
ces furieux sauter après les palissades. L'empereur commença ; il ne tirait pas sur les loups ;
ils restèrent les derniers et faisaient des sauts jusqu'au bout des palissades. L'empereur
permit à tous les principaux de sa cour de finir cette fête ; tous les sangliers furent partagés
à sa garde et nous fûmes bien régalés.

« Il donna ensuite l'ordre à ses gardes d'aller reconnaître la quantité de cerfs, les âges de chacun, et de lui en faire le rapport. Au bout de deux jours, la découverte était faite par numéros ; l'âge de chacun se connaissait au pied.

« La veille de cette grande chasse, il fit partir des valets de chiens conduisant deux gros limiers en laisse pour reconnaître le cerf qui avait le numéro 1. Dans le parcours de la nuit on découvrit les traces de cet animal. Le garde fait reconnaître le pied du cerf par son limier ; tenu en laisse, ce dernier est conduit à pas comptés par le garde ; à quelque

L'impératrice Marie-Louise

distance du gîte, retenu par le garde, il lève sa patte droite en l'air, prêt à s'élancer sur sa proie. Tout cela se fait à bas bruit ; on marque l'endroit du gîte et le rapport se fait à l'empereur. Les ordres sont donnés pour les calèches et les chevaux de relais. Cinquante-deux chiens forment quatre relais, à treize par relais, sans compter le limier qui est le moteur du mouvement. Sitôt que le limier a lancé le cerf, ce conducteur prend le pied du cerf et ne le quitte pas ; les treize chiens marchent en bataille à ses côtés.

« Avant de commencer, toute la cour se met à table dans un endroit bien sablé ; après le banquet, les calèches arrivaient, tout le monde était à cheval et le cerf était lancé.

« L'empereur se portait au galop au lieu du passage, suivi de porte-mousquetons ayant des armes.

« Là il partait comme la foudre pour se trouver sur un autre point de passage.

« Le cerf fut tué par lui, les cors de chasse cornèrent le ralliement ; toutes les calèches arrivent au rendez-vous. L'empereur, content, était là pied à terre, ce beau cerf près de lui.

« Le soir on fit la curée du cerf aux flambeaux dans la cour d'honneur garnie de beaux balcons, où toute la cour assistait. C'était un coup d'œil magnifique que cette meute de deux cents chiens rangés en bataille derrière une rangée de valets qui les maintenaient fouet à la main. Au signal donné pour *découdre*, l'homme découvrait le cerf de sa peau ; les cors annonçaient le *pillage*, et tous fondaient sur leur proie. Ces deux cents affamés ne faisaient qu'un monceau, tous les uns sur les autres.

La curée (Dessin de CARLE VERNET)

« Les chasses furent terminées au bout de quinze jours ; la cour rentra à Paris, et nous à Courbevoie. »

Le brave capitaine qui décrit toutes ces chasses comme il les comprend, sans se soucier des termes de la vénerie, nous apprend qu'elles firent partie du programme des fêtes données à Fontainebleau à l'occasion du mariage de Napoléon avec Marie-Louise.

Pendant que les empereurs de France et de Russie étaient réunis à Erfurth avec un grand nombre de souverains pour s'entretenir de la paix générale, le duc de Saxe-Weimar voulut donner à Napoléon et à Alexandre une chasse aux cerfs dans un parc entouré de toiles.

A peu de distance du château d'Ettersberg, on employa huit jours à former les enceintes et à les remplir de gibier, à l'aide de plusieurs centaines de traqueurs.

Une tente de 223 pieds de long sur 51 de large fut élevée au centre.

A un signal donné par les deux empereurs, la chasse commence : les trompettes placées dans les tribunes saluaient l'entrée des cerfs dix-cors. Napoléon avait près de lui pour lui passer ses fusils six pages, son porte-arquebuse et quatre piqueurs.

Les empereurs et leurs invités, les rois de Wurtemberg, de Bavière et de Saxe, tirèrent de midi à quatre heures du soir : ils abattirent quarante-sept cerfs, cinq chevreuils, trois lièvres et un renard.

Pendant les instants de repos, les traqueurs, déguisés en faunes et parés de guirlandes de feuillages, ramassaient le gibier et le disposaient en tableau devant le pavillon réservé aux souverains (6 octobre 1808).

Les ouvrages cynégétiques qui parurent sous le premier empire sont rares ; nous n'en connaissons que deux : *Le Traité sur l'art de chasser avec les chiens courants*, œuvre assez faible de Boisrot de Lacour, et le *Parfait Chasseur*, dans lequel Desgraviers conserve les meilleures traditions de la vieille vénerie française. Ancien capitaine de dragons, décoré de l'ordre royal et militaire de Saint-Louis, Auguste Desgraviers avait été pendant trente ans commandant des véneries de Mgr le prince de Conti, un des plus habiles chasseurs du dix-huitième siècle ; aussi son livre unit-il à une science incontestable les fruits d'une expérience consommée.

Le maréchal Berthier, successivement prince de Neufchâtel et de Wagram, avait été nommé grand veneur en 1805. Son aide de camp, le comte de Girardin, fut chargé des détails d'organisation. Ces nouvelles occupations n'empêchaient pas le jeune aide de camp d'accompagner l'empereur dans presque toutes ses campagnes ; nombre d'actions d'éclat à Ulm, à Austerlitz, à Friedland, en Espagne, à Wagram, etc., lui valurent les grades de colonel, de général de brigade et de général de division. L'empereur le récompensa en le nommant capitaine de ses chasses. Il se plaisait à être accompagné par lui, bien qu'il n'écoutât pas souvent ses avis.

Une fois, pendant une chasse de cerf à Saint-Germain, l'empereur s'était écarté avec M. de Girardin. Il s'arrêta tout à coup et lui demanda de quel côté était la chasse. « Sire, lui répondit Girardin, *c'est par ici*. — Eh bien ! dit Napoléon en indiquant le côté opposé, allons par là ! »

Bonaparte n'était pas né chasseur. S'il se livrait à cet exercice, c'était pour se conformer en tout aux exigences de l'étiquette, à laquelle il tenait beaucoup.

Il ne se servait habituellement que de petits fusils simples, à canons courts et très légers, *ayant appartenu au roi Louis XVI* et auxquels ce monarque avait travaillé de ses mains.

Napoléon tirait mal, parce qu'il se donnait à peine le temps d'ajuster et qu'il n'appuyait pas bien la crosse à l'épaule. Or, comme il voulait que ses fusils fussent fortement chargés et bourrés, il arrivait qu'après la chasse, il avait l'épaule, le bras et quelquefois les mains meurtris.

L'empereur n'était ni heureux ni adroit à la chasse.

VUE DE LA GRANDE CHASSE AU CERF DONNÉE EN L'HONNEUR DE LL. MM. II. LES EMPEREURS ALEXANDRE ET NAPOLÉON, LE 6 OCTOBRE 1808,

SUR L'ETTERSBERG, PRÈS DE WEIMAR, PAR S. A. S. LE DUC DE SAXE-WEIMAR

Une fois, un fusil éclata dans ses mains ; un autre jour, en visant un sanglier avec sa carabine, il alla blesser très grièvement à la cuisse un pauvre diable de valet de la vénerie. Enfin, une autre fois, le maréchal Masséna et Berthier marchant en avant et non loin de Napoléon, une compagnie de perdrix part ; l'honneur du premier coup de fusil appartient à l'empereur : il tire, et Masséna reçoit dans l'œil un plomb écarté. On s'empresse pour lui porter secours, Napoléon s'écrie :

« Berthier, c'est vous qui venez de blesser Masséna ! »

Le grand veneur s'en défend, l'empereur insiste, Berthier se tait, et chacun rentre de mauvaise humeur.

Aussitôt rentré à la Malmaison, l'empereur mande l'aide de camp du jour.

« Partez sur-le-champ pour Paris ; dites à Larrey de venir à Rueil sans perdre un moment, *parce que Masséna est malade* ; il lui remettra en même temps ce billet. Allez ! »

L'ordre est exécuté. Larrey arrive à Rueil.

« Monsieur le maréchal, l'empereur vient de me faire dire que vous étiez indisposé ; j'arrive....

— Parbleu, il le sait bien ! voyez !

— Ce n'est pas dangereux, Monsieur le maréchal ; cependant l'œil me paraît bien malade.

— Est-ce que je deviendrai borgne ?

— Je ne dis pas cela, mais il faut bien du soin... A propos, j'oubliais de vous remettre ce billet de la part de Sa Majesté.

— Lisez, mon cher Larrey, car je n'y vois pas du tout. »

Et Larrey, ayant fait sauter le cachet, lut à haute voix :

« Mon cousin, aussitôt que votre santé vous le permettra, vous partirez pour aller prendre le commandement en chef de l'armée de Portugal.

« Et sur ce, je prie Dieu qu'il vous ait en sa sainte et digne garde.

« Napoléon. »

« Le diable d'homme ! » s'écria Masséna avec un sourire qui déguisait mal sa joie, « il faut toujours qu'il vous jette de la poudre aux yeux. »

Girardin disait : « S'il en sait plus long que moi, sur certaines choses je pourrais lui en remontrer. » Un jour, à la prise d'un cerf, Girardin coupe dans le bois deux fourches, les plante en terre et pose dessus le cerf, en lui donnant apparence de vie. Les chiens entourent l'animal en criant. Napoléon paraît : il descend de cheval, prend sa carabine, et tue le meilleur chien de sa meute !

« Sire, le cerf est mort !

— A qui le dites-vous ? » dit le grand homme en remontant à cheval.

L'empereur était passé maître dans l'art de faire tirer des coups de fusil par les autres, mais quand il tenait une carabine à la main, il eût manqué un bœuf. (Elzéar Blaze.)

36

Un jour, à Fontainebleau, le cerf faisait tête aux chiens, et seuls les piqueurs se trouvaient là ; l'empereur n'aimait qu'une chose en fait de chasse, c'était de se trouver à l'hallali. Déjà plusieurs chiens avaient été mis hors de combat, et les piqueurs étaient fort

Piqueur. En-tête du papier à lettre de la vénerie impériale
(Dessin de CARLE VERNET)

embarrassés. S'ils servent le cerf, l'empereur ne sera peut-être pas content ; s'ils laissent tuer les chiens, on les traitera d'imbéciles.

« Avez-vous vu l'empereur ? Où est l'empereur ?

— Il est parti, dit l'un, je l'ai vu galopant du côté de Fontainebleau. »

Le plus ancien piqueur se décide enfin et sert le cerf.

A peine le pauvre animal était-il mort, qu'une troupe de cavaliers paraît au bout d'une allée.

« Ah! mon Dieu! nous sommes perdus, voilà l'empereur!

— Bah! dit Renouard, il n'y connaîtra rien! »

Cependant les encouragements donnés par le chef de l'État portèrent leurs fruits. Peu à peu nombre de gentilshommes remontèrent de modestes équipages ; la plupart, ayant été ruinés par la vente de leurs biens, n'entretinrent d'abord qu'un petit de nombre de chiens.

MM. d'Arthel, de Pracomtal, de Chastellux, de Songeons, de L'Aigle, Le Couteulx, Brière d'Azy, figurent avec honneur parmi ceux qui firent le plus d'efforts pour reconstituer des équipages, devenus rares faute de chiens courants de bonne race ; parmi les piqueurs de cette époque, citons La Rosée, Ladrey, et le plus fin valet de limier pour le loup, le célèbre Charrier ; tous ces noms méritent de passer à la postérité.

Le comte de Reculot nous donne les noms des veneurs de Franche-Comté qui, les premiers, recommencèrent à chasser à courre. Son père d'abord, puis le baron Masson d'Esclans, dont le charmant château, situé près de la forêt de Chaux, abritait sous son toit hospitalier, à l'époque de la saint Hubert, l'élite de la province ; MM. de Marenché, Laurençot, d'Arbois, et enfin le légendaire M. de Quégin. Possesseur de vingt chiens entièrement rouges, qu'il appelait *ses rougeots*, ce veneur excentrique avait la manie de leur permettre l'entrée de la cuisine : aussi était-il rare que la journée se passât sans quelque lamentable événement pour ses invités ; souvent le rôti était dévoré : le bon M. de Quégin, rouge de colère, s'armait alors d'une longue canne, et courant de la salle à manger à la cuisine, frappait d'estoc et de taille sur tout ce qui tombait sous sa main ; la vieille cuisinière n'échappait pas toujours à l'orage ; il en résultait un vacarme effroyable. « Sacré diable! entendez-vous (c'était son juron favori)? je vais vous faire mourir de faim », disait-il à ses nombreux invités, et il tenait parole.

Arrivé à un âge très avancé, ce digne disciple de saint Hubert, ne pouvant plus marcher, se faisait porter sur les remparts de Besançon, où, assis dans un fauteuil, il appuyait de loin *ses chers rougeots*, qui trouvaient en abondance des lièvres et des renards dans les broussailles dont la ville est entourée. « Sacré diable! entendez-vous! » répondait-il à ceux qui lui demandaient de ses nouvelles, « tant que je pourrai entendre mes chiens je ne mourrai pas. »

Nous avons dit que dans le Haut-Poitou, quelques descendants des célèbres chiens de Foudras et de Larye s'étaient conservés. Le Bas-Poitou, dont la majeure partie s'appellera désormais du glorieux nom de Vendée, avait, de toutes les provinces de France, le plus souffert de la Révolution. Les rares veneurs qui avaient succédé aux guerres d'extermination, aux rigueurs de l'exil ou aux misères de l'émigration, reprirent courage. Mon grand-père revint, en 1802, du fond de la Hongrie avec ses enfants ; il retrouva son château incendié, ses fermes vendues ; en rassemblant les bribes de sa fortune, l'ancien propriétaire de trois cent mille livres de rentes se trouva nanti d'un revenu de deux mille francs. Mes deux oncles et mon père aimaient la chasse ; comment pouvoir avec ce modeste revenu satisfaire ce goût inné dans leur pays et dans leur race ? En narrant leur histoire, je raconte celle de presque tous les chasseurs qui survécurent à la tourmente révolutionnaire.

Les trois frères parvinrent, à force d'économie, à s'acheter chacun un fusil, puis ils se procurèrent un basset qu'ils appelèrent *Primo* ; c'était en effet leur premier chien, et le plus que modeste début de leur meute.

J'ai maintes fois entendu raconter les exploits de *Primo*, vanter sa vigueur étonnante et sa rare intelligence.

Il avait été si bien dressé par ses trois maîtres, qu'il suffisait à leurs plaisirs ; nul ne chassait mieux le lapin, le lièvre et le renard ; il terrait aussi le blaireau à la perfection ; quand on le menait à la chasse des cailles et des perdrix, *Primo* n'arrêtait pas, mais il *chatonnait* prudemment, et menait le chasseur droit au gibier. Une perdrix blessée n'était jamais perdue ; doué, comme tous les bassets, d'un odorat exquis, il la pistait doucement, et avec sa patte la maintenait sans la fouler, jusqu'à ce que son maître vînt la prendre.

Plus tard, ces messieurs purent se procurer quelques chiens de Vendée ; ils firent alors une guerre acharnée aux sangliers et aux loups, que les grandes guerres de la Vendée avaient laissés se multiplier outre mesure. Vers 1810, mon père, qui était excellent cavalier et très amateur de la chasse à courre, parvint enfin à acheter, pour *quarante écus*, le premier cheval qui ait paru dans les écuries du parc Soubise de 1790 à 1810.

De cette époque datent les premières réunions de Vezins, où chaque année, à la saint Hubert, se retrouvaient les chasseurs de l'Anjou et de la Vendée. Chacun amenait sa modeste meute : celui-ci deux couples de chiens ; celui-là, trois couples. Le cousin germain de mon père, le marquis de La Bretesche, dont les biens n'avaient pas été vendus, entretenait alors un équipage sérieux comprenant vingt chiens et un piqueur. MM. de Vezins, de Grignon, de Théroneau, de Montsorbier, Majou de La Débutrie, de Béjarry, de Tinguy, Louis et Auguste de La Rochejaquelein, complétaient ces réunions, où la vieille science de la vénerie française était si nécessaire avec des éléments aussi disparates.

Ces messieurs attaquaient avec peu de chiens, disposaient plusieurs relais, se donnaient un mal inouï et finissaient par prendre assez régulièrement des cerfs dans cette forêt, alors mal percée et très vive en grands animaux.

Je trouve la preuve de ce que je viens de dire dans une lettre que le général comte de La Rochejaquelein écrivait sous la Restauration à sa femme Félicie de Durfort, fille du duc de Duras, mariée en premières noces au prince de Talmond, fils de l'héroïque général en chef de la cavalerie vendéenne, à propos d'une prise de cerf dans la partie haute de la forêt de Vezins, appelée *le Breuil-Lambert*.

« Nous avons attaqué au Breuil-Lambert, avec mes chiens et ceux d'Henry[1], un des

---

1. Henry de La Rochejaquelein, neveu du général.

gros cerfs de la forêt, lequel s'est aussitôt hardé avec d'autres grands cerfs, des daguets et des biches. Mes pauvres chiens se sont assez mal conduits ; mais il faut convenir qu'on n'a jamais vu une telle quantité d'animaux ; pourtant nous avons chassé notre cerf d'attaque assez longtemps pour le bien fatiguer ; nos piqueurs, et surtout un piqueur breton, qui passait pour un phénix, ont fait une sottise et fait donner le change aux chiens. Nous avons chassé un second cerf pendant longtemps ; heureusement qu'il a été retrouver le cerf de meute, que nos chiens ont relancé à vue sous la futaie de la Boquetrie. On a pu lâcher presque aussitôt un relais composé d'une partie des chiens de Bagneux, tous ceux des Majou et des Théroneau ; le cerf a fait tête sur une jeune taille près de l'étang des Noues et s'est vaillamment défendu. Naulet, piqueur de MM. Majou, a été jeté à terre avec sa jument ; mon cheval *l'Incertain* a eu trois coups d'andouillers ; un chien appartenant à M. de Bagneux a été blessé ; on a enfin donné au dix-cors plusieurs coups de couteau de chasse, et les chiens ayant réussi à l'abattre, un des veneurs présents, M. de Rosmorduc, a fini par l'achever. » (Jour de la saint Hubert.)

Non moins intrépide que son mari, Mme la comtesse de La Rochejaquelein suivait habituellement les laisser-courre du général.

Je retrouve dans les intéressants papiers qu'elle m'a légués le récit d'une chasse non moins mouvementée que la précédente.

« Le lundi 18 août 1828, les chasseurs du Bocage se donnèrent rendez-vous au *Chêne brûlé*, forêt de Vezins, dans la partie de Maulévrier, pour courre le cerf.

« Furent présents à cette chasse : le comte et la comtesse de La Rochejaquelein, le comte de Colbert-Maulévrier, le vicomte de Chabot, le marquis de Grignon, Jacques Cathelineau, Soyer, Deshomelles, Jacques de Pouzauges, Gustave du Doré, de Saint-Germain, Tancrède et Jules de Guerry de Beauregard, Le Chevalier de Sapinaud, Théroneau, Guinebertière, des Grois.

« MM. de La Rochejaquelein et Théroneau avaient amené leurs meutes et leurs piqueurs Jacques et Joseph.

« L'uniforme des veneurs consistait en une veste de drap garance serrée au corps par une ceinture écossaise, bleue, verte ou jaune, avec de grandes bottes, une cape et une culotte en velours noir.

« Je portais le costume avec une jupe de velours noir, courte ou longue suivant que je montais à cheval à l'anglaise ou à la française.

« Drapeau, garde des forêts de Vezins, nous a donné un bon pied de cerf rentrant dans l'enceinte de l'hôpital ; il croit présumer qu'il est celui du cerf dix-cors surnommé *le Gros Rouge* : *Candore*, à M. de La Rochejaquelein, et *Marengo*, à M. Théroneau, lancèrent l'animal vers les neuf heures du matin ; il se fit battre fort peu de temps dans Maulévrier. Le vicomte de Chabot amena un relais de dix chiens, le cerf passa dans les buissons et débucha sur la bande de Gentil ; de ce côté la lande allant en montant, ce fut un charmant coup d'œil. Le plus grand nombre des chasseurs se trouva réuni vers le bois de Bouillé. La chasse continua de se diriger au travers la forêt de Vezins et passa dans les fonds du Breuil-

Lambert, bois appartenant à M. le marquis de Grignon. On crut que le cerf voulait prendre l'eau à l'étang des Noues ; M. de La Rochejaquelein était très en avant, allant bon train, je le suivais : tout à coup il disparaît. Par un retour subit et prenant sous le vent, le cerf se dérobe. Les piqueurs, un moment incertains, suivirent cependant les chiens. Le comte de La Rochejaquelein, qui s'était aperçu de ce qui arrivait, les rejoignit seul du côté des campagnes de Mazières. *Barillo,* accoutumé à chasser seul, avait dérobé la voie. L'animal déjà fatigué se jeta à l'eau à l'étang de Péronne. Ce fut alors qu'on put donner un moment de repos à la meute, fatiguée par la grande chaleur.

« Lassés de parcourir la forêt sans pouvoir trouver le moindre indice de la chasse, craignant que le cerf n'eût débuché sur Cholet, nous étions venus aux informations à la barrière de la Mancelière.

« M. Théroneau, négligemment couché, semblait oublier la chasse ; sa jument, fatiguée, n'avait pu suivre le train. Le comte de Colbert, MM. Deshomelles et Guinebertière, s'occupèrent de déjeuner. Fatiguée d'être à cheval, je descendis aussi ; M. de Grignon voulut bien se dévouer pour aller quérir quelques nouvelles vers la chaussée de Péronne : il revint un moment après en criant : « Hallali ! hallali ! » M. le comte de Colbert, le père, venant à passer de ce côté, avait vu le cerf à l'eau, et aussi M. de La Rochejaquelein avec les piqueurs.

« J'avais fait la première partie de la chasse sur mon petit alezan *Criquet* ; je m'élançai à cheval sur une jument grise à M. de La Rochejaquelein que j'avais au relais, en selle anglaise. On prend le galop ; la jument du vicomte de Chabot culbute sur la lande, il remonte de plus belle ; enfin on aperçoit quelques points blancs et rouges au bout de l'étang. C'était M. de La Rochejaquelein et M. Justin Deshomelles qui avaient rejoint les premiers la chasse.

« On fit halte, on donna à manger aux chiens, et chacun eut recours à ses provisions, mangeant et buvant pleins d'espoir et de confiance dans le succès final. La tentative était en effet assez aventurée en pareille saison : j'allais bientôt partir et mon mari avait voulu essayer de me donner ce divertissement malgré la température du mois d'août. On constata la sortie de l'eau, Drapeau avait trouvé le vol-ce-l'est, et Joseph s'en était assuré avec deux chiens. — On remit aussitôt sur la voie les chiens qui venaient de chasser : quand ils eurent bien empaumé la voie, on lâcha un relais frais un peu en queue. Le cerf se fait battre un instant dans la partie de forêt qui avoisine l'étang, puis le traverse de nouveau avec tous les chiens, et gagne l'autre bord. Il se fait chasser encore environ une heure. — Joseph, le piqueur de M. Théroneau, suivit quatre chiens qui avaient pris un change, jusqu'au Breuil-Lambert.

« Le cerf se remet à l'eau une troisième fois ; il semblait se jouer de ses ennemis. Pendant une heure et demie la meute le harcèle en donnant de la voix et le suit à la nage ; les chiens l'approchaient, le mordaient, grimpaient sur son dos, le faisaient plonger, et donnaient ainsi à penser qu'il était enfin vaincu ; un moment on vit ses quatre pieds en l'air, mais bientôt reparut sa belle tête, et se secouant fièrement, il fit retomber les chiens à l'eau. *Gaspillo*, à M. de La Rochejaquelein, de couleur foncée et un col blanc, se montra un des plus ardents. Un chien blanc qu'on ne put reconnaître grimpa entre les bois du cerf; *Renfort*, chien rouge à M. Théroneau, secondait l'intrépide *Gaspillo*; ils étaient demeurés seuls, les autres que leurs forces abandonnaient gagnèrent les petits îlots couverts de joncs. Les veneurs commençaient à désespérer de la victoire. M. de La Rochejaquelein amène enfin le relais du Chêne brûlé; les chiens s'élancent dans l'étang et raniment le combat : ce fut un charmant spectacle; les chasseurs les appuyaient de la voix et de la trompe; les joyeuses fanfares semblent plaire à ce nouveau roi des eaux, il se promène fièrement dans l'eau; parfois il semble vouloir sortir et recommencer la course à travers bois et bruyères. Il lasse ses ardents ennemis, fait tête aux chiens lorsqu'ils l'approchent, et nage tranquille devant eux, jusqu'à ce que, dégagé de nouveau, il va se remettre sur le bord des joncs. Que faire ?... On commande une charrette pour amener un bateau de l'étang de la Cayenne (c'était loin). Des hommes se présentent pour faire un radeau de roseaux, et aller chercher le cerf. Ce moyen m'inspire des craintes sérieuses : notre victoire ne valait pas la vie d'un homme! Trois fagots de *ronches* sont assujettis sur deux planches; Guillet, charbonneur de Chanteloup, s'embarque armé d'une gaule et d'une corde. M. Théroneau lui donne un couteau de chasse, qu'il pique dans un fagot de joncs : « Je vais à confesse demain, dit l'homme, s'il n'est pas noyé avant qu'il soit une heure! » Le petit bateau avance lentement, on le suit des yeux : il traverse l'étang, il approche; Guillet crie : « Je le vois, il est mort, les chiens en ont mangé la moitié. » Il approche encore et lui donne un coup de gaule, le cerf ne bouge pas. Alors il lui jette sa corde : « Je l'enfilerai avec », avait-il dit. Mais il ne l'enfila pas cette fois. Le cerf bondit et nage librement, laissant le radeau loin derrière lui. Les chiens tapis sur les petits îlots recommencent à donner de la voix; *Fulgon*, chien moucheté, à M. de La Rochejaquelein, se jette à l'eau ainsi qu'un autre chien blanc. Guillet ramasse celui-ci sur son radeau, et se rapproche des joncs où le cerf s'était caché, ils le relancent encore. Guillet le suit en pleine eau. A ce moment, MM. de La Rochejaquelein, de Grignon, Deshomelles et Soyer montent à cheval pour chercher le bateau de Cayenne. A peine ont-ils lancé leurs chevaux au galop que Mme de La Rochejaquelein s'écrie : « Arrêtez! arrêtez! il est pris, il est pris. » Guillet venait de prendre dans un nœud coulant les bois du cerf. L'animal tente un vigoureux effort pour se débarrasser; il pensa faire périr son vainqueur; culbuté par la secousse, il se rattrapa au radeau et trouva le moyen d'y fixer la corde. L'animal ainsi attelé, il s'agissait de le diriger. Des coups de gaule appliqués à droite et à gauche de son col servaient à le guider; le cerf, avec son reste de force, s'opposait souvent à la manœuvre. M. de La Rochejaquelein, impatienté, crie à Guillet : « Percez-le, percez-le donc, imbécile! — Pas « si imbécile! taisez vout langue, y vu poué o faire, o m'ayde trop! » Pendant un quart d'heure nous avons sous les yeux ce noble cerf amenant, tête haute, et comme en triomphe, son vainqueur debout sur ses trois fagots de joncs. C'était pour moi un spectacle nouveau. Les bords de l'étang étaient couverts de chasseurs et d'une foule de paysans; Guillet approcha aux acclamations générales; en abordant il perça sa victime; le soleil se couchait; les joyeuses fanfares se succédaient pour célébrer la victoire ; *Gaspillo, Renfort* et le chien blanc reçurent la récompense de leur courage. On distribua une bonne part du cerf à Guillet et à une jeune fille qui devait se marier le lendemain. M. de Colbert garda les bois et m'offrit une dent, ce pourquoi je lui en gardai une, ayant fort désiré les bois comme souvenir de cette belle chasse. La prise du cerf me consola, voire même aussi des *trente années* que la nouvelle aurore devait m'apporter le lendemain. » (Duras, comtesse DE LA ROCHEJA-QUELEIN.)

CHAPITRE III

LOUIS XVIII — CHARLES X

A Restauration maintint le comte de Girardin dans son grade de général de division ; elle l'avait trouvé capitaine des chasses, elle changea son titre en celui de grand veneur. Le roi, qui tenait aux anciennes traditions, établit la vénerie sur un pied magnifique. Trouvant les abus administratifs et les dépenses exagérées, M. de Girardin lui parut le seul homme capable de réaliser ses desiderata. .

Confiée à ses soins, la vénerie royale devint un véritable ministère où l'ordre, l'économie, la régularité du service, ne furent jamais égalés depuis. Le budget le plus élevé se monte à 650.000 francs ; sur cette somme vivaient honorablement plus de cent familles, dont les membres étaient aussi fiers de leur métier que dévoués au roi.

Le service de la vénerie ne comprenait qu'un équipage de cerfs dont le personnel d'élite était ainsi composé : le maréchal de Lauriston, grand veneur honoraire ; le comte de Girardin, grand veneur ; baron d'Hanneucourt, commandant de la vénerie ; MM. de Vienne, de Saint-Pern et d'Hybouville, lieutenants de vénerie. Parmi les remarquables piqueurs et valets de chiens que le grand veneur sut distinguer et attacher à son département, il suffit de citer les noms des Delaunay, Leroux père et fils, Charlemagne, L'Echallier, Camus, Renard, Fanfare, La Trace, Lafeuille, La Brisée, pour comprendre avec quel soin M. de Girardin savait choisir son personnel.

N'oublions pas les hommes éminents nommés par le grand veneur, inspecteurs et conservateurs des forêts de la couronne : MM. de Saint-Projet, de Larminat, Marrier, Hyde de Neuville et Bourlon ; ce dernier, conservateur de Rambouillet, aussi bon fonctionnaire que bon Français, fit galoper sur une traînée le Prussien Blücher, qui croyait chasser un sanglier, lequel, tué la veille, avait été caché dans un épais tallis; à la nuit, les piqueurs sonnèrent l'hallali, et firent croire au général prussien qu'ils venaient de porter bas le ragot que le spirituel forestier avait fait apporter de l'enceinte voisine.

En même temps que Blücher voulut chasser à Rambouillet, le duc de Wellington entreprit de forcer un loup; il fit venir un équipage de fox-hounds avec lequel il attaqua plusieurs loups, sans jamais pouvoir en prendre.

Nous verrons plus tard si son compatriote le duc de Beaufort fut plus heureux quand il vint en Poitou en avril 1863.

Prise d'un chevreuil par le duc de Berry

L'ancien uniforme royal, illustré par tant d'hallalis, fut repris par le personnel de la vénerie : habit bleu galonné à la Bourgogne, boutons d'argent au cerf, gilet écarlate, culotte de velours bleu, chapeau galonné, ceinturon deux tiers or sur un tiers argent.

Les écuries contenaient quatre-vingt-dix chevaux, et les cent vingt chiens courants étaient nourris à raison de trente centimes par jour et par tête.

« Un seul reproche pouvait être fait à cette administration : les chiens étaient anglais, de première vitesse et de médiocre choix, très inférieurs à ceux du duc de Bourbon. Les livrets de chasse montrent combien les équipages étaient alors loin de la bonté et de la sagesse des meutes de l'ancienne monarchie; on cite peu de chasses où tous les chiens fussent à la mort, et où l'équipage eût démêlé le cerf de meute au milieu des embarras du change. » (Comte LE COUTEULX.)

Personnellement, Louis XVIII n'aimait pas la chasse. On cite à ce propos une aventure plaisante qui lui arriva dans sa jeunesse; son frère, l'infortuné Louis XVI, le raillait souvent à ce sujet.

Le duc de Berry

Un jour que le cerf était venu faire son hallali près de l'étang de la Tour, à Rambouillet, le comte de Provence, qui sortait à peine du pavillon de l'étang, où il avait passé la grasse matinée, appela à lui, avant de monter à cheval, le garde Chabault.

Ce dernier s'avance respectueusement vers le prince, le chapeau à la main.

« Chabault, faites-moi donc le plaisir de me jeter de la terre.

— De la terre ! Monseigneur plaisante, sans doute !

— Nullement, mon ami, mais je suis trop propre pour me présenter devant Sa Majesté. Couvrez-moi donc de boue ; plus il y en aura, plus tu m'obligeras. »

Le garde cependant hésitait ; mais le comte insistant, il se mit à ramasser de la boue dont il couvrit l'habit, les bottes, et la croupe du cheval du prince ; en un mot, il l'arrangea si bien que Louis XVI le remarqua.

« Ah ! mon frère, que je suis heureux ! vous prenez donc plaisir à la chasse !

— Comme ci comme ça, Sire ; c'est grâce à Chabault. »

Le roi dans sa joie fit donner vingt-quatre livres au garde.

Louis XVIII était devenu sur la fin de sa vie tellement obèse qu'il ne chassait pas plus à tir qu'à courre. Il voulut néanmoins que son premier veneur s'occupât de l'organisation d'un équipage pour la chasse à tir, composé d'un commandant, de douze employés, de douze chevaux et de six chiens d'arrêt. Le nombre des tirés de bois et de plaine fut fixé à trente-six, et les tirés d'eau à quatre : deux sur les étangs de Saclay et de Saint-Quentin et deux sur les étangs de Saint-Hubert.

Pendant tout le règne de Louis XVIII, la vénerie royale ne prit pas plus d'une quarantaine d'animaux chaque année. Les laisser-courre étaient interrompus du 1er avril au 1er août ; ce repos de quatre mois était indispensable : il était utile en effet de ne pas déranger les animaux au moment de la naissance de leurs petits, et aussi il fallait aider au repeuplement des forêts royales, si dévastées pendant la République.

On faisait alors, pour occuper les loisirs des princes, des battues à Marly et à Saint-Germain, où on tuait nombre de daims et de sangliers.

Parmi les chasseurs de cette époque nous devons une mention particulière au comte de Fercourt-Créquy. Émigré à seize ans, il passa en Angleterre après le licenciement de l'armée de Condé, échappa au désastre de Quiberon, et fut nommé lieutenant de louveterie de l'arrondissement de Doullens, peu de temps après la rentrée en France du roi Louis XVIII.

Il monta de suite un équipage de chiens d'Artois, fins de nez, assez requérants et doués d'une superbe gorge, avec lesquels il chassa à tir les loups et les sangliers, très nombreux alors en Artois et en Picardie. Monté sur un cheval irlandais laissé en France par les officiers anglais après l'occupation de 1815, M. de Fercourt suivait de près ses chiens ; très habile tireur, il revenait rarement bredouille. Il purgea le pays des loups et des sangliers qui pullulaient alors ; ces derniers ne reparurent qu'en 1870, au moment de la guerre, chassés des montagnes Ardennaises par l'invasion allemande.

M. de Fercourt ne découplait jamais plus de vingt chiens, servis par Joseph, son piqueur, et Dodore, son valet de chiens ; laid comme Ésope, malin comme un renard, fin valet de limier, ce dernier est resté dans le pays aussi légendaire que son maître.

Vert galant, beau conteur, tête solide, parfait gentilhomme, le comte de Fercourt ne quittait jamais, même dans le monde, sa tenue de louvetier ; il est vrai qu'elle était ornée de la croix de Saint-Louis. Sa mémoire vit encore sous le chaume ; les anciens racontent avec fierté qu'enfants ils ont suivi la chasse au loup du comte de Fercourt ; il est mort en 1845 à Frohen. M. le vicomte du Passage, auquel nous devons les détails qui précèdent, cite au nombre de ses compagnons les plus assidus : sa fille Sidonie, depuis comtesse du Passage, MM. de Louvel, de Briois, de La Haussoye, de L'École-Menessier, de Domesmont, de Cossette, de Boubers, de Lanigou, de Cacheleu, d'Hinnisdal, d'Applaincourt, de Sénarpont.

Chasse du duc de Berry (Dessin de CARLE VERNET)

Le duc de Berry, assassiné en 1820, n'eut guère le temps de chasser à courre. Nous savons cependant qu'il avait un excellent équipage pour le daim. Carle Vernet nous a laissé plusieurs tableaux représentant les chasses du duc de Berry, entre autres une curée de daim à Ville-d'Avray. La Bibliothèque royale possède un portrait du duc de Berry en tenue de chasse : sa livrée était vert et or. Il aimait passionnément la chasse à tir ; comme tous les Bourbons c'était un tireur de premier ordre.

Le duc d'Angoulême était meilleur écuyer que fin veneur, il aimait à galoper après les chiens, aimant surtout l'exercice du cheval ; il tenait cependant à suivre les chiens de près : on le voyait sans cesse à leur queue, comme un véritable piqueur. Il aimait à arriver un des premiers à l'hallali, plus jaloux sous ce rapport que M. le duc de Bourbon, dont le principe, une fois en chasse, était : « *Chacun pour soi, saint Hubert pour tous.* » Aussi était-il d'usage que tous les chasseurs placés en tête ralentissent leurs chevaux de manière à laisser Son Altesse Royale arriver un des premiers à la prise du cerf. Du reste, d'une simplicité charmante, il aimait à bannir en ce moment toute espèce de contrainte et d'étiquette. Il était très affectionné aux gens de la maison, à tel point qu'il ne mariait jamais un piqueur ou un simple ramasseur de gibier sans lui faire un cadeau de dix à douze mille francs.

Dans ses chasses à tir, il était obligé, à cause de la faiblesse de sa vue, de se servir de lunettes ; bien que bon tireur, ce fut sans doute à ce désavantage qu'il dut de n'avoir jamais atteint l'adresse et le coup d'œil de S. M. Charles X. Assez médiocre marcheur, il montait, les jours de grandes chaleurs, un cheval dressé à s'arrêter au moindre signe de son cavalier. Exilé pour la troisième fois, le noble prince tua des grouses dans les moors d'Écosse. Mgr le dauphin et S. M. Charles X ont chassé plusieurs fois chez les princes de Rohan, qui, dans leurs magnifiques domaines de la Bohême, se sont efforcés de rappeler à leurs illustres hôtes les tirés royaux de Saint-Germain et de Versailles.

De toutes les situations de la vie intime, l'exercice de la chasse est celui où l'homme se montre le plus réellement lui-même. C'est là qu'en les étudiant, les Bourbons nous apparaissent avec ces manières d'une politesse exquise, ces grâces du cœur auxquelles personne n'échappait ; le roi Charles X mérite la première place par sa générosité et sa délicate charité. C'est aussi un cadre où non seulement resplendit ce dernier prince de la vieille France chevaleresque et de *qualité*, mais où cette France elle-même nous apparaît représentée par l'élite de son monde brillant, et cette fleur de courtoisie qui la distinguait alors.

A côté du roi, nous voyons Mgr le dauphin, le vieux prince de Condé, le plus illustre veneur du siècle, et une multitude de chasseurs chez lesquels refleurissent les nobles traditions de la vénerie française.

Charles X aimait les rendez-vous des *Petits-Environs* : on désignait sous ce nom générique les bois les plus voisins de Paris, Clamart, Meudon, Verrières, Ville-d'Avray. A cause de leur proximité de la capitale, la cour s'y transportait : rien n'égalait l'élégance de ces rendez-vous.

Le peu d'étendue de ces divers massifs obligeait les animaux à débucher ; aussi les laisser-courre étaient-ils variés, pleins d'imprévu et de charme. Souvent les cerfs faisaient de longues fuites : un dix-cors lancé à Verrières fut pris à dix-huit lieues de là, aux portes de Chartres.

Saint-Germain, outre ses chasses à courre, fournissait un déduit pour lequel Charles X était passionné : il aimait à tirer le bécasseau, très abondant sur les deux rives de la Seine au moment du passage de ce délicat gibier.

La vénerie royale, qui comptait au nombre de ses employés des piqueurs tels que

Leroux, Charlemagne, Delaunay, faisait de fréquents déplacements à Fontainebleau ; le comte de Girardin y avait même établi son quartier général.

Aucune résidence n'avait cependant autant d'attrait pour le vieux roi que le château de Saint-Cloud ; Charles X était là chez lui, heureux comme un simple gentilhomme dans son manoir, ou comme un brave propriétaire dans sa maison de campagne. Le matin, de bonne heure, il sortait seul, parfois en pantoufles, prenait son fusil et allait fusiller des lapins dans la réserve du parc.

Les grands tirés du roi avaient lieu principalement à Marly et à Versailles. La journée finie, le porte-arquebuse de Charles X, placé près de Sa Majesté, écrivait ses ordres pour les présents en gibier qu'il adressait aux autorités, aux gardes du corps de service et aux pauvres du pays. C'était là le dernier acte de ces élégantes réunions qui semblaient n'être que plaisir, et où cependant la bonté et la générosité du roi figuraient toujours comme le meilleur épisode de la journée.

Quand la pluie forçait le roi et ses invités à chercher un abri momentané, Sa Majesté voulait qu'on lui racontât quelque aventure de chasse.

Ce fut à une de ces réunions que le chevalier de Saint-Projet conta l'histoire suivante du sire de Bois-Couteau :

« Né en 1740 au château de Fleurignac, sur les confins du Poitou, du Limousin et de l'Angoumois, l'intrépide chasseur n'avait pas encore quarante ans qu'il avait purgé ces trois provinces des bandes de loups qui les infestaient. Il employait ses modestes revenus à entretenir une petite meute de dix chiens, ne se vêtissait que de bure, n'ayant conservé de son élégance passée qu'un fouet à sifflet d'ivoire, un couteau de chasse, et un fusil sur lequel brillait une plaque d'argent poli sur laquelle était gravé le vieil écusson de ses aïeux.

« Il parvint à forcer plusieurs vieux loups ; voici comment il s'y prenait. Il les attaquait de meute à mort avec ses dix chiens : monté sur un bon bidet de pays, il suivait la chasse jusqu'à la nuit, brisait sur la voie et allait demander un gîte soit au châtelain, soit au curé le plus voisin. Le lendemain au point du jour, la meute et lui, bien refaits, reprenaient la voie et relançaient le loup. Ordinairement le soir du deuxième jour, plus rarement le troisième jour, le loup faisait tête aux chiens. Une balle bien dirigée mettait fin à cette ardente poursuite. M. de Bois-Couteau retournait triomphalement à son manoir de Fleurignac ; souvent il l'avait laissé, sans y penser, à trente lieues derrière lui.

« Un jour, il attaque un vieux loup près d'Angoulême ; le troisième jour il arrive à l'embouchure de la Gironde, où l'équipage se met à la nage ayant l'animal à vue. Hélas ! le vieux Nemrod n'entendit plus parler de sa meute et de son loup : le flux de la mer avait tout englouti !

« Il fit sa retraite tristement, hébergé sur sa route par les chasseurs de Saintonge ; il reçut d'eux des chiens de haute race qu'il eut bientôt dressés et avec lesquels il fit encore de nombreuses prouesses.

« Notre héros mourut au champ d'honneur, éventré par un vieux solitaire qu'il avait blessé d'une balle en plein corps. »

Le garde Chabault, dont nous avons parlé à propos de la toilette du comte de Provence, devint, à la Restauration, garde général de la forêt de Rambouillet.

Nous tenons de ce brave serviteur d'intéressants détails sur les maîtres qu'il a successivement servis.

Le plus jeune des frères de Louis XVI, le comte d'Artois, partageait les goûts du roi pour la chasse à tir et aussi pour la vénerie. Parvenu au trône en 1824, sous le nom de Charles X, le comte d'Artois se livra avec une nouvelle ardeur, nous l'avons dit plus haut, à sa passion dominante ; il aimait surtout le courre du cerf, tandis que Chabault préférait

Rapprocher (Dessin de CARLE VERNET)

celui du loup. Le vieux serviteur n'était pas complimenteur ; sa franchise éclatait même en présence du roi ; on lui pardonnait cependant à cause de ses talents et de sa fidélité.

Un jour, Charles X se félicitait de la prise d'un cerf. « La belle chasse ! disait le roi. — La belle chasse ! » répétaient les courtisans. Chabault hochait la tête, lorsque les yeux de Charles X se portèrent sur lui : « Et toi, Chabault, qu'en penses-tu? dit-il. N'est-ce pas une belle chasse? — Oui, Sire, répondit-il, si ce n'était un cerf de change!!., » On cria haro sur le pauvre garde, mais Charles X prit son parti. « Allons, messieurs, dit-il, Chabault n'est pas flatteur ; mais en fait de chasse il s'y entend mieux que nous! »

Le lendemain matin, la neige couvrait la terre ; il avait été décidé, la veille au soir, qu'on offrirait à Chabault l'attaque d'un loup, son animal de prédilection ; la neige avait rendu facile le travail du valet de limier : à l'assemblée Huart fit ainsi son rapport :

« Je crois avoir détourné dans l'enceinte des Malnoues un loup et une louve; dès que j'ai trouvé leur trace, j'ai pris le contrepied pour en relever des connaissances, sans qu'ils aient vent de moi. Ils allaient d'assurance; en suivant la piste, j'ai rencontré plusieurs flâtrures où ils s'étaient reposés pour ronger la jambe d'un âne mort, qu'ils avaient été arracher à une charogne auprès du village de Gazeran. Si j'en juge par leur pied et par leurs flâtrures, ce sont de vieux loups. Après plusieurs faux rembuchements, ils sont entrés aux Malnoues; j'ai contourné l'enceinte et je n'ai pas trouvé qu'ils l'eussent vidée. »

Aussitôt l'audition de ce remarquable rapport, les tireurs sont placés sous le vent des Malnoues, tandis que les traqueurs cernent le reste de l'enceinte : armés de fusils, les traqueurs répondent au signal convenu par un feu roulant accompagné de cris sauvages; une minute s'était à peine écoulée que les deux loups arrivent sur la ligne des chasseurs : la louve est tuée raide; le mâle, l'épaule traversée, retourne sur les traqueurs dont il franchit la ligne.

Après une poursuite homérique, il fut achevé à la nuit par Chabault, au moment où il faisait tête à un vaillant limier, nommé Briffault, qui depuis le lancer ne l'avait pas quitté. Ce fut au tour du brave serviteur de s'écrier, et avec plus de raison que son maître : « La belle chasse ! »

Un de nos plus éminents écrivains cynégétiques, M. de La Rue, nous a raconté dans la *Chasse illustrée* une touchante histoire à propos d'un des gardes des forêts royales.

« Charles X les connaissait tous par leur nom et chacun savait qu'en cas d'accident ou d'un malheur quelconque, il pouvait compter sur son prince.

« Au moment de commencer un tiré, le roi s'étant aperçu de l'absence de Legrand, son ramasseur de gibier, en demanda la cause au premier veneur.

« — Sire, Legrand est mort il y a trois jours d'une fluxion de poitrine prise à une embuscade de nuit de plusieurs heures par un froid très vif.

« — Oh ! c'est affreux ! Laisse-t-il de la famille?

« — Oui, Sire, une femme, un petit garçon et une petite fille en bas âge.

« — Angoulême, tu entends, charge-toi de la petite fille, moi je prends le garçon; « Girardin, on laissera le traitement du mari à sa femme, en y ajoutant une indemnité de « logement. »

« Quel dommage que tous les Français n'approchassent pas les princes! »

Veneur consommé, Charles X continua, sous la direction du comte de Girardin, à entretenir l'équipage pour le cerf.

Le duc de Devonshire lui fournit des étalons anglais de bonne origine pour renouveler ses chenils; le roi lui-même s'occupa avec soin de la remonte de ses chevaux, pour la plupart achetés en Angleterre. Il dirigeait personnellement les chasses de Fontainebleau et de Rambouillet; il y arrivait conduit par quatre carrossiers anglo-normands, escorté par les cuirassiers de la garde ou par la gendarmerie des chasses, un officier des gardes à la portière; il portait l'habit vert à collet de velours amarante avec le galon de vénerie posé droit, gilet chamois, sur lequel il mettait le cordon bleu ou la plaque de la Légion d'honneur.

Les piqueurs portaient le gilet rouge galonné, le bicorne également galonné, la trompe à la Dampierre et les bottes à demi-chaudron.

Excellent tireur, Charles X manquait rarement un coup de fusil ; les livrets de la Restauration récapitulent le nombre presque incroyable des pièces de gibier de toutes sortes abattues par le royal chasseur.

L'ancien secrétaire de la vénerie royale, Eugène Chapus, nous a laissé des pages pleines de charme à propos des chasses légendaires du roi Charles X ; ceux qui veulent s'en faire une idée en trouveront dans ces récits une peinture vivante, dont le lustre ne s'est pas effacé.

Où sont ces chasses ? Que sont devenus les tirés de Marly, de Saint-Germain, de Compiègne, de Versailles, de Saint-Cloud, de Vincennes ? Que sont devenus les *Petits-Environs* ? Hélas ! tout cela n'est plus ! Le roi exilé est mort au fond d'un manoir étranger, et dans ses promenades solitaires quelques gamins le suivirent peut-être en criant de temps à autre au monarque détrôné : « Roi ! voilà un moineau ! »

J'emprunte à M. Bellacroix, l'éminent rédacteur de la *Chasse illustrée*, le souvenir qui suit : « Par une belle journée du commencement d'octobre 1829, Charles X chassait à Rambouillet. On sait ce qu'étaient ces *tirés*, dont rien de ce que nous voyons aujourd'hui ne peut nous donner une idée. Les chasses à tir de Charles X étaient certainement les plus belles du monde.

« Accompagné du conservateur, M. Bourdon, suivi de ses chargeurs, Charles X marchait dans le *routin du roi.*

« S. A. R. Mᵍʳ le duc d'Angoulême et les invités de Sa Majesté marchaient parallèlement dans d'autres layons.

« Les gardes rabatteurs, les gendarmes des chasses, faisaient lever le gibier.

« C'était une féerie : les faisans partaient en girandoles, les perdrix d'élevage lâchées dans les tirés se mettaient à l'essor par grandes bandes ; les chevreuils bondissaient affolés ; les lapins sautaient de tous côtés dans les allées, mêlés et confondus avec les lièvres.

« — Coq au roi ! coq au roi ! Chevreuil à Monseigneur ! Chevreuil au roi ! »

« Et les coups de fusil pétillaient, jonchant le sol de leurs victimes.

« Au milieu d'un bouquet de faisans, voilà que sans bruit se lève une timide bécasse.

« — Bécasse au roi ! Bécasse au roi ! » crie un garde pendant que d'autres gardes, qui n'avaient pas vu la dame au long bec, crient en même temps :

« — Coq au roi ! Coq au roi ! »

« En sa qualité de chasseur, Sa Majesté ne manque pas de préférer ce gibier de bon aloi qu'aucun faisandier ne saura jamais produire ; mais elle n'avait pu distinguer cette bécasse au milieu du nuage de faisans qui l'environnait.

« — Bécasse au roi ? » dit Charles X en se tournant du côté du conservateur, « mais « où est-elle donc ? »

« Directement interpellé, M. Bourdon, qui avait suivi l'oiseau des yeux, indiqua un buisson éloigné de vingt mètres. Sa Majesté s'empressa de se diriger vers l'endroit indiqué.

CHASSE DU ROI CHARLES X

(Tableau de CARLE VERNET, au musée du Louvre)

Cliché de MM. Braun, Clément et Cⁱᵉ, Paris

Un garde, nommé Bonnin, s'approche alors du conservateur et l'avertit que la bécasse a fait une feinte, s'est retirée et s'est remise près d'un bouleau sur la bordure du taillis.

« A cette époque on ne dérangeait pas un roi de France : M. Bourdon imposa silence à Bonnin, et Sa Majesté continua sa marche.

« Les gardes passèrent de l'autre côté du fameux buisson, le roi se tenait en face, prêt à faire feu.

« Aux premiers coups frappés par les traqueurs, quelques faisans se lèvent, mais de bécasse point !

« — Coq au roi ! Coq au roi ! — Sans doute, je vois bien ces faisans », dit le roi un peu rudement, « mais cette bécasse, monsieur le conservateur ?... »

« Le pauvre M. Bourdon ne savait quelle contenance tenir, quand Bonnin, montrant du doigt le bouleau, lui dit à voix basse : « La bécasse est là ! »

« Charles X avait entendu. « Tu es sûr de ne pas te tromper ? dit-il à Bonnin. — « Sire, la bécasse s'est abattue à dix pas du bouleau. »

« Heureusement que la bécasse n'avait pas *piété*; c'est assez leur habitude, quand à leur arrivée elles n'ont pas été dérangées. L'oiseau, levé par un des gardes, se dirigea droit sur Charles X, qui l'abattit au coup du roi, son tir de prédilection.

« Quand le tiré fut terminé, le roi fit signe à M. Bourdon d'approcher : « Monsieur le « conservateur, dit-il, vous donnerez un louis de gratification à votre garde. » Puis Charles X monta en carrosse et reprit le chemin de la capitale.

« Quelques mois plus tard, au commencement de 1830, le roi avait voulu donner à son petit-fils, le duc de Bordeaux, le spectacle d'un panneautage de lièvres. Le hasard voulut que le premier lièvre vînt se jeter dans le panneau de Bonnin, et comme le jeune prince approchait pour voir de plus près l'animal, Bonnin s'imagina de faire marcher à sa rencontre, sur les pattes de devant, le malheureux qu'il tenait par les pattes de derrière.

« A force de se débattre et de s'escrimer des dents et des ongles, le lièvre se démena si bien qu'il parvint à déchirer une des guêtres du garde, laquelle n'était pas sans doute de la première jeunesse.

« Charles X avait suivi des yeux la bataille et en avait vu le dénouement; il ne put s'empêcher de sourire en voyant la mine piteuse de Bonnin, contemplant sa guêtre éventrée. A ce moment, il reconnut le garde à la bécasse.

« — Mon ami, lui dit-il, console-toi, ce soir on te donnera celles-ci. »

« Et d'une baguette qu'il tenait à la main, le roi frappait à petits coups sur ses propres guêtres.

« Le soir venu, Bonnin emporta dans sa maisonnette les guêtres de Charles X.

« Voici les guêtres du roi ! » disait-il quarante ans plus tard, en montrant sa précieuse relique... « *Ce pauvre* Charles X ! il aimait bien ses gardes, et nous aussi nous l'aimions « bien !... Tout cela est loin !... »

« Mgr le comte de Chambord était bien jeune alors », ajoutait le vieux garde avec émotion... « mais peut-être qu'il se souviendrait si on lui rafraîchissait la mémoire ! »

« Peut-être !... » ce n'est pas assez dire. Les souvenirs qui rappellent à l'homme son enfance, à l'exilé son pays, ne s'effacent jamais ! »

Nous avons dit que sous la Restauration la vénerie constituait un ministère unique en France. Pour s'en rendre compte, il faudrait parcourir les *livrets des chasses*, modèles parfaits de comptabilité, dont l'admirable lucidité, la scrupuleuse exactitude, émerveillèrent l'homme de France le mieux entendu en fait de régularité dans les finances, M. de Villèle. Ce ministre intègre ne crut pas mieux faire que d'en adopter la forme et les principes pour les comptes de l'État. Ces livrets font donc le plus grand honneur à l'esprit de méthode et à la probité du grand veneur.

Il avait fait de la vénerie une sorte d'institution sociale où de nombreux chefs de famille trouvaient d'honorables emplois, l'industrie nationale de nombreux débouchés, d'utiles encouragements.

Le roi était pénétré de ce principe de notre vieille monarchie, que les rois ne possèdent rien par eux-mêmes, que la France est leur famille, leur palais, l'asile de nombreux serviteurs, et que leur trésor doit couler dans les veines de leurs sujets.

Aussi Charles X avait-il voué au comte de Girardin une affection que celui-ci lui rendait en dévouement et en franchise. Le 27 juillet 1830, le roi étant encore à Saint-Cloud, Girardin arrive de Paris : « Eh bien ! général, lui demande-t-on, que pensez-vous de ce qui se passe ?

— Je pense, Messieurs, que grâce aux ministres du roi, Sa Majesté doit reconnaître qu'il n'y a que deux manières de sortir du programme : l'une, lamentablement chassée; l'autre à coups de fusil. » La France, qui éprouve tous les quinze ou vingt ans le besoin de faire une révolution, envoya son roi légitime à Holyrood ; celui-ci, du moins, a été escorté par sa garde jusqu'à Cherbourg, abrité sous les plis du drapeau blanc fleurdelisé.

La Restauration inaugura pour la vénerie une ère nouvelle. Après les orgies de la Révolution et les sanglantes guerres de l'empire, on respira enfin ¡pendant ces quinze années de paix; chaque disciple de saint Hubert, noble ou bourgeois, put enfin, en toute sécurité, se livrer à ses goûts cynégétiques.

En tête des plus illustres disciples de saint Hubert, nous devons placer le dernier des Condé, Mgr le duc du Bourbon, modèle accompli des veneurs français.

Son père, Louis-Joseph, prince de Condé, né en 1736 et mort à quatre-vingt-quatre ans, en 1818, avait été exilé de la cour à la fin du règne de Louis XV, pour s'être opposé au bouleversement de la magistrature par le ministre Maupeou.

Chantilly devint la résidence habituelle de ce prince; cette belle et noble demeure n'eut alors rien à envier à Versailles, tant par l'éclat des fêtes que par les brillants laisser-courre organisés par le prince Louis-Joseph.

Un fait unique dans les annales de la vénerie prouve une fois de plus qu' « à quelque chose la chasse est bonne ».

Un jour de saint Hubert, Louis XV suivait avec ardeur un dix-cors détourné et lancé par le célèbre d'Yauville, non loin de Rambouillet : l'animal, sur ses fins, entrait dans les étangs de Saint-Hubert, quand tout à coup, du côté des Ivelines, un second cerf paraît, également sur ses fins, et se met à l'eau poursuivi par une meute ardente. Les couleurs rouges du duc d'Orléans, exilé dans son gouvernement pour la même cause que le prince de Condé, ne tardent pas à apparaître; le cerf avait été lancé à Dourdan, propriété du duc d'Orléans; d'Yauville, craignant pour les plaisirs de Sa Majesté, propose de faire arrêter les chiens du duc.

« Qu'on ne dérange personne, répond Louis XV, c'est fort joli à voir. »

Louis-Joseph, prince de Condé

Pendant que ce double hallali appelle les regards des dames placées aux croisées du château de Saint-Hubert et l'attention de tous ceux qui suivent la chasse en carrosse, voici que, du côté opposé de l'étang, un troisième cerf apparaît, vivement pressé par une troisième meute et par d'autres cavaliers; la surprise est grande; on se regarde : la livrée n'est ni verte, ni rouge, ni bleue; ce n'est ni celle du roi, ni celle du duc, ni celle du grand veneur de Penthièvre.

Qu'est-ce donc alors? cette fois elle est couleur ventre de biche, c'est la livrée du prince de Condé. Lancé à Chantilly au carrefour du Grand-Connétable, le cerf, sans faire aucun retour, avait piqué droit à Rambouillet. En arrivant sur la lisière de cette forêt, le prince veut arrêter sa meute, de peur d'y rencontrer la chasse du roi, mais sur l'observation qui lui est faite que Rambouillet appartient au duc de Penthièvre, et que Sa Majesté chasse à Sénart : « C'est vrai, dit le prince, allons ! » (c'était son mot habituel). Pour l'intelligence de ce débucher extraordinaire, il faut savoir que ce dix-cors avait été panneauté six mois auparavant à Rambouillet et lâché à Chantilly.

Cependant, dès qu'on eut reconnu l'équipage du prince de Condé, tous les yeux se portent sur Sa Majesté.

Que va dire le roi ? Loin de laisser paraître la moindre contrariété, Sa Majesté a l'air enchantée.

Croyant s'apercevoir que parmi ses gens on songe à aller donner l'ordre au malencontreux équipage de se retirer : « Non, non ! dit-il, je suis trop heureux que tout le monde s'amuse ; laissez approcher vers moi le prince de Condé. »

Ces paroles circulent, volent, et enfin arrivent aux oreilles du prince. Il ne saurait se montrer moins poli que le roi, il approche.

Le roi va au-devant de son cousin ; le duc d'Orléans le suit :

« Soyez les bienvenus, mes cousins », dit Louis XV avec ce ton d'aménité et de grâce bourbonnienne qui ont toujours captivé les cœurs.

Les têtes se découvrent, les cris répétés de : « Vive le roi ! » retentissent de toutes parts.

Alors on vit ce que les annales de la vénerie n'ont jamais raconté : trois dix-cors à l'eau, trois meutes à leur poursuite et trois équipages aux livrées étincelantes assistant à la lutte suprême, puis un triple hallali.

Grâce à la chasse, la réconciliation fut scellée le soir même de cette inoubliable journée.

Le prince associa de bonne heure à ses goûts son fils Louis-Henri, duc de Bourbon, dont nous aurons l'occasion plus loin de raconter la brillante carrière cynégétique.

La jeunesse de son petit-fils le duc d'Enghien, né en 1772, se passa, comme celle de tous ceux de sa race, dans les exercices virils de la vénerie et de l'équitation. Cet illustre et malheureux prince, à l'exemple de son aïeul le grand Condé, mérita par sa valeur et ses talents militaires hors ligne d'être placé à la tête d'un corps important de cavalerie, dans l'héroïque armée à laquelle son grand-père eut l'honneur de donner son nom. Il s'y distingua tellement qu'il mérita de ses contemporains la gloire d'être comparé au grand Condé, dont il avait, lors de ses premières campagnes, l'âge et le génie.

Les fossés de Vincennes garderont éternellement le souvenir lugubre d'un crime horrible ; en privant la France d'un de ses plus nobles enfants, la mémoire du meurtrier demeurera à jamais ternie.

Nous devons à l'obligeance d'un ami de pouvoir reproduire un portrait inédit du charmant duc d'Enghien, âgé de vingt ans, portrait d'autant plus précieux qu'il a été peint par sa malheureuse mère, Mme la duchesse de Bourbon.

Le prince Louis-Joseph porta le deuil toute sa vie du dernier héros de sa race, et s'il rentra dans sa patrie à la suite de Louis XVIII, ce fut pour y mourir bientôt après, en 1818.

Son fils, le prince Louis-Henry, connu surtout sous le nom de duc de Bourbon, était, au moment de la Révolution, dans toute la sève de l'âge mûr.

Il passait déjà pour le premier veneur de France, quand la tourbe révolutionnaire se rua contre cette demeure des Condé, dont la magnificence l'emporta parfois sur celle de Versailles; tout fut mis au pillage; on étrangla les cinq meutes dont se composait la vénerie de Chantilly; on vola les deux cents chevaux qui peuplaient les grandes écuries.

« A la fin du règne de Louis XIV, le prince de Condé avait invité à dîner le czar Pierre

Le duc d'Enghien (Peint par sa mère, la duchesse de Bourbon)

le Grand, qui voyageait alors en Europe, sous le nom de comte du Nord; le repas fut servi dans la galerie circulaire; un simple rideau séparait les convives des stalles où étaient rangés les chevaux. Le prince ayant demandé au czar où il se croyait être : « Mais je suis, « répondit Pierre, dans une salle d'un des plus merveilleux palais du monde. »

« A ce moment, les rideaux ayant glissé de leur cadre, quatre files de chevaux apparurent aux regards étonnés de l'empereur de toutes les Russies. »

Rentré en France avec son père, le duc de Bourbon organisa à Chantilly une magnifique vénerie : ces bois si délaissés depuis vingt-cinq ans commencèrent à se ranimer au bruit de la trompe et à l'entraînante musique des meutes du prince; le duc eut sa cour, ses gentilshommes, un personnel nombreux et choisi. La forêt se repeupla de daims, de chevreuils, de cerfs et de sangliers. Chasseur consommé, le duc de Bourbon surveillait lui-même tous les détails de sa vénerie, choisissait des chiens dans les meilleurs équipages d'Angleterre et de France.

On a prétendu que les meutes du duc de Bourbon étaient composées exclusivement de chiens anglais; c'est une erreur. Léon Bertrand, témoin dans sa jeunesse d'un des exploits du célèbre veneur, raconte, à l'honneur des chiens français, qu'il dut ce jour-là une grande partie de son succès à l'intelligence de deux griffons orangés.

Les célèbres laisser-courre du duc de Bourbon restituèrent à cette royale demeure des Montmorency et des Condé sa renommée de grandeur, d'élégance et de noblesse.

Le duc de Bourbon

Les meilleurs chasseurs français et étrangers accouraient en foule à Chantilly pour s'initier à l'art de la vénerie. Chantilly en était alors la meilleure école, comme le duc en était le plus savant professeur.

Bien qu'il fût admirablement secondé par l'illustre Fortin, son premier piqueur, par Hourvari, Michel, Bruneau, Verneuil, Laubardin, L'Andouiller, le duc de Bourbon aimait à travailler dans les défauts; jamais il n'était plus heureux que quand, à force de science pratique, il parvenait à relever une difficulté sérieuse.

Léon Bertrand raconte avec enthousiasme l'exploit dont j'ai parlé plus haut. Le résumé de son récit nous montrera ce que valait comme veneur S. A. R. le duc de Bourbon.

« En 1826, par une chaude journée d'été, j'étais près d'un des plus vieux chênes d'Armainvilliers, sur lequel j'avais découvert un nid de buse.

« J'encourageais du geste et de la voix un jeune garçon de ferme parvenu déjà à plus de moitié de son ascension, quand il me sollicita, par des gestes plus éloquents que la parole, de venir partager son poste. En trois minutes j'eus rejoint mon camarade sur cet observatoire improvisé, situé à huit ou dix mètres au-dessus du sol. A peine établi près de lui, son doigt m'indiqua la chaussée de l'étang de Puy-Carré qui borde la petite plaine de Favières.

« Un cerf dix-cors était arrêté sur l'un des bords de la forêt; son attitude était celle d'un animal fatigué qui se repose et écoute. La meute qui le poursuivait lui avait laissé le temps de se forlonger : pas un seul aboiement, pas le moindre requêté sonné au loin ne troublait la solitude de ce lieu. Du carrefour où s'élevait notre chêne séculaire, nous n'étions pas à cinquante pas du cerf, et comme la lisière de la forêt était en jeune taille de quatre ans, nos yeux ne pouvaient pas perdre un seul mouvement du cerf, inquiet évidemment de la route et du parti qu'il allait prendre.

« L'animal, après avoir doublé ses voies, fait un bond de côté, descend dans un fossé plein d'eau et se dirige vers la chaussée de droite de l'étang, occupée dans une grande partie de sa longueur par une large pile de bourrées; il s'y précipite, et de là, bondissant dans l'eau, il gagne majestueusement à la nage un îlot couvert de joncs touffus.

« Une demi-heure après, le bruit du cor et quelques voix d'hommes appuyant des chiens anglais à peu près muets nous annoncent l'approche d'un équipage : trois cavaliers le suivent; l'un d'eux, un vieillard encore vert, en uniforme de chasse, monté sur un grand cheval bai brun, met pied à terre et entre dans le bateau amarré à la rive.

« Fortin, dit-il en s'adressant d'un air peu satisfait au plus âgé des deux autres cavaliers, « voilà encore une belle journée! Deux fois dans le même mois manquer le même animal ! « Où penses-tu que ce diable de cerf soit passé? »

« Après avoir pris l'avis de son piqueur, le duc se décide à remonter à cheval et à rester à examiner les bords de l'étang, pendant que les deux piqueurs rentrent sous bois. Deux griffons orangés, au lieu de suivre les piqueurs, travaillent vivement et le nez haut à quelques pas du vieux veneur.

« L'un d'eux entre dans le fossé où le cerf a battu l'eau et se récrie vigoureusement : son camarade le suit et donne de la voix.

« Le duc de Bourbon descend prestement, attache son cheval à un jeune baliveau, et, sautant dans le fond du fossé, reconnaît le vol-ce-l'est du dix-cors, pendant que les deux griffons rapprochent la voie avec ensemble.

« A la sortie du fossé, la voie retrouvée si heureusement est de nouveau perdue.

« Tout à coup, le noble veneur, dont le regard se promenait partout avec une pénétration merveilleuse, eut une de ces inspirations subites qui, en chasse, dénotent un maître consommé.

« Malgré son âge avancé, il escalade la pile de bourrées, en s'y cramponnant tant bien que mal. L'animal, à la sortie de ce fossé fangeux, avait nécessairement les pieds couverts de limon. Quelques liniments verdâtres mélangés d'une vase humide appendant çà et là aux fagots sur lesquels le cerf avait sauté suffisent à l'habile veneur pour débrouiller ce défaut si compliqué; il eut bientôt deviné le reste. L'animal, après avoir suivi la pile de bourrées dans toute sa longueur, avait dû se jeter à l'eau pour aller se mettre au milieu de ces touffes de roseaux où quelques joncs nouvellement rompus trahissent son passage.

« Je n'étais pas encore descendu de mon observatoire pour me rapprocher de la chaussée de l'étang, que tous les chiens ralliés à la voix des deux griffons nageaient vers le pauvre dix-cors.

« Engourdi par un fatal repos, il essaye en vain de fuir; il est immédiatement noyé par la meute.

« Je rencontrais pour la première fois M. le duc de Bourbon, dont maintes fois on avait cité les prouesses. Ce tour de force accompli sous mes yeux m'impressionna tellement que le noble vieillard devint dès lors pour moi mon dieu, mon héros, le maître le plus accompli dans l'art de la vénerie. »

Le duc de Bourbon chassait très souvent à courre; il devait à cet exercice sa vigueur de corps et d'esprit. Il échappait par là au joug de fer qui pesait sur ses derniers jours.

Ne pas chasser, c'était pour lui la mort à bref délai! Or, une seule fois depuis son retour à Chantilly il resta six semaines sans chasser. Il était alors à Saint-Leu-Taverny. Vous savez ce qui advint dans cette épouvantable nuit témoin de la fin tragique du dernier des Condé!

La trop célèbre baronne de Feuchères accompagnait souvent à la chasse le duc de Bourbon; elle montait très bien à cheval, et, pour mieux s'afficher, elle avait osé se faire faire un amazone complet : jupe et corsage ventre de biche, couleur de la vénerie des Condé. Un jour que le vautrait du duc chassait un sanglier à son tiers-an, l'animal, très malmené par les chiens, passa entre les jambes du cheval de la baronne et déchira sa jupe. Un des gentilshommes de la suite du duc ne put s'empêcher de dire : « Quel dommage que le sanglier ne l'ait pas tuée! » Ceci se passait en 1829, peu de temps avant la mort du pauvre duc et devant le marquis de L'Aigle, qui a bien voulu me raconter le fait.

L'équipage de Chantilly avait pris, en 1828, quatre-vingt-dix cerfs sur quatre-vingt-douze attaqués.

La vénerie de Mgr le duc de Bourbon comprenait les trois équipages suivants : 1° l'équipage du sanglier, qui chassait du 17 juillet 1816 au 29 décembre 1829; 2° l'équipage du cerf, du 5 février 1821 au 29 décembre 1829; 3° l'équipage du chevreuil et du daim, du 24 octobre 1818 au 29 décembre 1827.

PRISES DE L'ÉQUIPAGE DE CERF DE 1821 A 1829

1821-1822	50 pris,	23 manqués
1823.	42 —	10 —
1824.	52 —	6 —
1825.	68 —	4 —
1826.	66 —	6 —
1827.	83 —	6 —
1828.	90 —	2 —
1829.	75 —	6 —
Totaux	526 pris,	63 manqués

(Manuscrit de Chantilly, in-folio, maroquin rouge, aux armes des Condé.)

Quelques mois après sa mort, les trois meutes du duc de Bourbon furent vendues à l'encan et à des prix dérisoires.

Au moment de la vente, aucun acquéreur ne se présentait, quand tout à coup six charrettes de bouchers s'arrêtent devant le perron du château.

Déjà ces honnêtes industriels avaient jeté dans leurs ignobles tombereaux la plupart de ces nobles bêtes, livrées les unes pour cinq francs, les autres pour dix, quand un vieux valet de chiens se présente avec un limier de la race de saint Hubert.

Je transcris l'émouvant récit de M. de Sauvenière.

« A dix francs le vieux *Cavalier* ! » crie le commissaire-priseur.

« Onze francs ! » dit un valet de chiens.

« Après de nombreuses enchères, le limier de Saint-Hubert fut enfin adjugé au prix de cent francs.

« *Cavalier* est à moi ! » s'écria le valet.

« Et le vieux serviteur et le vieux chien s'en allèrent en se tenant embrassés comme deux amis sauvés l'un par l'autre. « Je ne fumerai pas pendant un an, murmurait le piqueur ; « ce que tu m'as coûté, continuait-il en caressant *Cavalier*, sera couvert par cette économie. »

« Une jeune femme assise sur un élégant poney-chaise attendait près de la grille d'honneur.

« L'heureux acquéreur du limier ôte d'instinct sa cape de chasse en passant près d'elle ; celle-ci lui fait signe d'approcher. « Hourvari, lui dit-elle, vous êtes un brave et loyal « serviteur ; vous amènerez *Cavalier* à Pierrefonds, et vous toucherez mille francs en « prenant la direction du chenil. »

« Le vieux piqueur restait interloqué, sa casquette à la main, et ses cheveux blancs tout ébouriffés.

« Il n'osait questionner, il balbutiait, le pauvre piqueur !... La belle inconnue souriait : « Eh oui ! mon brave Hourvari, au château de Pierrefonds... Surtout n'oubliez pas d'amener « *Cavalier*. »

« Et la voiture s'éloigna rapidement.

« A mon tour, j'interrogeai le vieux valet de chiens.

« Voici la chose, Monsieur, me répondit-il. *Cavalier* a sauvé la vie à mon maître le
« prince de Condé, lequel l'a risquée maintes et maintes fois dans les houraillis. Dame!
« j'aime ce limier comme j'aimerais mon enfant... si le bon Dieu m'en avait donné un!...
« Qu'il soit béni, le bon Dieu! Je vois bien qu'il y aura encore quelques bonnes chasses
« pour *Cavalier* et pour moi! »

« Le brave piqueur me salua et s'en fut avec son limier.

« Pendant cette scène, les charrettes des bouchers roulaient sur la pelouse de Chantilly.
On voyait se lever au-dessus des lourds véhicules les têtes inquiètes des malheureux chiens
qui quittaient le château pour n'y plus revenir... »

Jetons un voile sur ces jours de deuil pour tout veneur et pour tout cœur français!

Hallali d'un ragot (Bas-relief appartenant au marquis d'Espeuilles)

CHAPITRE IV

LOUIS-PHILIPPE

PEINE descendus des barricades, les héros de Juillet se précipitèrent dans les parcs royaux, au son des tambours des gardes nationaux qui vont leur servir de rabatteurs ; les émeutiers massacrent les cerfs, les chevreuils, les faisans, qui peuplent les bois de Versailles, de Marly, de Saint-Germain et des autres forêts royales des environs de Paris.

Les Bourbons, ces grands veneurs français, ont disparu du sol de l'ingrate patrie qu'ils ont pourtant faite si grande !

Louis-Philippe supprime la vénerie royale ; elle ne sortira de l'oubli que vingt-deux ans après, pour prendre sous Napoléon III le titre de vénerie impériale. Ce ne fut que cinq ans après *les glorieuses*, que les deux fils aînés de Louis-Philippe, les jeunes ducs d'Orléans et de Nemours, subirent l'influence de la passion de la chasse à courre qui semble à cette date se réveiller partout en France. — Peut-être aussi avaient-ils senti courir dans leurs veines un peu du sang de leur aïeul le duc de Penthièvre, le dernier grand veneur avant 1793.

Louis-Philippe, qui n'a pas oublié que la populace a reproché à Charles X la splendeur de ses équipages, refuse à ses enfants le luxe d'une vénerie royale. Soumis à sa volonté paternelle, les princes achetèrent une vingtaine de chiens auxquels on fit chasser d'abord des traînées faites avec des pieds de cerf ou de sanglier. Ils durent se contenter, pendant quelque temps, de ces chasses tout au plus bonnes pour amuser des collégiens en vacances.

Comme pour enlever toute illusion à ceux qui avaient espéré revoir encore la belle livrée ventre de biche des princes de Condé, les drags étaient chassés à l'anglaise, les princes portant l'habit bleu à collet rouge, la culotte blanche, les bottes à revers et le chapeau rond.

Au début, l'équipage fut monté par actions ; ensuite il devint plus considérable et fut dirigé par Charles Lafitte.

On essaya de chasser à courre : une charmante daine blanche qui avait échappé au massacre, appelée par les forestiers « la daine d'Amérique », fut détournée dans le canton des Clavières par le garde Charles Connétable, aidé de son fameux limier Tirefort. Mise sur pied par Connétable, la daine saute la route des Nymphes à cent pas du relais ; heureusement pour elle, les chiens ne tardent pas à prendre le change sur deux chevreuils. La meute, après avoir été arrêtée, ne retrouve plus la voie de son animal ; faut-il donc sonner la retraite manquée ? Un garde a lâché à tout hasard, le matin, un jeune renard dans l'entrejillagement des tirés de la faisanderie. Les princes décident d'attaquer le prisonnier, afin de se donner le plaisir d'un hallali facile ; à peine lancé, le renard essaye de se terrer, mais le trou se trouvant trop étroit, il ne peut s'y glisser tout entier ; saisi par les chiens, il est bientôt mis en lambeaux : tel fut le premier laisser-courre des deux princes.

A quelque temps de là, leur meute parvint cependant à prendre un daguet après quatre heures d'une chasse arrêtée à chaque instant par de continuels défauts péniblement relevés : ce fut leur premier succès. Mme Adélaïde, leur tante, ayant demandé la grâce du cerf, on ne voulut pas priver l'assemblée des veneurs du spectacle d'une curée chaude. Deux moutons gras furent amenés sur cette pelouse de Chantilly témoin de tant de glorieux hallalis ; les chiens, indignement trompés, firent la grimace ; cette parodie ne fut pas renouvelée. Ne quittons pas Chantilly sans raconter, avec M. de La Rue, la chasse légendaire de l'avant-dernier prince de Condé.

Bien qu'il soit connu de quelques-uns de nos veneurs, cet épisode si curieux de la vie du prince est ici à sa place.

Un jour, un valet de chiens de sa vénerie signale au rapport un cerf dix-cors dans l'enceinte même où plus tard les princes d'Orléans devaient lancer le daguet dont j'ai parlé plus haut.

Après s'être fait chasser un instant, l'animal prend son parti, traverse toute la forêt à fond de train ; gagnant sur la meute une avance considérable, il se *forlonge* tellement, que les chiens tombent à bout de voie. On a beau envelopper l'enceinte où on en avait *revu* pour la dernière fois, *prendre* les *arrières* et les *grands devants*, rien n'y fait ; le cerf avait disparu et il fallut se décider à sonner la retraite manquée. Le prince de Condé rentra au château très intrigué de la singulière disparition du dix-cors, sur le compte duquel on n'avait pu recueillir le moindre renseignement.

Dans les grands équipages, il est d'usage d'envoyer à peu près tous les jours au bois les valets de limier, pour qu'ils prennent connaissance des animaux, sachent où ils se *rembuchent*, s'ils *vident* la forêt, ou s'il en revient d'autres des bois environnants.

Quelques mois plus tard, un des valets de limier arrive en courant au château et demande à parler au prince en disant le motif qui l'amène.

Immédiatement introduit : « Monseigneur, dit-il, j'ai connaissance du cerf : il est de retour.

— Est-ce bien lui ? en es-tu sûr ?

— En en *revoyant* quand mon chien s'est *rabattu*, j'ai cru le reconnaître par le pied ; mais pour ne pas faire un faux rapport à Monseigneur, je l'ai *mis à piser* (c'est faire bondir l'animal qu'on a rembuché, pour le *voir par corps*) ; il n'est pas très gros de corsage, et il porte *quatorze malsemés*.

— C'est bien, Fortin, je t'accorde trois louis de gratification. »

Le lendemain, Fortin avait son cerf ; il en fit son rapport au commandant de la vénerie ; il n'y avait pas à craindre un buisson creux, le cerf *était gardé*.

Le prince montait son meilleur cheval ; les relais avaient été formés avec le plus grand soin et placés sur les points les plus favorables pour être donnés à propos.

On frappa à la brisée de Fortin avec tous les chiens de meute ; la méthode qui consiste à séparer l'animal avec quelques vieux chiens seulement n'avait pas encore été imaginée par d'Yauville. Promptement mis sur pied et vigoureusement attaqué, le cerf se fit chasser pendant plus de deux heures dans toute la forêt sans débucher ; c'était à croire qu'on avait affaire à un autre animal ; déjà les camarades, un peu jaloux du succès de Fortin, le regardaient en souriant, lorsque les chiens cessèrent tout à coup de crier ; comme la première fois, ils étaient à bout de voie ; il fut impossible de relancer le cerf.

Pour un veneur de la trempe du prince de Condé, manquer un cerf était une rare exception ; le manquer deux fois de suite, c'était trop.

Les hommes de vénerie que leur mère a bercés avec des histoires de revenants, et qui ont l'imagination superstitieuse, parlaient de cerfs qu'on ne peut jamais prendre.

Le prince, lui, ne croyait pas aux animaux sorciers, mais aux mauvais chiens, aux mauvais veneurs et aux chasses mal conduites ; il n'y avait rien de semblable dans ses équipages et cependant deux fois un cerf avait disparu sans que personne pût dire comment et de quel côté. « Ventre de biche ! un dix-cors ne se terre pas comme un lapin, et ce dix-cors je le veux, je l'aurai ! »

Pour cela, le prince fit annoncer à son de trompe et afficher à vingt lieues à la ronde,

à la porte de toutes les églises, qu'il donnerait une récompense à tous ceux qui apporte-
raient des nouvelles de son cerf.

Quelques jours après, des paysans vinrent à chaque instant raconter ce qu'ils savaient
sur le cerf endiablé.

« Monseigneur, je suis de Vic ; mon village est de l'autre côté de l'Aisne ; avant-hier
après midi, vers les trois heures, je m'en revenais de Tourneux, qui est de ce côté-ci de

Costume de chasseur (Gravure de mode de l'époque)

l'eau, quand j'ai vu à trois cents pas environ, sur la rive, un cerf qui se mettait à
la nage ; il avait déjà de l'eau jusqu'au
jarret.

— Deux louis à cet homme, fit le
prince.

— Moi, Monseigneur, je viens de
plus loin ; je suis natif et habitant de
Mambresson. Il y a deux jours, en revenant le soir des champs, j'ai vu un cerf
quasi vieux déjà, qui entrait dans le bois
de Ribaumai. Comme il n'y a pas de cerf
pour l'*ordinaire* dans ce petit bois-là, je
me tromperais si ce n'était pas la bête à
laquelle Monseigneur s'intéresse.

— Quatre louis à cet homme, s'écria
le prince, avec un accent plus marqué de
satisfaction.

— Moi, Monseigneur, je suis encore
de beaucoup plus loin. J'habite une chaumière un peu dans les terres, sur la route
de Rocroy, Monseigneur sait bien ; à deux
cents pas de moi, il y a un petit verger.
L'autre soir, vers minuit, il faisait beau
temps, la lune dormait, et, comme je ne
dormais pas, je me suis trompé d'heure,

j'ai cru qu'il faisait jour. Je me suis mis sur ma porte, et voilà que je découvris très dis-
tinctement un gros cerf qui s'en donnait à bouche que veux-tu de mes pommes. Ma porte
n'était pas ouverte que déjà, à mon grand regret, mon voleur était parti, mais si vite que
je n'ai plus rien vu, lorsque je suis revenu avec mon bâton que j'avais été chercher. Si ce
n'est pas le cerf de Monseigneur, c'est à coup sûr quelque maraudeur des Ardennes qui
avait poussé un peu loin au gagnage, comme le voit Monseigneur.

— Six louis à cet homme, huit louis à cause des pommes mangées ! » s'écrie le prince,
qui ne contenait plus sa joie. « Les Ardennes ! les Ardennes ! c'est cela, c'est trouvé ! » Le

prince se souvenait que l'année précédente, parmi les grands animaux dont on avait peuplé Chantilly, il se trouvait un cerf originaire des Ardennes. Il n'y avait pas à en douter, le cerf manqué deux fois devait être celui-là, le même que les paysans avaient vu.

Rentré maintenant dans les sombres taillis de l'antique forêt de Hercynie qui l'ont vu naître, visitera-t-il encore les bois de Chantilly, si inhospitaliers pour lui ?

L'herbe des gazons y est si succulente, les eaux si belles et si pures, les biches si nombreuses ! Pauvre cerf! comment résister à tant de séductions ?

Il revint assez longtemps après la dernière chasse.

Un matin que le prince de Condé était à déjeuner, son chef d'équipage, non sans émotion, vint dire que le cerf des Ardennes était rentré, que les valets de limiers en avaient connaissance.

Le prince, au comble de la joie, voulut prendre lui-même toutes les dispositions stratégiques et arrêta le plan d'attaque et de poursuite.

Les relais de chiens et de chevaux furent échelonnés de six lieues en six lieues, de Chantilly à la forêt des Ardennes.

« Je passerai la nuit tout botté, à la belle étoile, s'il le faut, disait le prince ; j'ai été battu deux fois, je ne le serai pas une troisième, j'aurai mon cerf, et, saint Hubert aidant, je le prendrai. »

A l'attaque, tout le monde était impressionné ; selon son habitude, le cerf se fit battre un moment en pleine forêt, puis débucha. Tout avait été si bien prévu, qu'au début la victoire paraissait à peu près certaine. Toutefois, le cinquième relais avait été donné, et le cerf ne paraissait pas avoir perdu de sa vigueur ; rien n'indiquait qu'il fût très *malmené*. Mais la poursuite était si ardente, lès sons de trompe si pressés, que la peur le gagna ; ses jarrets faiblirent, et après deux relancées à vue, il fut porté bas, à trente-quatre lieues de l'endroit où il avait été lancé.

Le succès était éclatant, la figure du prince rayonnait de satisfaction ; sa munificence fut sans bornes pour les gens de sa maison qui avaient eu le courage et la chance de suivre un pareil laisser-courre jusqu'à la prise.

C'est ainsi que dans notre ancienne France chassaient nos princes et nos rois !

Le duc d'Orléans comprit enfin que sa vénerie manquait de prestige ; que c'était aussi manquer de dignité que de s'exposer au ridicule, lui et ses frères, au milieu d'une population qui avait conservé le souvenir des magnificences cynégétiques du duc de Bourbon. Il résolut de se procurer un des bons équipages des environs de Paris, avec lesquels il avait déjà fait plusieurs brillants hallalis. Il s'adressa au marquis de L'Aigle. Le lendemain, le marquis lui céda chiens et piqueurs et les fit conduire au palais de Compiègne.

C'était peu princier encore, mais enfin c'était convenable. Le comte de Cambis fut nommé commandant, Firmin premier piqueur, Laubardin deuxième, Dubois, Cadichon, Créteau, valets de chiens ; six chevaux, soixante-neuf foxhounds, six limiers français, complétèrent la vénerie des princes.

Ceci se passait en 1837, peu de temps après le mariage du duc d'Orléans : on était alors au camp de Compiègne ; pendant la durée du séjour des princes au camp, on chassa à courre et à tir. Du 4 septembre au 27 octobre, l'équipage prit deux cerfs, dont un dix-cors, et trois daims ; les tirés donnèrent au tableau un résultat de plus de cinq cents pièces, chevreuils, lièvres, lapins, faisans et perdrix.

Quelques années plus tard, l'équipage, mieux conduit, prend à Fontainebleau dix cerfs sur onze attaqués de meute à mort.

Léon Bertrand nous raconte la première prise par les princes d'un cerf dix-cors jeunement, attaqué à Fontainebleau. Je résume son récit.

« Partis à neuf heures du matin de Paris par le chemin de fer de Corbeil, les ducs d'Orléans et de Nemours attaquèrent à une heure et demie un dix-cors jeunement, détourné par Laubardin au bois des Seigneurs, sur la route d'Orléans. Après avoir traversé la forêt depuis Franchard jusqu'à la ferme de Courbisson, le cerf prit l'eau, en face du Petit-Barbeau ; puis, débuchant en plaine, il laisse Valence sur la droite, saute la route de Melun à Montereau avec deux heures d'avance. Relancé dans un petit bois d'un arpent, le cerf fait son hallali dans une mare, où il est noyé par la meute.

« Il est six heures et demie ; à sept heures la curée est faite, et les princes sont à huit lieues de Fontainebleau. N'ayant rien pris depuis le matin, ils gagnent la ferme des Hallains, où, pour tout potage, ils ne trouvent que du pain de seigle, des œufs et du mauvais cidre. « Un instant ! » dit le duc d'Orléans à ses compagnons qui déjà s'apprêtaient à faire honneur à ce maigre repas, « si nous consultions nos bourses ? » Grâce à la prévoyance du duc de Nemours, qui avait sept napoléons, on réunit un fonds social d'environ 300 francs.

« Allons, à table ! dit le prince, nous avons assez pour payer la note. D'ailleurs, « ajouta-t-il gaiement, j'en serais quitte pour engager ma signature, si nos ressources ne « suffisaient pas. »

« Dix heures du soir venaient de sonner à Fontainebleau, lorsque les princes arrivèrent au château, où l'équipage, conduit par Laubardin, ne rentra qu'à une heure du matin. »

Le trépas du duc d'Orléans vint étendre un voile de deuil sur la vénerie des princes. Le 14 juillet (date déjà néfaste dans nos annales) de l'année 1842, le duc d'Orléans se brisa la tête sur le pavé du chemin de la Révolte !

Le duc de Nemours continua jusqu'en 1848 à diriger l'équipage que son frère et lui avaient formé et entretenu ; il y associa ses frères, le prince de Joinville et le jeune duc d'Aumale.

Avant de présenter à mes lecteurs les principaux chasseurs de la Restauration et de la monarchie de Juillet, il me paraît piquant d'assister aux efforts risibles des antagonistes les plus déclarés de l'ancien régime, s'essayant aux grandes façons et aux allures seigneuriales.

Voici maître Dupin, chaussé de ses souliers ferrés, qui descend de voiture pour se rendre à un tir royal. Que de fois le fougueux avocat n'a-t-il pas fulminé contre ce passe-temps des oisifs aristocrates ! Il a pour compagnon un autre personnage plus petit de taille, mais non moins ennemi du passé. Cependant tous deux semblent chercher l'empreinte des pas de Charles X dans les layons de ce parc de Versailles d'où ils ont chassé le vieux roi. Ce second personnage, c'est M. Thiers !

Eugène Chapus décrit ainsi le tiré des princes et de leurs compagnons de ce jour :

« M. le duc d'Orléans et M. le duc de Nemours chassaient à tir à Versailles avec cinq invités. Chacun devait suivre le layon où il avait été placé. Derrière le troisième tireur, on remarquait le plus étrange quidam qui se puisse imaginer : il portait un pantalon jaune nankin, alors marbré et couperosé par de trop fréquentes lessives, contenu aux jambes par des guêtres de toile bleue. La redingote marron clair dépassait de deux travers de doigt l'ourlet d'une blouse d'un bleu étiolé ; tout cela était couronné d'un de ces chapeaux sous lequel disparaissaient à moitié les visages. Le personnage lui-même ne réalisait aucun de ces types que nous voyons et que nous nous formons d'un gentilhomme se livrant au noble déduyct de la chasse. Petit, rondelet, des lunettes sur les yeux, il péchait par l'élégance des allures. Dès que le signal fut donné, le désordre éclata. Le chasseur pétulant ne pouvait se tenir dans ses limites qui lui avaient été tracées : il allait et venait en dépit de toutes les règles de l'étiquette, quittait son layon, usurpait le terrain des princes, marchait en avant d'eux, et tirait sur leur gibier. Les princes se contentaient de sourire et laissaient le petit homme s'agiter.

« Ce second compagnon des princes à ce tiré, c'était le président des ministres de leur père, l'illustre allié de la magnanime Angleterre, M. Thiers lui-même. »

Heureusement que nous allons rencontrer une pléïade de chasseurs moins grotesques. Ce fut même pour la vénerie et la chasse à tir une époque remarquable que celle de 1830 à 1848.

Louis-Philippe voulut qu'on louât toutes les forêts de la couronne, heureuse innovation au point de vue des revenus de l'État comme à celui du développement de la chasse à courre et à tir. On vit surgir alors nombre de sociétés qui se disputèrent à des prix souvent très élevés le droit de tuer ou de forcer le gibier qui peuplait les forêts royales.

Sous la Restauration il y eut moins de facilités pour les chasses à tir et à courre, attendu que les forêts de la couronne étaient réservées aux plaisirs du roi. La vénerie commença cependant, nous l'avons dit plus haut, à renaître de ses cendres sous ce régime réparateur.

Les guerres de Napoléon étaient loin d'avoir enrichi le pays : si le sang était la monnaie courante, l'or était rare, surtout parmi les descendants des veneurs de province, dont les biens avaient été vendus pendant la Révolution. Aussi les équipages furent-ils très clairsemés sous l'empire.

Il y eut donc fatalement un moment d'arrêt au commencement de la Restauration : la France avait vu son sol piétiné par les armées coalisées, et le reste de son or avait servi à sa rançon.

En rétablissant l'ordre dans nos finances, les sages conseillers de la Restauration rétablirent par là même l'équilibre dans nos budgets ; c'était rendre à la France son crédit, et aux citoyens le moyen de remplir les vides de leur escarcelle.

La vénerie royale, rétablie par le roi légitime et si heureusement réglée par M. de Girardin, encouragea les veneurs à suivre l'exemple parti de haut.

On vit alors surgir de toutes les parties de nos provinces des équipages modestes au début, mais qui peu à peu devinrent dignes de leurs devanciers du dix-huitième siècle.

Dans le centre de la France, en Nivernais, en Bourgogne, en Bourbonnais, nombre de meutes reparurent.

Dès l'année 1819, MM. de Vitry et de Pracomtal organisèrent un vaillant équipage pour le loup. M. Charles Brosse eut l'idée, à la même date, de croiser des lices du Poitou

Départ pour la chasse (Gravure du temps)

avec des étalons anglais; la beauté et la qualité de ses bâtards ne laissaient rien à désirer; avec ces braves chiens il forçait régulièrement les sangliers et les jeunes loups, si nombreux à cette époque dans le centre de la France.

Le comte César de Moreton, cadet du marquis de Chabrillan, découplait ses poitevins de la race des Foudras avec les bâtards de Charles Brosse.

Nous voyons M. Brière d'Azy tuer ou prendre dans le cours de sa brillante carrière cynégétique onze cent quarante-trois loups. Son équipage se composait de bâtards vendéens-normands.

M. de Vichy, admirablement secondé par un piqueur vendéen, Saint-Jean, appartient à cette époque. La société « A moi Morvan » est fondée; elle compte parmi ses membres les plus actifs, outre les veneurs dont nous venons de parler, MM. de Foudras, Jourdan du Mazot, de Mac Mahon, etc... Grâce aux efforts persévérants de ces messieurs, les loups avaient presque disparu de leur pays au moment de l'avènement de Charles X.

Dans sa *Vénerie contemporaine*, M. de Foudras raconte, à propos de M. de Jourdan du Mazot, une aventure dont ce célèbre chasseur de loups fut le héros.

Il avait promis à la future d'un de ses amis un tapis de fourrures pour le jour de son mariage, fixé en plein été, au 27 juillet.

Il était quatre heures de l'après-midi, et la nouvelle mariée n'avait vu apparaître ni M. Jourdan ni le tapis promis. Tout à coup, la fanfare de l'hallali éclate bruyamment dans la cour du manoir; l'assemblée se précipite aux fenêtres; on aperçoit Jourdan ruisselant de sueur; sa veste de velours est jetée sur une de ses épaules, sa carabine pend à ses côtés, et autour de sa selle s'étalent six louveteaux.

« Madame, crie-t-il à la mariée, je vous avais promis un tapis de fourrures pour mon présent de noces, le voilà ! »

Le vigilant et intrépide chasseur avait eu connaissance d'une portée de louveteaux près de la queue de l'étang qui borde le château de son ami; il avait passé la nuit sur la chaussée, et à la toute petite pointe du jour il avait eu la satisfaction de voir les jeunes bandits, au nombre de six, qui se désaltéraient à deux cents pas de lui. A l'aide de ses vieux chiens, il avait successivement cueilli, l'un après l'autre, les six louveteaux, malgré la chaleur tropicale de juillet.

Sur la fin de ses jours, M. Jourdan créa une race de bâtards anglais, avec lesquels il fit plusieurs prises de vieux loups. Les gens du pays en citent trois; la première me semble la plus intéressante.

Accompagné de MM. d'Assigny et Minot, M. Jourdan avait lancé un loup de deux ans au cœur des grands bois qui s'étendent de Nevers à Azy, à quelques pas du rendez-vous du Chêne de la Messe. Après cinq heures de chasse, Jourdan voit son loup à moitié rasé dans l'herbe, le prend pour un louvard, et, remettant dans sa botte sa carabine, il dit au plus jeune de ses compagnons : « A vous les honneurs ! » Mais pendant que M. d'Assigny s'apprête à le servir, le loup, houspillé par les chiens, repart vivement et se jette au plus épais du fourré. Jourdan, qui a pu l'examiner à son aise, reconnaît que c'est un grand loup et maudit son erreur. La nuit vient, peut-être ses ombres vont-elles sauver l'ennemi. Perdant la tête, le loup quitte le bois et se dirige vers le village de Saint-Martin; dans le débucher, les chiens le rejoignent, l'aboi se fait entendre sur le bord du grand chemin, à deux pas du village. Jourdan pousse vivement son vieux morvandeau, *Jacob*, arrive le premier, voit maître loup juché au sommet d'une haie, et la meute faisant tous ses efforts pour s'élancer jusqu'à lui. Dégageant sa carabine, Jourdan fait feu, et le loup tombe de son asile aérien au milieu des bâtards anglais et des nombreux habitants de Saint-Martin, attirés par les cris de l'équipage et les bruyants hallalis des veneurs.

N'oublions pas les hardis piqueurs des maîtres d'équipage de la société « A moi Morvan » : Saint-Jean, dont nous avons déjà cité le nom, son compatriote vendéen

Charrier, à M. Brière d'Azy ; Chapelain, au comte César de Moreton ; Guignard, au marquis d'Espeuilles ; La Rosée, au marquis de Pracomtal ; Michel, à M. Jourdan du Mazot.

Sous Louis-Philippe, la société « Piqu'avant Morvan » fut volontairement dissoute, et fit place à celle de « Rallye-Bourgogne », présidée par le marquis et le comte de Mac Mahon. Ces messieurs habitaient le superbe château de Sully, aux trois cents fenêtres, et chaque année réunissait les sociétaires de « Rallye-Bourgogne » pour forcer des sangliers.

La meute des deux frères se composa d'abord de harriers avec lesquels ces messieurs firent quelques prises de chevreuils.

Bientôt, avec l'aide des principaux sociétaires, MM. de Montmort, de Vaublanc, de Beuverand, d'Archiac, d'Espeuilles, etc., la meute de harriers fut remplacée par soixante fox-hounds et quarante bâtards vendéens, avec lesquels on força régulièrement les bêtes noires. L'illustre piqueur Racot eut la direction de l'équipage ; son talent hors ligne fut pour la société la cause de nombreux succès.

La société de « Rallye-Bourgogne » marcha sur les traces des veneurs de « Piqu'avant Morvan ».

Dans un livre intitulé *Les Hommes des bois*, publication posthume du comte d'Osmond, nous retrouvons les portraits pris sur le vif des principaux sociétaires de « Rallye-Bourgogne ».

Doué de tous les avantages physiques et de cette distinction particulière qui caractérise les descendants de ces grandes races, dont les goûts se sont tournés plutôt vers les rudes déduits de nos pères que vers les jouissances efféminées, le comte d'Osmond a été aussi habile veneur que délicat écrivain et fidèle ami. Il a élevé dans son livre un véritable monument à la mémoire de ses anciens compagnons de chasse. Nous y glanerons çà et là de charmants épis.

Le comte d'Osmond chassa surtout le sanglier ; dans sa jeunesse, pendant qu'il habitait Pontchartrain, il attaquait cependant quelques cerfs dans des conditions qui méritent d'être rapportées. Non loin de Trappes, dans le petit bois des Hautes-Bruyères, ne comprenant que quelques hectares isolés dans la plaine, parfois un cerf sortant de Rambouillet venait se remettre, fuyant la grande forêt, pour y trouver le calme et la solitude.

« Chaque jour de chasse, les mardis et samedis, mon homme allait, en enfant perdu, faire les Hautes-Bruyères. Il avait été convenu que, dans le cas où il y aurait un buisson, mon homme devait aussitôt me faire prévenir par un exprès. Cette heureuse organisation nous donna des laisser-courre admirables, et pendant deux ans j'eus la chance de prendre chaque année quatre à cinq grands animaux. Nous attaquions avec deux vieux chiens appuyés par un homme à pied, et nous placions l'équipage découplé sous des pommiers, parfois même derrière une meule de paille, dans la direction du débucher de Rambouillet.

« Une fois le cerf sur pied, il tournait une demi-heure dans le boqueteau, puis paraissant tout à coup sur la lisière du bois, sautait le fossé, partait en plaine au petit trot, le nez au vent, venait passer à cinquante pas à peine de la meute et des chasseurs cachés le mieux possible et le guettant anxieusement. Le découplé se faisait donc à vue, à un

LE CHATEAU DE SULLY

(Propriété de MM. de Mac Mahon, lieu de réunion du « Rallye-Bourgogne »)

galop furieux, pêle-mêle avec les chiens et le cerf; on arrivait ainsi à la forêt de l'État, après un débuché de sept kilomètres.

« Là, l'étang de Saint-Hubert, traversé par la meute, donnait un répit momentané à l'animal et aux chevaux; puis on redébuchait de plus belle pour rentrer dans le massif des bois, généralement par Coupe-Gorge. On prenait presque toujours du côté de Saint-Léger.

« M. de Lignières, que je voyais beaucoup alors, était officier au 4ᵉ hussards, qui tenait garnison à Rambouillet; ces chasses des Hautes-Bruyères se formulaient avec une telle régularité, qu'il savait d'avance qu'à onze heures et demie du matin le cerf devait entrer aux étangs de Hollande ou de Saint-Hubert. A cette heure-là, il devait donc se trouver sur la chaussée de l'autre côté de l'eau. Aussi, tout en faisant sa promenade matinale avec ses camarades les mardis et les samedis, il se dirigeait dans cette direction. Ces prodigieux rendez-vous réussissaient au delà de ce qu'on peut imaginer. La ponctualité en était assez absolue pour que d'un bord à l'autre, le cerf étant à l'eau, on se saluât de loin à onze heures et demie sonnant. Alors avec quelle joie et quelle cordialité toques et képis volaient en l'air !

« A la sortie de l'étang, les officiers se mettaient de la partie derrière la meute; la chasse continuait, ardente, pleine d'entrain. On prenait souvent à la nuit, et on retraitait soit à Rambouillet chez la mère Barye, où l'on festoyait gaiement, soit à Pontchartrain par des sentiers obscurs, où après une chevauchée de sept lieues, on faisait honneur à un dîner attendant depuis trop longtemps... »

A la suite de revers de fortune, le comte Charles de La Guiche s'était retiré en Bourgogne, à Aisy, au milieu de la terre d'une de ses sœurs. Il y vivait modestement, ne touchant presque aucun revenu, recevant les rares amis qui lui étaient restés fidèles dans la détresse. Le comte d'Osmond allait parfois partager sa solitude; elle se trouvait souvent égayée par la venue du curé de Rougemont, dont le comte a jadis crayonné les traits dans son livre : *A la Billebaude,* sous le titre : « Le curé de Fouronnes ».

« Nous avions là Guérard, l'énorme régisseur de M. de Vallin, *le père,* comme on le nommait généralement.

« Ces réunions devenaient un vrai raout, avec quatre bougies ajoutées ce soir-là à la lampe ordinaire.

« Et, au dîner, si ces messieurs y avaient été conviés, la crème religieuse, comme plat sucré, devenait une suprême recherche. Grande débauche, en sortant de table, avec parties interminables de piquet ou d'écarté.

« A notre grande joie, le curé trichait toujours, prétendant, lorsqu'il se trouvait pincé, que c'était pour ses pauvres. Braconnier d'instinct, passionné de chasse et de pêche, marcheur infatigable, d'une bonté parfaite, il avait raison de dire qu'« il eût fait un excellent zouave s'il n'eût été curé ». Et ses histoires, ses désespoirs de chasseur, ses larcins de fureteur, ses affûts, où La Guiche se donnait parfois le malin plaisir de le faire prendre par ses gardes, devenaient un sujet inépuisable de blague pour nous et de tourments pour lui. Guérard, bon veneur et grand gobelet, avec son ventre sans pareil, faisait spirituellement sa partie dans ces soirées inénarrables. En se quittant fort tard, le cœur allègre, on regagnait son lit sans l'émoi de ces troubles dissolvants, suite des soirées citadines, livrant encore son esprit aux dernières ondes joyeuses que notre entrain de bon aloi venait d'agiter violemment jusqu'à minuit. »

Le comte Étienne de Montmort, un autre vaillant veneur bourguignon, était à cette époque dans tout l'épanouissement de la jeunesse. Valet de limier hors ligne, chasseur consommé, doué d'une force herculéenne, il faudrait écrire un livre entier pour célébrer dignement ses hauts faits. Il faut lire dans d'Osmond les pages vivantes qu'il a consacrées à ce Montmort, qui « même de profil, vaut à lui seul cinq cents veneurs de face », ses aventures de trappeur au Canada, le long des montagnes Rocheuses ; sa captivité chez les *Pieds Noirs*, admirateurs passionnés de sa force colossale et de son habileté à tous les exercices du corps, au point qu'ils voulurent lui imposer la tâche de régénérer leur race ; sa course si prolongée et si périlleuse quand, trouvant la corvée par trop obligatoire, il résolut de s'en affranchir par la fuite ! Que dire de son aventure à Vienne en 1840 ? Passant devant un grenadier de la garde en faction, Montmort, ignorant la consigne, n'avait pas ôté son cigare ; le militaire courut après lui, et arrivant par derrière, il lui applique brutalement le cigare sur la bouche. D'un bond Montmort se retourne ; un vigoureux coup de poing jetait l'homme contre le mur et son fusil sautait à quelques pas ; l'affaire fit du bruit à Vienne, l'archiduc Charles s'en mêla ; Montmort, calme et vaillant, s'en tira à son honneur.

Dans une lettre écrite à un ami, Étienne de Montmort raconte une de ses luttes héroïques avec un sanglier à son tiers-an. Au moment du ferme roulant, Montmort saute à terre, attache son cheval, s'appuie contre un baliveau pour sortir son couteau de chasse et voir par où il fallait entreprendre l'acte final. « Car c'était un gros monsieur avec lequel on devait conserver des formes. Mais patatras ! Y a-t-il comparable désappointement à celui que j'éprouvai alors, en me voyant désarmé et en me souvenant d'avoir oublié mon couteau au rendez-vous ? Fort penaud, vous pouvez le croire, de cette déconvenue, je ne savais que faire, d'autant plus que les chiens en me voyant redoublaient d'entrain, ce qui mettait le monsieur encore plus en colère. Il s'ensuivit naturellement une explosion de cris de douleur et de féroces grognements. Voyant alors plusieurs chiens blessés, je ne pus supporter plus longtemps la vue de ce carnage, et ne trouvant rien de mieux à tenter, je me jetai sur le sanglier à corps perdu ; je l'empoignai par une trace de derrière que je passai lestement sous mon bras droit, puis comme il retombait à terre, je parvins à saisir l'autre jambe que je plaçai de même sous mon bras gauche. A ce manège, quand le cochon avait l'avant-main par terre, les chiens lui arrachaient la figure, mais ils ne le tuaient pas, et en tirant dessus me fatiguaient effroyablement. Je sentais mes muscles s'engourdir. Aussi, comprenant que ce système ne pouvait toujours durer, je cherchais comment je pourrais traîner l'animal contre un arbre et l'étouffer. Mais, en réalité, tout cela était peu pratique, et le temps, croyez-le, me paraissait long. Enfin un galop de chevaux se fait entendre ; ils approchent, les voilà ; je regarde de côté, et le premier que j'aperçois est Napoléon

Bertrand débouchant à travers les branches sur sa bonne *Blanche*. Descendre pour lui est trop long; il quitte les étriers, se précipite à terre, et en deux bonds il est sur moi, ou plutôt contre moi; avec une énergie sans pareille, il enfonce son couteau, qui passe entre mon corps et mon bras droit, dans le sanglier. Je me vis alors deux ennemis au lieu d'un. Pour sauver ma peau, comme ce n'était pas l'instant de discourir, j'envoyai en arrière un formidable coup de pied dans le ventre de mon sauveur, ce qui le fit rouler à terre, tandis qu'il criait : « Sacré nom d'un chien ! j'ai sauté à l'assaut de Constantine, mais, ma foi, ce n'était pas aussi beau que ça! » Au même moment, mes doigts n'en pouvaient plus; le

Retour de la chasse (Gravure du temps)

vieux Bruneau, le piqueur de Béthune, arrivant à propos, servit l'animal dans mes bras. Bertrand prit bien la chose, en rit le premier en bon garçon et ne m'en voulut pas. »

Le président de « Rallye-Bourgogne », le marquis de Mac Mahon, officier dans la garde royale avant 1830, démissionnaire après les journées de juillet, était doué d'une ardeur prodigieuse et d'une grande énergie. Malheureusement il avait la vue très basse et l'oreille fausse. Aussi faisait-il sur ses excellents chevaux des courses fabuleuses et des randonnées sans fin quand il perdait la chasse. La jeunesse est souvent impitoyable, peu respectueuse même; Montmort raconte l'histoire suivante : « Un jour, à la fin d'un déplacement dans la forêt d'Othe, par un temps chaud, lourd, éreintant, on nous avait donné au rapport un ragot dans une enceinte située au pied d'un coteau assez abrupt. En haut, dans une taille de l'année, nous avions pris position, attaché les chevaux, et étendu nos personnes au pied des cordes de bois. La voie était haute, les chiens n'attaquaient pas, lorsque nous voyons tout à coup, à l'orée de la taille, un cavalier arrivant à toute allure. On reconnaît le marquis. Aussitôt l'un de nous (je dévoile le criminel), mon beau-frère Pracomtal, prend sa trompe et son mouchoir, enfonce celui-ci dans celle-là, et sonne un joyeux bien-aller. En un instant les mouchoirs de tous les camarades sont plongés au fond des pavillons des trompes, formant bientôt un ensemble lointain de fanfares incohérentes. A ce concert subit, le marquis, surpris, arrête d'une saccade *Gargantua*, sans cependant distinguer ce que l'on sonne, mais il a sûrement entendu les trompes à une grande distance, et de deux coups d'éperons, partant d'un train enragé pour faire le tour du département, il disparaît comme un ouragan. Et les chiens n'attaquaient pourtant pas !

« Grâce à une constante persévérance, on finit toutefois par mettre la bête sur pied ; le marquis alors devait être loin ; nous chassions convenablement ce sanglier et le prenions à l'autre bout de la forêt, au moment même où Mac Mahon apparaissait avec son cheval épuisé. Il nous conta alors que la chasse lui avait échappé d'une singulière façon, et après avoir galopé au moins une heure, il ne pouvait se rendre compte de ce qui s'était passé. Nous l'assurâmes tous que la forêt, très sourde, en était la cause. Mais si, en mauvais garçons, nous en avons bien ri, aucun de nous ne s'est avisé de lui dire pourquoi ce laisser-courre-là avait été si difficile à suivre. » (D'Osmond.)

Parmi les veneurs de cette époque, dont les fils soutiennent aujourd'hui si vaillamment la haute renommée, nous devons citer les trois frères de Chézelles, présidents de la société « Picard piqu'Hardy », MM. de Boisgelin et leur remarquable piqueur Chopelin ; le comte de Choulot, le marquis de Lentilhac, le baron de Lareinty, Paul Caillard, etc.

Le comte d'Osmond n'oublie pas les piqueurs célèbres de ce temps : Racot, le vieux La Trace, les trois Firmin du dernier Condé, La Feuille, L'Andouiller, les deux Chaplin, Yves, premier piqueur du baron de Lareinty. Il leur consacre quelques lignes empreintes de légitime admiration : il est juste que ces braves serviteurs passent eux aussi à la postérité, dans les annales de la vénerie française.

A cette époque fleurissait en Bourbonnais un gentilhomme campagnard dont le marquis de Foudras nous a laissé la plus curieuse biographie. Le marquis de B... est, en effet, resté aussi célèbre dans sa province que du Fouilloux dans notre Poitou ; les deux hommes se ressemblaient par plus d'un côté, tous deux veneurs enragés, buveurs émérites, etc., etc.

« A cinquante ans, le marquis de B... a encore l'œil vif comme un sanglier qui écoute, le teint fleuri, la chevelure et la barbe sans un poil blanc, les dents aussi solides et aussi étincelantes que celles d'un jeune loup ; il est de haute taille, bâti en hercule, avec des mains à couvrir une assiette, un nez recourbé comme le bec d'un faucon, une bouche large, une voix à faire trembler les vitres et des gestes à enfoncer les portes. Ses attaches fines trahissent pourtant son origine patricienne.

« Amateur de la dive bouteille, jamais on ne l'a vu gris, tant il porte bien la toile ! Bon diable au fond, il défend ses amis, mais gare à ceux qui lui cherchent querelle !

« D'ailleurs qui aurait osé s'attaquer à lui ? On l'a vu maintes fois faire geindre son cheval en le serrant entre ses genoux, et arrêter d'une seule main un sanglier furieux en le saisissant par une de ses écoutes.

« Comme veneur, le marquis de B... s'est acquis en Bourbonnais une grande réputation. Sa fortune, qui était considérable, passait à l'entretien des équipages ; aucun sacrifice d'argent ne lui coûtait quand il s'agissait de se procurer un bon piqueur, un bon cheval ou un bon chien. Sa meute se composait de soixante chiens de premier ordre ; la lutte ardente en tête à tête avec un solitaire ivre de fureur, le dénouement tragique, enthou-

Chasse au lièvre avec des lévriers

siasmaient notre héros. Quand le sanglier faisait tête à sa meute de bâtards anglais, le marquis mettait pied à terre, et, dégageant de son fourreau sa courte dague, marchait droit à son adversaire ; il sait que s'il n'atteint pas l'animal au cœur, il lui reste la ressource de le saisir aux écoutes, de le daguer de nouveau, ou de l'étouffer dans ses bras.

« M. de Foudras avait un jour obtenu la permission d'accompagner M. de B... à une attaque de sanglier ; après une course des plus vives, Foudras arrive un peu en retard ; l'hallali était déjà commencé. Il trouve B... agenouillé sur la poitrine haletante de l'animal étendu tout de son long sur le sol et le daguant tranquillement. Quand Foudras témoigna son admiration à l'intrépide veneur, celui-ci se contenta de hausser les épaules. Son vieux piqueur La Forêt lui dit alors à voix basse : « Monsieur n'en fait jamais d'autres ; il n'y a pas de plaisir de chasser avec lui, c'est toujours son tour[1]. »

Ce type de gentilhomme campagnard, « aimant la chasse et le bon vin », n'était pas rare en France; j'ai entendu raconter par certains admirateurs de du Fouilloux maintes histoires qui confirment mon dire.

On se réunissait sans façon, entre voisins ; on *bourdait*, on riait, on dansait ; le petit vin blanc du cru pétillait dans les verres ; on chantait les vieux branles du Bas-Poitou :

> Allons-nous-en chez Vaugiraud,
> Nous y goûterons le vin nouveau.

Tels étaient les deux premiers vers d'une ronde poitevine, fort en honneur dans les environs du Parc-Soubise. Je m'en tiens à ces deux mauvais vers ; la *Chasse à travers les âges* respecte ses lecteurs et se respecte trop elle-même pour donner la suite de cette poésie aussi leste que primitive.

J'ai dit plus haut que la société de la Morelle s'était reconstituée en Vendée peu de temps après la grande Révolution. Sous Louis-Philippe, son président, M. Majou de La Débutrie, mérite d'être rangé au nombre des meilleurs veneurs et surtout des plus intelligents éleveurs de son temps.

Grâce à l'initiative de ce vrai disciple de saint Hubert, nous fûmes dotés en Bas-Poitou de ces excellents bâtards anglo-gascons-saintongeois, qui réunissent au plus haut degré toutes les qualités des chiens de noble race : taille, élégance, fond, santé, vitesse, gorge sonore, intelligence et disposition remarquable à garder le change.

Nous nous plaisons à rendre un hommage mérité à ce maître, dont la science, unie à la pratique, a constitué une sous-race qui n'a rien à envier à ses illustres devancières. Pendant cinquante ans, M. Majou

1. Marquis de Foudras (*Extraits*).

1. Marquis de Mac Mahon ; — 2. Comte H. Greffulhe ; — 3. Comte de Plaisance ; — 4. Comte de Mérinville ; — 5. Marquis de Perthuis ; — 6. Marquis de La Ferté ; — 7. Comte de Baillon ; — 8. Comte de Vogüé ; — 9. Comte de Pracomtal ; — 10. Marquis de Saluces ; — 11. M. de Barbançon ; — 12. Comte Alb. de Bernis ; — 13. Marquis de Chastellux ; — 14. Comte Ev. de Sainte-Aldegonde ; — 15. Comte de Maccarthy ; — 16. Duc d'Uzès ; — 17. Duc de Tourzel ; — 18. Comte de La Briffe ; — 19. M. Hubbard ; — 20. Marquis de Croix ; — 21. Prince de Chimay ; — 22. M. Collinet ; — 23. Marquis de Pracomtal ; — 24. Comte F. de Lagrange ; — 25. Comte de Croix ; — 26. Marquis de Quirrieu ; — 27. M. Sabatier ; — 28. Baron de La Rochette.

LA SOCIÉTÉ DE RAMBOUILLET

de La Débutrie a tenu en Vendée le premier rang comme veneur. Comme éleveur, si sa science a été égalée, jamais elle n'a été dépassée.

Autour de Paris, les forêts royales furent mises en adjudication sous Louis-Philippe. Rambouillet réunit une société des mieux composées : à sa tête nous voyons le marquis de Mac Mahon, Georges Schickler, le marquis de La Ferté, MM. de Sainte-Aldégonde, de Perthuis, de Bernis, de Crussol, de Croix, le prince de Wagram, Henri Greffulhe de Saluces, etc... Cent chiens anglais peuplent ses chenils, sous la conduite des meilleurs piqueurs formés à l'école de la vénerie royale de Charles X et du duc de Bourbou : Racot, Landouiller, Barbier, Duval, Verneuil. Les bat-l'eau dans les étangs de Saint-Hubert, les débuchers en plaine, les émouvants hallalis, rappellent le beau temps des chasses prin-cières et fournissent à nos peintres les sujets d'excellents tableaux.

M. Majou de La Débutrie

Dans l'Oise, les forêts de Compiègne, de Laigue et d'Ourscamp sont témoins des succès du marquis et du comte de L'Aigle. Leur équipage prenait les sangliers et les daims, le cerf étant réservé aux princes d'Or-léans.

MM. de L'Aigle, veneurs de père en fils, ont toujours fait les honneurs de leurs ren-dez-vous avec cette courtoisie parfaite qui distingue les gentilshommes de race, et, chose assez rare dans le monde des employés de vénerie, leurs piqueurs et leurs valets de chiens se sont toujours distingués par leur politesse et leur bonne tenue. Un vieux proverbe dit : « Tel maître, tel valet. »

Les laisser-courre de MM. de L'Aigle ont été constamment suivis et sous tous les règnes par de nombreux veneurs. Leur livrée actuelle consiste dans un habit blanc-gris, avec parements et poches en velours rouge rehaussé du galon de vénerie; leur équipage comprend quatre-vingts chiens anglais et six limiers, conduits par deux piqueurs et deux valets de chiens à pied.

Le comte de L'Aigle a bien voulu me communiquer le relevé des prises faites par MM. de L'Aigle de 1790 à 1888.

	1790 à 1830	1830 à 1848	1848 à 1888	TOTAL
Cerfs	7	116	374	497
Daims	6	69	66	141
Chevreuils	169	»	»	169
Sangliers	274	124	755	1152
			Total.	1960

En terminant ce que j'ai à dire sur ces messieurs, qu'on me permette d'ajouter un épisode de la funeste guerre de 1870 ; il est tout à leur honneur.

Le marquis actuel, n'ayant pas quitté Francport pendant l'invasion prussienne, fut obligé de loger un état-major allemand[1].

Nos ennemis, toujours pratiques, n'avaient garde d'oublier les provisions de bouche, et pour se procurer de la venaison, ils traînaient à leur suite une nuée de ces gardes forestiers allemands dont l'adresse est hors de pair. Dissimulés derrière des troncs d'arbres ou des plis de terrain, ils fusillaient journellement les fauves de nos forêts royales ; à deux et trois cents mètres, ils assassinaient les plus vieux cerfs. Témoin impuissant de ces hécatombes, le marquis de L'Aigle était navré. Aussi lorsque les officiers prussiens lui demandèrent la permission de chasser un sanglier à courre avec son équipage, s'y refusa-t-il obstinément : « Vous êtes les plus forts, leur dit-il, faites ce que vous voudrez, mais ce sera contre ma volonté. »

Le marquis de L'Aigle

Je dois rendre cette justice aux officiers ennemis : ils respectèrent sur ce point l'hospitalité forcée dont ils jouissaient à Francport.

Dans le Berry, MM. de Menou, de Chaudenay, de Lancosmes-Brèves, de La Motte, conservaient les nobles traditions de la vénerie française.

En Haut-Poitou, les d'Oyron, les Pleumartin, le comte Enguerrand de Pully surtout, renouvellent les exploits des Foudras et des Larye.

Le duc de Valençay monte un équipage de chiens anglais élevés en grande partie par ses soins, et prend des cerfs en compagnie de MM. de La Cotardière et du prince de Chalais.

En Anjou, plusieurs sociétés se forment : celle de Champvaux comprend quinze excellents veneurs dont les plus connus sont : MM. d'Andigné, d'Armaillé, du Joncheray, du Chesne de Denant, de Bourmont, tous maîtres d'équipage ; ces messieurs ne courent que le chevreuil ; il est rare qu'un animal attaqué ne soit pas pris par leurs excellents bâtards.

N'oublions pas, en Saintonge, le comte de Saint-Légier, possesseur de ces célèbres chiens saintongeois, la plus illustre race de nos chiens français de pure origine, disparus, hélas ! depuis la mort de l'éminent veneur. On cite encore dans le pays de remarquables

1. Le marquis de L'Aigle est mort depuis que j'ai écrit ces lignes.

prises de vieux loups après deux ou trois journées consécutives. Le premier jour on brisait sur la voie, à la nuit ; le lendemain, après un rapprocher plus ou moins long, l'animal relancé n'était encore abandonné qu'à nuit close. Tel était le fond de ces chiens saintongeois, peu vites il est vrai, mais d'une allure soutenue, que le troisième jour ils pouvaient recommencer la poursuite. Le loup, épuisé faute de nourriture, finissait par faire tête aux chiens, un coup de couteau de chasse terminait cette poursuite enragée.

Nous avons trouvé dans un curieux manuscrit d'un Saint-Légier de Boirond, écrit dans le dernier tiers du dix-septième siècle et publié en 1888 dans le Bulletin de la Société Archéologique de Saintes, le curieux récit d'une chasse au cerf, le jour du jeudi saint 1678. « Sur la fin du carême, raconte M. de Saint-Légier, il me semble même que ce fut le jour du jeudi saint, m'ennuyant chez moi, je conclus, l'après-dînée, aller tuer un lièvre. J'avais une douzaine de chiens anglais bien chassant et aimant fort le fauve. Deux cerfs que je ne cherchais pas se trouvèrent dans ma *guette*. Je ne pus jamais rompre mes chiens, étant seul à cheval ; il fallait les suivre. Après deux heures de fuite, toute contraire à celles que font ordinairement les cerfs du pays, et à un relancé, le plus vieux cerf demeura sur le ventre. Mes chiens s'attachèrent à l'autre et moi après. Enfin, une demi-heure après, il tint les *abois* dans un village. Mon cerf par terre, je me trouvai la nuit à quatre grandes lieues de chez moi, dans un

Comte Enguerrand de Pully

village que je ne connaissais point, où ayant demandé s'il n'y avait point là près quelque honnête cabaret, on me dit que non, mais oui bien une bonne noblesse fort près de là, dont je connaissais fort le seigneur et la dame.

« Je laissai mon cerf en dépôt à un villageois, et m'en allai coucher chez le bon gentilhomme, qui me reçut à bras ouverts. Le lendemain il vint avec moi au village où j'avais laissé mon cerf, que je lui laissai tout entier. Aussitôt il en fit arborer la tête sur la porte de sa maison, dont quelques-uns de ses voisins ne laissèrent pas que de se réjouir, peut-être bien mal à propos, quoique le village où fut pris le cerf n'était pas de sa terre, mais bien celle d'un honnête conseiller au Parlement auquel cette sorte de blason convenait encore mieux qu'à lui. Ce dernier envoya prier le gentilhomme de lui envoyer la tête du cerf, lequel avait été pris sur ses terres. L'autre lui manda qu'elle était très bien à lui, et que je la lui avais très bien donnée. Enfin il y eut un bon procès entre eux pour cela. Je fus appelé en cause, le gentilhomme gagna, et le conseiller, qui ne manquait pas de ces sortes d'armoiries, se consola sur le nombre qui lui restait. »

Le *Journal des Chasseurs* a noté jour par jour les divers laisser-courre de la société de la Morelle et les noms des veneurs : parmi ceux-ci, MM. de Montsorbier, de La Débutrie, de Béjarry, de Tinguy, de La Pouzaise, etc., etc.

Les cerfs et les chevreuils étaient rares en Vendée à cette époque; ces messieurs

Calypso, lice de Saintonge, à M. le comte de Chabot

prenaient habituellement des lièvres et des renards et se réunissaient pour le courre du loup, du sanglier et du cerf; les plus belles réunions avaient lieu à l'époque de la saint Hubert dans les forêts d'Anjou et de Vezins, sises sur la rive gauche de la Loire. Les veneurs du Bas-Poitou et ceux du Haut-Anjou se réunissaient à Vezins, où l'hospitalité la plus charmante leur était donnée par les châtelains des environs, MM. de Colbert, de Vezins, de Grignon. J'ai vu plus de cent vingt chiens à l'attaque; MM. de La Débutrie, de Montsorbier, de Béjarry, de La Rochejaquelein, de Chabot, de Colbert, découplaient ensemble leurs meutes, et, chose remarquable, la retraite manquée se sonnait rarement.

La société de la Moulière, en Haut-Poitou, fut fondée par MM. de La Besge; l'aîné, Émile, a survécu à tous ses contemporains, il porte gaillardement « son bois »; son animal favori, le loup, a encore fort à faire avec le châtelain de Persac. Il faudrait un volume pour raconter les hauts faits des deux frères, d'Émile surtout, que rien n'arrêtait quand, monté sur ses chevaux de pur sang, il « tenait » à la suite d'un loup ses rapides bâtards poitevins.

Il lui est arrivé souvent de faire des débuchers de vingt et vingt-cinq lieues à la poursuite d'un grand loup ; combien de fois ne les a-t-il pas rejoints et tués dans ces belles brandes de Montmorillon, qui de là s'étendent jusqu'en Berry et en Limousin !

Le comte d'Osmond a consacré tout un chapitre à célébrer un des hauts faits cynégétiques du célèbre veneur poitevin.

Il avait fait la connaissance d'Émile de La Besge lors du déplacement du duc de Beaufort, et l'avait invité à venir « tâter » des cerfs de la Vénerie, son rendez-vous de chasse en Nivernais. La Besge avait accepté pour la première quinzaine de novembre 1867. La moitié du mois était déjà écoulée, pas de nouvelles de Persac ; d'Osmond avait fini par croire à un malencontreux événement, quand, le 25 au matin, il entend sous les fenêtres du fumoir une « calèche des dames » sonnée à pleins poumons.

M. Arthur de La Besge

« D'un bond j'ouvre la fenêtre (c'est le comte d'Osmond qui parle), et je me trouve face à face avec le grand chasseur de loups poitevin, qui me tendit joyeusement la main du haut d'un grand pur sang alezan. Derrière lui à dix pas, également à cheval, la tête découverte, se tenait son piqueur, précédant une petite meute de douze chiens, pas un de plus, pas un de moins.

« — Vous m'avez fait une fameuse peur avec votre retard de près de douze jours, lui dis-je.

« — Excusez-moi, mon cher comte, j'ai évidemment mal calculé mon affaire.

« — Par quel train êtes-vous donc arrivé à La Charité ?

« — Mais par aucun. Je viens de Persac à petites journées, à travers le Limousin et le Berry, et j'ai quitté La Charité précisément ce matin après y avoir couché hier soir.

« Ce fut par des gestes expressifs que je témoignai ma surprise sur cette rude campagne.

M. Émile de La Besge

« — Et puis, ajouta-t-il avec une charmante simplicité — apanage des hommes de race, — c'est plus économique que de trimballer les chevaux et les chiens dans ces abominables wagons. Dame ! il faut songer à tout ! Mais vous avez déjeuné, je suis désolé d'arriver en retard : je croyais la route moins longue.

« Mon valet de chambre se chargea de la réponse, car ayant deviné l'état caverneux de l'estomac de M. de La Besge, il vint ouvrir la porte de la salle à manger. Mon aimable invité me prouva à sa façon de fonctionner que la tasse de café au lait du « Grand Mo-« narque » avait au moins fait depuis le matin autant de chemin que lui.

« — Ah çà ! quand chassons-nous ? dit La Besge, après avoir fait avec moi le tour du propriétaire.

« — Mais sans doute après-demain, juste le temps de laisser un peu de repos à vos chiens, à vos chevaux et à vous-même. En tout cas, votre jour sera le mien, vous êtes ici chez vous, et en faisant ma proposition j'ai surtout songé à votre grand alezan, qui me paraît assez bas d'état et à première vue peut-être un peu boiteux.

« — Bah ! bah ! ce n'est rien, il a besoin de mouvement, ça le guérira. Les chiens, eux, sont en condition après ce long trajet, le maître aussi, et puisque vous le permettez, hein ! si nous chassions demain ?

« Je commençais à donner des ordres à mes cinq valets de limiers afin de leur distribuer les quêtes.

« — Pas besoin de tout cela, reprit La Besge, je ne réclame qu'une voie quelconque de bon temps, et cela afin de ne pas trop vous ennuyer en attaquant *à la billebaude*.

« Avant de m'endormir, je me demandais si ces grands chiens blancs et noirs, légèrement efflanqués, brillants dans les landes poitevines, maintiendraient leur allure, leur finesse de nez, leur sûreté de change, dans une contrée accidentée, coupée d'obstacles, au milieu de fourrés peu pénétrables, au centre de forêts mal percées. Je me demandais comment l'alezan boiteux se tirerait des pierres roulantes de nos côtes ardues. C'est sur ces interminables points d'interrogation que le sommeil me prit.

« Le lendemain 26 novembre, mon piqueur Adolphe vint au rapport et lui offrit seulement des animaux en bonne voie, mais *non détournés*. Le veneur poitevin choisit la rentrée d'une harde de huit biches, accompagnée d'une quatrième tête et d'un daguet.

« Pour un début, c'était prendre le taureau par les cornes... Nous voilà à la *brisée*. Le vieux maître et son piqueur Charles prennent connaissance des pieds, font découpler les douze chiens : La Besge ôte sa casquette — en poussant la moitié de son cheval dans le gaulis, — et sur ce simple signe les douze bâtards entrent gaiement dans l'enceinte.

« Presque aussitôt un des chiens donne, puis deux, enfin tout l'équipage.

« — Ils sont dans la harde, me dit le vicomte de La Besge, ma chance est trop grande, c'est un vrai *buisson* que m'a donné Adolphe.

« — Non, Monsieur, il a suivi vos instructions.

« Comme je finissais, les chiens ne donnaient plus du tout. Je regardai le grand Poitevin de mes deux yeux interrogateurs.

« — Les animaux marchent toujours ensemble, les cerfs ne veulent pas se détacher, reprit-il tranquillement.

« Bientôt un recri se fait entendre.

« Au coute à Négresse ! » s'écrie La Besge, tandis que le reste du petit équipage donne plus chaudement.

« — Maintenant, me dit-il, ils ont un cerf seul devant eux, seulement il tourne et cherche les biches. Tenez, ajouta-t-il au même instant, le voilà déjà retourné dans la harde, les chiens se taisent.

« C'était merveilleux de le voir si bien juger de loin le travail surprenant de ces chiens inestimables ; je me sentais enthousiasmé. Tout à coup un formidable coup de gorge, semblable à nos abois de sangliers, nous fait tressaillir. Alors le veneur poitevin, sans se presser, secouant les cendres de sa pipe, se tourne vers moi.

« — Cette fois, mon cher comte, c'est attaqué, et en voilà un qui ce soir ne couchera pas dehors.

« Il n'avait pas plus tôt dit cette phrase, qu'une quatrième tête, talonnée par la petite meute de Persac, sautait fièrement l'allée à cinquante pas de nous. Ébahi d'une si prestigieuse attaque, je ne pus m'empêcher de serrer la main du gentilhomme poitevin sans pouvoir trouver une parole, et partant à mes côtés à la bonne allure — la main fixe, dans l'attitude correcte d'un cavalier de manège de l'ancienne école, — M. de La Besge dut, ainsi que moi, forcer le train pour rejoindre la tête de la chasse.

« Les chiens semblaient voler et

Comte de Vatimesnil

— comme ce diable d'homme l'avait affirmé la veille — le grand alezan ne boîtait plus...

« La quatrième tête fut prise après trois heures de chasse, dont une demi-heure d'hallali courant. Le cerf, raconte encore le comte d'Osmond, n'avait jamais pu prendre plus de trente pas d'avance sur les chiens. Le train a été sévère, il eût été impossible de le prolonger une demi-heure de plus.

« Ce brillant laisser-courre fut suivi de dix autres prises, le succès a été complet ;

dans son déplacement, le veneur poitevin, sur onze cerfs donnés à courre, a pris onze cerfs, dans un pays outrageusement fourré, où les chiens ne sont ni appuyés ni suivis de près, où on les voit à peine à l'attaque pour ne les retrouver qu'à l'hallali.

« C'est donc à la qualité de ces vaillants bâtards et au talent du veneur poitevin que revient la gloire de ce remarquable succès. »

En terminant les pages qu'il a consacrées au vicomte de La Besge et que j'ai résumées ici, le comte d'Osmond ajoute : « J'ai l'intime conviction que tous ceux qui, de près ou de loin, se sont trouvés mêlés au déplacement de mon noble confrère, doivent avoir conservé comme moi un souvenir ineffaçable de cet heureux temps ; et l'esquisse du maître d'équipage de Persac, dont j'espère ne pas être tout à fait oublié, devait trouver sa place dans cette sélection de veneurs d'élite. » (D'Osmond, *Les Hommes des bois*.) •

Nous devons à ces excellents veneurs une sous-race de bâtards poitevins aujourd'hui à peu près aussi fixée que les bâtards gascons-saintongeois. Je crois que, sans médire des autres races, ce sont les deux familles dont le renom est le moins contesté, les qualités les plus remarquables.

En continuant cette rapide revue de nos veneurs de province, pouvons-nous oublier le comte de Saint-Légier et ses admirables saintongeois, si remarquables sur une voie de loup, mais dont la race, la plus fashionable de France, a totalement disparu ? MM. Joseph de Carayon-Latour, Desfourniels, de Montesquieu, ont hérité des débris des chiens de Saintonge, lesquels, croisés avec les gascons de M. de Ruble, on donné naissance à la sous-race *gascon-saintongeoise*, la seule restée pure de tout alliage de sang anglais, et dont la famille dite *de Virelade* est le type le plus accompli.

En Normandie, MM. de La Broise, de Chambray, Le Couteulx, Durécu, de Montécot, etc., etc., j'en passe et des meilleurs, soutiennent avec honneur la réputation de leur province. La Bretagne tient à ne pas rester en arrière du mouvement qui se produit alors en France. Le 18 avril 1842, nous voyons les Cadoudal, les Saint-Georges, les d'Andigné, les Breban, inaugurer dans la forêt de Kerjean (Côtes-du-Nord) une statue au plus célèbre veneur de leur province, le comte du Botdéru. C'était un type que ce gentilhomme breton ; il ressemblait par plus d'un côté au marquis de B... et il est resté aussi légendaire en Bretagne que son sosie en Bourbonnais.

Ses contemporains ont voulu rendre son nom immortel ; les mauvais vers adaptés à la fanfare de l'hallali par terre rappelleront aux chasseurs futurs le souvenir du légendaire veneur breton :

> Chasseur, as-tu vu
> Monsieur Botdéru
> Tortillant...

Ici je m'arrête : si le latin dans les mots brave l'honnêteté, les versificateurs pour fanfares n'ont rien à lui envier.

Dépensant toute sa fortune pour l'entretien de ses équipages, il mourut pauvre ; il avait coutume de dire : « Je ne laisserai à mes héritiers que le droit de p... sur ma tombe ! »

« Un jour que du Botdéru chassait un sanglier, son garde Jacquot se trouvait placé dans le fossé qui bordait un de ces murs dont les champs du Finistère sont enclos : Jacquot était vêtu comme les paysans bretons et muni de cette large ceinture de cuir qui sert à dessiner leur taille élégante ; le sanglier arrive, saute le mur et tombe sur Jacquot : ses traces de devant plongent dans la ceinture de cuir et s'y prennent comme dans un piège.

« L'homme et l'animal roulent ensemble par terre, mourant de peur tous les deux. Jacquot eut soin de tenir toujours sa tête au-dessus du boutoir ; d'autres chasseurs arrivent et tuent le sanglier dans les bras de Jacquot.

« Ce fait de chasse est connu dans le Morbihan et le Finistère. Jacquot vit encore et demeure au château de Kerdreo, commune de Plouay ; écrivez-lui si vous le voulez, et si lui-même sait écrire, il vous répondra. » (ELZÉAR BLAZE.)

Le même auteur raconte, entre autres histoires arrivées en Bretagne, ce qui advint à un Anglais, M. Phleps, en déplacement de chasse dans le Finistère. « Un loup blessé tenait les abois au milieu de vingt chiens : M. Phleps les encourageait de la voix et du geste à coiffer le loup, qui se défendait bravement. Tout à coup le loup fait un bond au-dessus de la meute, renverse M. Phleps et court encore.

« J'arrive pour relever le chasseur, dont la tête, couverte de sang et de boue, ne ressemblait en rien à une tête anglaise. Les deux pattes de devant du loup s'étaient posées sur sa figure en l'égratignant : « Ce diable de loup, me dit M. Phleps, il a mis ses pattes « dans mon gueule : si j'avais été assez fort, j'aurais pu le prendre en serrant les dents. » Écrivez à M. Phleps, il demeure au Faoüet, dans le Morbihan, il est connu à cinquante kilomètres à la ronde. » (Idem.)

Si ces aventures sont inventées par le spirituel auteur, en tout cas elles sont bien trouvées.

Cette incomplète nomenclature des chasseurs de cette époque suffit pour faire apprécier l'accueil que la haute vénerie, exilée des résidences royales, trouva chez les veneurs de province, après la mise en adjudication du droit de chasse dans toutes les forêts de l'État.

Cependant, sous le règne de Louis-Philippe, peu s'en fallut que la chasse à courre ne fût tuée par l'adoption de la nouvelle loi sur la chasse du 3 mai 1844. Si elle vit encore, c'est grâce aux instances de M. de Morny et de deux autres députés qui ont pu faire adopter le paragraphe 2 de l'article 11 : « Le passage des chiens sur autrui, sauf l'action civile s'il y a lieu en cas de dommages, *pourra* ne pas constituer un délit. » Quant au droit de suite, si contestable d'après ce texte ambigu, il a toujours été contesté depuis par des voisins grincheux.

Sous Louis-Philippe, le perfectionnement des armes à feu fit prendre de l'extension à la chasse à tir. Le nombre des chasseurs fut plus grand ; mais les équipages furent moins brillants que par le passé.

Louis-Philippe tombé, la seconde République prend sa place sans donner plus de prestige à la grande vénerie.

Tout compte fait, deux révolutions en dix-huit ans !

Le ministre des finances s'empresse de battre monnaie et loue la chasse des domaines de l'ex-liste civile. Le braconnage s'exerce ouvertement ; le fauve devient de plus en plus rare dans les forêts des environs de Paris, où de plus en plus s'introduit le chasseur au fusil.

CHAPITRE V

NAPOLÉON III

RRIVE Napoléon III. Le neveu, s'inspirant des idées de son oncle, veut faire grand et beau ; il se réserve les forêts de la liste civile dévastées par les *frères et amis*, et réorganise les chasses à tir et à courre sur un pied vraiment royal ; le maréchal Magnan est nommé grand veneur, le service d'honneur des chasses impériales est complété par les officiers dont le dévouement a le mieux servi la cause : le nouvel empereur a toujours eu la mémoire du cœur.

Au moment de leur entrée en fonctions, les officiers de la vénerie impériale étaient bien plus des amateurs de chasse à tir que des veneurs consommés. Ce n'est pas parce qu'en Algérie ou ailleurs ils avaient pu courir et prendre de malheureux lièvres avec des lévriers qu'ils connaissaient la chasse à courre. Ils le reconnurent du reste par une sage et modeste mesure, lorsqu'ils appelèrent à leur aide le piqueur La Trace, une tradition vivante, qui avait chassé avec Napoléon Ier, Louis XVIII, Charles X et les princes d'Orléans; il fut chargé de diriger et de former l'équipage pour le cerf.

Louis Reverdy, dit « La Trace », après avoir traversé quatre règnes, n'a voulu prendre sa retraite qu'après avoir rendu à la vénerie impériale l'importance et l'éclat qu'elle avait eus jadis sous Charles X.

Le brave et honnête piqueur, à la demande d'un de ses anciens maîtres, le comte Frédéric de La Grange, a bien voulu écrire sa biographie et l'adresser au rédacteur du *Journal des Chasseurs*, M. Léon Bertrand. Elle est écrite sans prétention, avec cette simplicité et ce ton d'honnêteté qui lui donnent le caractère d'une entière authenticité.

Cette petite biographie me paraît assez intéressante pour en donner quelques extraits.

« En 1801 (j'avais alors seize ans), Napoléon Bonaparte, premier consul, vint chasser le chevreuil dans la forêt de Chantilly avec l'équipage de M. de Poter et huit chiens appartenant à M. Besnard, de Senlis. Comme je commençais à sonner passablement, M. Besnard pria mon père de me laisser conduire ses chiens au rendez-vous, qui était, ce jour-là, au carrefour de la Table. C'est là que, pour la première fois, j'eus l'honneur de voir le premier consul. Il arrivait de Marengo et montait la même jument qu'il avait le jour de la bataille. Cette jument, qu'il paraissait affectionner beaucoup, s'appelait *la Belle*, surnom qu'elle justifiait, du reste, à tous égards.

« Au mois d'avril 1803, j'appris qu'il fallait un valet de chiens à l'équipage du premier consul. Mon beau-frère, qui était premier piqueur de l'écurie du prince Joseph, parla de moi à son maître. Celui-ci eut l'obligeance d'écrire au baron d'Hanneucourt, alors capitaine de chasses à tir et en même temps commandant de la vénerie du premier consul, et ce fut grâce à cette bonne recommandation que, le 1er mai 1803, on me reçut valet de chiens à pied dans l'équipage.

« A vingt-cinq ans je passai valet de limier à pied ; à vingt-huit ans, je fus nommé valet de limier à cheval ; à trente et un ans, quatrième piqueur ; quelques années après, troisième. Ce n'est qu'en 1828, sous la Restauration, à l'âge de quarante ans environ, que je fus fait premier piqueur piquant, pour devenir, en 1829, un an avant les événements de juillet 1830, piqueur commandant la vénerie du roi.

« Au mois de mai 1830, l'équipage du roi était magnifique et, sans contredit, l'un des meilleurs que jamais j'aie vus à l'œuvre. Compiègne fut à cette époque le théâtre de notre avant-dernier déplacement. S. M. le roi de Naples étant venu passer quelque temps à la cour, on profita de son séjour en France pour faire, dans le courant de mai et de juin, saison où les cerfs sont dans toute leur vigueur, onze chasses consécutives. Malgré les grandes chaleurs qui règnent à cette époque, on prit vingt-deux animaux, et ce fut à la suite de cette série de brillants succès que la vénerie royale partit pour Rambouillet, où la révolution de Juillet la surprit au milieu de nouveaux triomphes... L'année n'était pas finie, que cet excellent équipage, composé de cent trente chiens et de trente-quatre limiers, était vendu à bas prix aux écuries du Roule.

« Ainsi disparut, après vingt-huit ans d'améliorations successives, une vénerie qui, formée sous le premier consul, était alors parvenue à son apogée, et pouvait être citée partout comme un véritable modèle.

« A la fin de l'année 1835, le prince Lobanoff vendit ses chiens. M. le comte Fré-

CHASSE DE NAPOLÉON III A FONTAINEBLEAU

(Tableau de Schœn)

déric de La Grange me demanda si je voulais faire partie de sa maison comme premier piqueur.

« La meute de M. le comte de La Grange formait un effectif de soixante chiens, que l'année suivante nous portâmes à près de quatre-vingts. Le personnel de l'équipage se composait de deux piqueurs, d'un valet de limiers à pied pendant la saison des chasses, d'un valet de chiens à cheval et de trois valets de chiens à pied. On peut dire, sans crainte d'être démenti par personne, que cet équipage était à cette époque l'un des plus beaux et des plus complets de Fance. Tous les hommes, piqueurs et valets de chiens à cheval, y étaient on ne peut mieux montés. Nous chassions alternativement cerf, daim et sanglier. Nos huit chiens d'attaque, sans mépriser ceux d'aucune autre meute, étaient bien les meilleurs chiens que j'aie jamais vus. Du reste il faut dire qu'à Dangu un piqueur avait sous la main tout ce qui peut contribuer à former un excellent piqueur.

« La mi-octobre arrivée, l'équipage quittait Dangu, pour aller chasser pendant un mois dans la forêt de Brotonne.

« Je citerai seulement une aventure qui faillit nous devenir fatale à cause du voisinage de la Seine, que les cerfs traversaient souvent. Ce jour-là, il faisait un vent très violent, l'animal traversa la Seine et se relaissa de l'autre côté dans une prairie. Les chiens se mirent bravement à l'eau, mais ils revinrent presque aussitôt, et bien leur en prit, car je pense que pas un seul n'aurait pu atteindre la rive opposée ; le fleuve était comme une véritable mer en furie, soulevant à chaque coup de vent des vagues de plus d'un mètre de hauteur. Arrivés au bord de l'eau, M. le comte de La Grange, M. le duc de Dino et moi, nous avisâmes une petite barque qui se trouvait là dans une crique. Nous nous y embarquâmes tous les trois et quand je me rappelle avec quelles difficultés, luttant contre les éléments déchaînés, nous parvînmes à approcher du cerf et à le prendre, je me demande comment des gens raisonnables peuvent entreprendre pareille folie. Si nous n'avons pas bu notre dernier coup ce jour-là, c'est évidemment parce que le grand saint Hubert et le bon saint Nicolas, son collègue au paradis, nous ont miraculeusement préservés.

« Lorsque j'ai été appelé, par une insigne faveur, à former la vénerie de S. M. l'empereur Napoléon III, le 1er mars 1852, la grande difficulté que j'ai rencontrée, et cela pendant deux années au moins, a été d'arriver à une bonne attaque. Les chiens que j'avais réunis attaquaient indifféremment toutes les voies qu'ils rencontraient : daim, chevreuil, renard, lièvre, lapin même. C'est alors que je me disais intérieurement : « Où sont les chiens que « j'avais à Dangu ? »

« Le 23 février 1841, je laissai courre au bois de Saint-Jean un sanglier à son tiers-an, qui fut pris dans l'Aire-à-l'Oiseau, au bout de trois heures de chasse. Dans cet hallali sur pied, qui dura près de cinquante minutes, M. le comte de Courval fut renversé, et un paysan que l'animal rencontra dans une route sur son passage reçut dans la jambe un coup de boutoir qui lui fit une entaille d'un pouce de profondeur. Je voulus arrêter les chiens dans la crainte que le sanglier, qui m'aperçut, ne vînt pour me charger ; mais mon cheval, sans avoir peur du sanglier, l'attend de pied ferme et le trépigna si bien sous ses deux pieds de devant, que lorsque l'animal parvint à se relever, il était trop malade pour recommencer la partie. A deux pas de là, un piqueur masqué derrière une cépée lui porta dans le flanc un coup de couteau de chasse qui l'acheva. Lorsqu'on le dépouilla, on trouva que les deux filets avaient été détachés de la colonne vertébrale ; on peut juger par là de la vigueur des coups portés par mon héroïque défenseur. Ce cheval s'appelait *Milton*. C'est la première fois que j'ai vu un cheval de chasse chargé par un sanglier l'attendre avec sang-froid et l'écraser sous ses pieds.

« Au bout de trois années écoulées dans mes nouvelles fonctions, la vénerie de S. M. Napoléon III me paraissant bien formée (il ne m'a pas fallu moins de deux ans pour mettre dans la voie du cerf et sous le fouet les remontes venues d'Angleterre), l'équipage étant arrivé au point où j'avais pris l'engagement de le mettre en entrant, c'est-à-dire tout à fait sur le même pied que celui de la vénerie royale de 1830, je jugeai que ma présence n'était plus nécessaire et qu'à mon âge, après cinquante-deux années de service, il était bien permis de me reposer. Le 1er février 1855, je remis mes états de service au premier veneur, et le 1er mars, admis à la retraite avec une pension sur la cassette de S. M. l'empereur Napoléon III, je fus me fixer à Dangu, dont je fus nommé maire le 25 juin suivant et où j'espère bien finir, sous les yeux d'un ancien maître auquel m'attacheront toujours les liens de la plus vive reconnaissance, une carrière honorablement remplie. » (Louis REVERDI, dit *La Trace*.)

Sous la conduite d'un tel homme, la vénerie impériale ne tarda pas à briller d'un vif éclat.

M. E. Jadin, fils de M. G. Jadin, peintre de la vénerie de Napoléon III et lui-même artiste de mérite, a eu l'obligeance de nous transmettre le récit suivant :

Le prince de La Moskowa, grand veneur

« M. La Trace (on l'appelait toujours ainsi dans la vénerie impériale de Napoléon III), bien que monté sur des chevaux excellents, suivait la chasse au trot et sur les arrières, surveillant de près le laisser-courre. A la moindre faute on le voyait arriver comme une flèche, s'adresser au premier piqueur Leroux, réparer la faute commise et lui donner des ordres pour les transmettre aux autres piqueurs. La Trace ne s'adressait jamais directement à ses subordonnés, Leroux seul lui servait d'intermédiaire entre eux et lui.

« Un jour (ce doit être en 1853, lors de ma première chasse à courre), la meute impériale prend un cerf sur la route de Fontainebleau, entre la croix d'Augas et la croix de Toulouse. On lève la nappe et on se dispose à faire la *curée chaude*. Tout à coup on aperçoit M. La Trace descendant à fond de train la côte de la croix d'Augas ; il appelle Leroux, lui ordonne de suspendre les préparatifs de la curée, de dire à Landouiller, qui, le matin, a détourné le cerf, de monter à cheval et tous les deux de l'accompagner. Il avertit les officiers de la vénerie qu'on a pris un cerf de change, que l'animal de chasse passe à la croix d'Augas et qu'il va s'en assurer. Arrivé à la voie, Landouiller met pied à terre et reconnaît son cerf : c'est bien là le vol-ce-l'est dans lequel il peut loger son pouce.

« La Trace reste sur la voie et ordonne à Leroux d'aller chercher l'équipage. Une demi-heure après, l'animal, relancé, faisait son hallali dans la Seine. »

La vénerie impériale comprenait cent vingt fox-hounds et vingt limiers, quarante-cinq chevaux, un premier piqueur ayant sous ses ordres deux piqueurs en second, et huit valets de chiens. Le prince de La Moskowa remplaça le maréchal Magnan comme grand veneur. Un premier veneur, le marquis de Latour-Maubourg, deux lieutenants de vénerie, un secrétaire général, un médecin, complétèrent le personnel.

La livrée consistait dans un habit vert à la française, col droit, galon de vénerie au collet et autour parements amarante, bicorne galonné.

L'équipage chassait dans les trois forêts de Compiègne, de Rambouillet et de Fontainebleau. La moyenne des prises variait entre cinquante et soixante cerfs. Les rendez-vous du carrefour du Puits-du-Roi dans la forêt de Compiègne, la curée aux flambeaux dans la vaste cour du Cheval Blanc à Fontainebleau, alors que les invités, revêtus du coquet uniforme de la vénerie impériale, que les femmes de la cour, la gracieuse impératrice en tête, entouraient la meute frémissante, rappelaient (ce qu'on ne verra peut-être plus) les grandes scènes de haute vénerie de Louis XV, des princes de Condé et de Charles X, le dernier de nos rois chasseurs.

Ce fut sous le second empire que les indemnités pour le dommage fait par les cerfs commencèrent à être trop largement payées aux cultivateurs riverains : aussi Toussemel appelait-il spirituellement les cerfs « les bêtes du bon Dieu ». Les paysans dont les revendications étaient exagérées ont continué depuis à prélever sur les adjudicataires de nos forêts de véritables impôts non justifiés la plupart du temps ; combien de cultivateurs récoltent sans avoir la peine d'ensemencer leurs champs ! Néanmoins, la vénerie impériale manqua de prestige vis-à-vis du peuple : autrefois les rois qui n'eussent pas été veneurs se fussent déconsidérés ; pourquoi ce revirement ? N'est-ce pas la conséquence du soi-disant progrès et surtout du socialisme moderne qui nous déborde ? N'est-ce pas aussi parce qu'on savait que l'empereur, bien qu'il fût un cavalier habile, n'aimait guère la chasse à courre ? Peut-être y eût-il pris goût si son équipage pour le cerf eût été composé, au lieu et place des muets fox-hounds, de ces excellents bâtards franco-anglais, tout aussi vites, mais doués d'une voix incomparable ; or, sans la musique si entraînante d'une meute bien gorgée, le plaisir du vrai chasseur à courre se réduit, à mon avis, à bien peu de chose ; avec des chiens muets, la préoccupation de ne pas perdre la chasse n'en diminue-t-elle pas le principal agrément ?

A côté de la vénerie impériale, le prince Napoléon entretenait à Meudon un mélange d'une quarantaine de chiens bâtards, de fox-hounds et de blood-hounds ; il eut entre autres

Marquis de Latour-Maubourg, capitaine des chasses de Napoléon III

deux superbes blood-hounds, *Druid* et *Welcome*, dont le comte Le Couteulx a dû tirer race : primé sept fois en Angleterre, ce couple remarquable fut l'objet de l'admiration universelle lors de l'exposition canine de 1863.

M. de La Rue raconte comment la meute du prince Napoléon quitta la France : « Au moment de l'investissement de Paris, l'équipage de Meudon fut saisi par un général prussien et envoyé en Allemagne. Cet honorable gentleman des bords de la Sprée, voulant,

LA FAMILLE DE LUYNES

avant le départ de la meute, exprimer sa vive satisfaction au piqueur, délia les cordons de sa bourse, lui mit dans la main un thaler (trois francs soixante-douze centimes); on ne fait pas mieux les choses ! »

Le prince Napoléon ne chassait que des daims en boîte, à la manière anglaise, avec quelques amis; son but était de monter à cheval, de prendre de l'exercice et de n'avoir pas à payer les dommages, d'un taux toujours élevé dans les environs de Paris.

Napoléon III aimait surtout la chasse à tir : nous avons vu se renouveler, sous l'empire, les célèbres tirés de Charles X avec un personnel de conservateurs, de gardes et rabatteurs, triés sur le volet, ayant conservé les saines traditions du règne de Charles X.

Le roi de Prusse et l'empereur d'Autriche, qui furent ses hôtes, assistèrent à ses chasses, dont les tableaux excitèrent l'admiration des deux

. Ballu de Passay

souverains. Je relève sur l'un d'eux le chiffre de 600 pièces abattues par l'empereur d'Autriche et de 430 par Napoléon III, tuées le même jour.

L'impératrice, bien qu'elle n'eût que peu ou point de goût pour ces hécatombes, inscrivit à son tableau 72 pièces tuées à Marly.

Il y eut nombre de tirés à cette époque, où le nombre des pièces abattues dépassa les chiffres de 2300 à 3000.

M. Dupuytrem

La location des droits de chasse, qui s'est alors généralisée dans les forêts de l'État et dans nombre de communes, donna un nouvel essor à la vénerie et surtout à la chasse à tir. A aucune époque de notre histoire on n'a vu ce goût se propager avec autant de rapidité dans toutes les classes de la société.

Nous voyons alors se former de nombreux équipages; des sociétés de chasse à tir s'organisèrent dans chacun de nos départements; trois expositions de races canines, dues à l'initiative privée et encouragées par le gouvernement, eurent lieu au Jardin d'Acclimatation, aux Champs-Élysées et à Billancourt ; elles ont produit un effet excellent en mettant en lumière les races françaises que l'on croyait perdues ou dispersées, en rapprochant les uns des autres les chasseurs de France, en établissant entre eux les rapports les plus cordiaux; on a su dès lors à qui s'adresser pour se procurer des sujets dont on avait besoin, chiens d'arrêt, chiens courants de grand et de petit équipage, bassets, terriers, etc. Les forêts de la couronne, en se repeuplant, remplacèrent les vides faits chaque année dans les bois et les terres du voisinage.

Comte d'Autichamp

On mit à la disposition des adjudicataires des forêts de l'État une certaine quantité de cerfs, de chevreuils, de daims, de faisans et même de lapins.

Tous ces faits témoignent du bon vouloir des employés de la vénerie impériale et de l'intérêt porté par le gouvernement aux chasseurs honnêtes, désireux de conserver et de propager le gibier chez eux.

Devons-nous dire un éternel adieu aux véneries royales et princières ? Ont-elles définitivement sombré avec nos incessantes révolutions ? L'avenir seul nous l'apprendra.

Quoi qu'il advienne, il nous est impossible, en terminant ce qui concerne la vénerie impériale de Napoléon III, de ne pas accorder un regret à cette mémorable institution, unique dans le monde, une des gloires assurément de notre vieille France.

Un essai de statistique de l'état de la vénerie en France, dressé en 1867 par MM. Pichot et Le Couteulx, nous a permis d'en embrasser les détails d'un seul coup d'œil. Peu de temps donc avant la chute du deuxième empire, nous y relevons le nombre approximatif des veneurs, de leurs meutes, de leurs chevaux, de leurs piqueurs, de leurs valets de chiens : enfin le total des animaux pris ou tués pendant l'année.

Nous y voyons figurer plus de quatre cent soixante maîtres d'équipage, près de dix mille chiens (sans compter les petites meutes composées de moins de dix chiens, dont le nombre était considérable) ; en y ajoutant les briquets, les bassets et les diverses espèces de chiens courants, employés à la chasse à tir, nous pouvons, sans être taxés d'exagération, en porter le chiffre à vingt mille. Les chiens d'arrêt étaient peut-être aussi nombreux.

L'Angleterre n'avait que cent quarante-deux meutes et treize mille huit cents chiens ; nous n'avions donc rien à envier à nos voisins, non seulement pour la variété et la beauté de nos races, mais encore pour le nombre de nos chiens servant à la chasse.

M. Charles d'Autichamp

A la fin de la campagne de 1867, nos quatre cent soixante chefs d'équipage n'inscrivirent pas moins de neuf mille prises. Jamais la vénerie ne s'était élevée plus haut, au moins en province, quand soudain une guerre insensée déclarée aux Allemands vint, comme en 1789, compromettre l'avenir de la vénerie et arrêter l'essor de la chasse à tir. Les hordes prussiennes ont envahi le sol de la patrie : ces vendeurs de gibier tuent et dévorent les hôtes de nos forêts, dépeuplant à l'aide de leurs gardes nos meilleures réserves.

Nos maîtres d'équipage montent à cheval, organisent des corps francs, rejoignent Charette et Cathelineau et courent à l'ennemi. Plusieurs payent de leur vie leur amour pour la France ; le marbre, dans les salons du Jockey-Club comme dans nos églises et les chapelles des Jésuites, redira leurs noms à nos neveux ; ce n'est pas la moins glorieuse page de nos annales. Honneur donc encore une fois aux chasseurs français !

A Fontainebleau, les cent vingt fox-hounds de la vénerie impériale sont tués, personne n'en veut ; les chevaux sont envoyés à l'armée, les employés sont mis sur le pavé ; toute chasse à tir comme à courre cesse en France ; et si les équipages ne sont pas anéantis, ils voient leur nombre et leur personnel réduits de moitié. Détournons les yeux de ces tristesses : Dieu veuille qu'elles ne se renouvellent pas !

Pendant l'empire, nous l'avons dit plus haut, l'exercice de la chasse atteignit son apogée : chaque citoyen voulut se munir d'un modeste basset ou d'un chien d'arrêt, d'un fusil et d'un permis de chasse ; du petit au grand, chacun tint à honneur de se dire disciple de saint Hubert.

Vicomte Raymond de Chabot

La plupart des équipages qui existaient du temps de Louis-Philippe, nous les retrouvons sous l'empire.

Nous conservons en Vendée notre doyen d'âge, M. Majou de la Débutrie : devenu président de la société de Vouvant, substituée à celle de la Morelle, il obtint du grand veneur la permission de panneauter des cerfs et des biches à Fontainebleau pour peupler la forêt de la fée Mélusine.

Baudry d'Asson nous montre ses élégants chiens de Vendée blancs et orangés, dont il a su maintenir la couleur et la forme ; veneur ardent, il a choisi les chiens qui conviennent le mieux à son tempérament.

Le vieux général de La Rochejaquelein, aidé de ses neveux, MM. Auguste et Raymond de Chabot, continue ses brillants succès dans la forêt de Chinon, sous les yeux de MM. de Puységur. Il prend aussi avec eux des cerfs à Chambord. Le vieux balafré de La Moskowa a obtenu du roi Henri V la permission de forcer des cerfs dans le vaste domaine que la fidélité royaliste a donné à l'héritier légitime de nos rois.

Bâti sous François Ier en 1533 par l'architecte Pierre Lenepveu, décoré par les grands sculpteurs et les peintres de la Renaissance, Chambord est une merveille, j'oserais dire : le plus splendide château du monde.

François Ier en avait fait son principal rendez-vous de chasse : un des carreaux de sa chambre à coucher a conservé les deux vers suivants, gravés, dit-on, par le roi avec la pointe d'un diamant :

> Souvent femme varie,
> Bien fol est qui s'y fie.

Détaché de la couronne en faveur du roi de Pologne, Stanislas, Chambord fut successivement possédé par le maréchal de Saxe, les Polignac et le maréchal Berthier.

Parmi les invités du général de La Rochejaquelein, on comptait, outre MM. de Puységur, l'élite des veneurs du Blaisois et de la Sologne, MM. de Lorges, de Vibraye, de Beaucorps, de Champgrand, de Rancougne, etc.

Très original et non moins inventif, le général avait fait construire une espèce de voiture de chasse, qui le suivait dans ses déplacements.

Tous les veneurs de la Vendée, de l'Anjou et de la Touraine ont connu son

Le général de La Rochejaquelein

bateau-voiture. Monté sur six roues d'abord, sur quatre ensuite, et sur des X en bois reliés entre eux par des courroies sur lesquelles il se posait plus ou moins mollement, ce canot lui servait de véhicule ; été comme hiver, le général en faisait ses délices ; il lui servait même à faire des visites. C'était, il est vrai, peu commode, mais le rude gentilhomme n'avait aucun souci de ses aises.

Quand nous chassions avec lui le cerf à Vezins ou à Chambord, le bateau était toujours attelé : le cocher avait pour consigne de se tenir à proximité des étangs lorsque l'animal avait l'air de vouloir s'en approcher.

Quand le cerf, à bout de forces, prenait l'eau dans les étangs de Croix, de Cayenne, de Péronne, des Nouhes, dans la forêt de Vezins, ou à l'étang Neuf dans le parc de Chambord, les courroies étaient débouclées en un clin d'œil et le bateau glissant sur ses X était promptement mis à l'eau.

J'ai raconté, dans mon *Essai sur la chasse du chevreuil*, qu'un vieux dix-cors avait été noyé dans l'étang Neuf à Chambord après deux heures et demie d'un laisser-courre très vif, et que ce cerf avait immédiatement coulé à fond. Après avoir appareillé, nous sondâmes, armés d'un croc puissant, le fond de l'étang, très profond dans l'endroit où mon frère et moi nous avions vu le cerf disparaître.

Après une demi-heure d'efforts, nous finîmes par harponner ce requin d'un nouveau genre ; nous l'attachâmes solidement à l'arrière de notre bateau et nous le remorquâmes jusqu'à terre.

Le bateau-voiture du général de La Rochejaquelein

L'étang Neuf est pittoresquement encadré par une couronne de chênes ; la nombreuse et brillante assemblée qui en garnissait les rives, les chiens frémissant d'impatience en apercevant le cerf traîné à l'arrière du bateau, le soleil sur son déclin empourprant toute cette scène, eussent inspiré le pinceau d'un peintre : j'ai regretté, ce jour-là, de ne savoir manier ni le crayon ni la palette.

Aimé et respecté de tous ceux qui avaient l'honneur de le connaître, le général de La Rochejaquelein montait encore à cheval à l'âge de quatre-vingts ans ; on peut dire de ce chevalier « sans peur et sans reproche » que nul veneur ne fut plus fidèle disciple de notre patron saint Hubert.

Les comtes de Pully et d'Oiron, MM. de Cressac, de Maichin, etc., entretiennent en Poitou des meutes qui ne le cèdent en rien aux bâtards de MM. de La Besge.

Dans le Midi, MM. de Carayon-Latour, de Montesquieu, le baron de Ruble, le vénérable doyen des chasseurs et qui porte gaillardement aujourd'hui ses quatre-vingt-huit ans, continuent leurs succès de bon aloi, avec leurs races françaises de Saintonge et de Gascogne [1].

En Normandie, le comte Le Couteulx, le marquis de Chambray, qui sonnait il y a six ans son millième hallali de cerf; MM. de La Broise, d'Onsembray, le prince de Berghes, et combien d'autres! marchent sur les traces de leurs célèbres compatriotes les d'Yauville et les Leverrier de La Conterie.

Il en est de même dans les provinces les plus éloignées, en Bretagne, en Berry, en Franche-Comté.

Dans les environs de Paris, les de L'Aigle, les Greffulhe, les ducs de La Rochefoucauld et de La Trémouille, etc., continuent les bonnes traditions.

Les amazones qui embellissent les laisser-courre par leur présence sont aussi nombreuses que par le passé.

Les grandes célébrités du second empire, la princesse Mathilde, Mmes de Persigny, de Contades, Drouyn de Lhuys, de Metternich, de Pourtarlès, de Galiffet, et tout cet essaim de jolies femmes attachées à la personne de la gracieuse souveraine, nous rappellent les élégants rendez-vous de nos rois.

Elles nous présagent la plus illustre chasseresse du dix-neuvième siècle, maître

Vicomte Henry d'Onsembray

d'équipage accompli, Mme de Crussol, duchesse d'Uzès, dont je pourrais dire, si j'avais hérité de la verve poétique du bon sénéchal de Normandie :

---

1. Depuis que j'ai écrit ces lignes, le baron de Ruble est mort.

C'est le refuge et la maistresse
Du beau mestier de vennerye.

En 1863, Sa Grâce le duc de Beaufort eut l'idée de faire un déplacement dans les brandes du Haut-Poitou. Il rêvait de relever l'honneur de la vieille Angleterre en forçant un vieux

Baron Joseph de Carayon-Latour

loup ; il savait que ses compatriotes avaient toujours échoué dans cette difficile entreprise.

Le 1ᵉʳ avril 1863, l'équipage anglais descendait de wagon à Poitiers et s'installait dans un château voisin, aimablement mis à la disposition de Sa Seigneurie. La nouvelle de ce déplacement s'était déjà répandue dans toute la France : une foule de chasseurs accoururent des provinces voisines et se joignirent aux chasseurs poitevins. Toutes les auberges à deux ou trois lieues autour de la forêt de Verrières, où devaient avoir lieu les principaux rendez-vous, furent encombrées de bonne heure, et les châteaux voisins remplis jusqu'aux combles ; les étables, transformées en écuries, eurent peine à contenir les chevaux des invités.

Le comte d'Osmond eut la curiosité d'aller voir les fox-hounds du duc aux prises avec les loups du Poitou. Je lui laisse la parole.

Mme la duchesse d'Uzès

« Après avoir couché à Poitiers, je me rendis le lendemain matin au rendez-vous du grand seigneur anglais. Arthur de Chézelles, parent du duc, me présenta tout de suite, et je fus l'objet d'un accueil particulièrement gracieux.

« Le chasseur d'outre-Manche, m'apparaissant alors sur le perron de la villa comme dans une gravure anglaise, avait, ma foi, fort grand air avec son habit de panne verte, ses larges culottes de peau et ses irréprochables bottes à revers.

« Sur la pelouse, au milieu d'arbres séculaires encerclant le devant de la maison de chasse préparée pour l'honorable invité, l'équipage des fox-hounds, la queue en l'air, le poil luisant, maintenu de chaque côté par les deux whips, se tenait en ordre derrière le premier huntsman. Le temps se mettant de la fête, le coup d'œil était idéal ; le soleil du printemps, légèrement estompé par les brumes du matin, dardait ses feux diaprés sur l'imposante masse des cavaliers disséminés autour de la meute du duc.

« Là tous les uniformes se trouvaient réunis. Boutons, trompes et mors scintillaient dans cette lumière ; un peu plus loin, les *blancs et noirs* de Persac, dont les poils éclatants tenus modestement sous le fouet de Charles (le piqueur d'E. de La Besge), me faisaient songer à la *vieille garde* impériale, prête à donner le coup de collier final. »

Généraux, chien de Gascogne, à M. le baron de Ruble

Après trois jours de repos, les soixante fox-hounds du duc, accompagnés de cent cinquante cavaliers, se trouvent au centre du bois des Cartes, petite forêt voisine de celle de Verrières. MM. Guichard, deux chasseurs de loup de la bonne école, découplent leurs deux meilleurs chiens de rapprocher, et peu d'instants après lancent un loup qui vient se donner à vue aux chiens du duc : on se hâte de les mettre sur la voie, mais ils la refusent complètement.

C'était naturel : le même fait se renouvellera toujours avec des chiens froids comme les anglais, la première fois qu'on les découplera sur une voie de loup. Le duc de Beaufort aurait dû, en arrivant en France, se procurer un loup, soit dans une ménagerie, soit chez un de ces coureurs limousins qui les prennent dans des fosses et les promènent ensuite dans la campagne. Introduit dans le chenil, la meute l'eût acculé, pillé et finalement étranglé : au premier découplé, les soixante fox-hounds de Sa Grâce, mis préalablement en curée, fussent partis gaiement sur la voie chaude que leur donnaient MM. Guichard.

Deux ou trois fois la même tentative fut renouvelée sans plus de succès : quelques chiens seulement finissent par se déclarer, et chassent jusqu'au premier chemin, où l'animal est définitivement perdu.

Un essai est encore tenté dans les bois de Gaer, à peu de distance du château de Persac, appartenant à M. Émile de La Besge; je résume la narration exacte de l'éminent veneur poitevin, témoin oculaire et principal acteur dans une des dernières attaques offertes au duc de Beaufort.

« Nous étions au centre de la forêt dans un carrefour sur le bord de la grande route. M. Guichard avait fait le tour du bois sans rien trouver. Son meilleur rapprocheur, *Clairon*, le précédait de quelques pas, quand, au milieu des cavaliers et des chevaux, le brave limier court à une branche qui penchait sur la route et sur laquelle le loup avait probablement levé la patte. Il la flaire, se récrie aussitôt et entre dans un sentier encombré de chevaux et de piétons. On est obligé de se déranger pour laisser passer *Clairon*; il longe le chemin en *l'ébarbillonnant* avec attention de droite et de gauche et finit, à trois ou quatre cents mètres plus loin, par trouver une rentrée au fourré. Son camarade et lui rapprochent à pleine gorge, et bientôt l'animal est sur pied. Les chiens du duc, *mis à la voie saignante*, partent assez franchement; après deux randonnées sous bois, le loup débuche en pleine brande; plus loin ce sont des plaines arides; les chiens laissent l'animal se forlonger; il prend de l'avance et finit par se faire perdre.

« A la suite de ce dernier échec, le duc accepta une invitation à dîner à Persac. Le repas, arrosé des vins généreux de France, fut gai : tous les convives, même les Anglais, retrouvèrent leur bonne humeur. La visite au chenil, qui suivit le déjeuner, étonna le duc; la race de Persac était alors à son apogée : Sa Grâce témoigna son admiration au maître d'équipage.

« Eh bien ! Mylord, lui dit La Besge, si cela peut vous être agréable, je les mets à « votre disposition ; ils chassent bien le loup et je crois qu'ils entraîneront les vôtres. »

« Cette proposition fut acceptée avec empressement : le rendez-vous fut pris pour le surlendemain, dans la forêt de Verrières. Mon amour-propre, on se l'imagine aisément, était en jeu ; aussi je résolus de mettre tous les atouts de mon côté.

« La veille, j'envoyai coucher ma meute au bourg de Verrières, et je dis à Charles, mon piqueur : « Tu prendras trois chiens (que je lui désignai), tu partiras de bonne heure, « tu lanceras ; si c'est un vieux loup, il débuchera, alors tu rompras et tu *briseras* sur la « voie. Si au contraire c'est un louvart, il ne *videra* pas la forêt. Tu le chasseras jusqu'à « dix heures, heure du rendez-vous ; tu arrêteras alors, tu feras tenir les trois chiens par « un des abatteurs de bois, et tu viendras au galop chez le garde, où je serai avec la « meute. »

« Ce qui fut dit fut fait : à sept heures, un louvart était sur pied : pendant trois

ÉQUIPAGE DE CHEVREUIL

Tableau de CLERMONT-GALLERANDE

heures il fut mené aussi vite par *Mauresque, Stentor* et *Talbot* que par une meute entière ;
à dix heures, le hasard voulut que la chasse passât près de la maison du garde ; Charles
arrête aussitôt ses chiens et arrive au galop nous prévenir. Immédiatement on lâche les
trois vaillants chiens, et au moment où ils reprennent leur voie, on découple *bas* et *raide* :
tous rallient, anglais et français, les fox-hounds de M. le duc, les chiens de Vernon à M. de
Maichin, et ceux de Persac ; quelques instants après, l'animal relancé à vue est poussé avec
furie par les chiens frais, vites comme des balles. Après s'être fait battre quelque temps au
fourré, le loup perd la tête, débuche, traverse
la route de Limoges et prend des bois, clairs
et accidentés. Nous arrivons dans une vallée
assez profonde : les chiens sont en défaut, la
chaleur est forte, ils tirent la langue, semblent
essoufflés et ne cherchent pas à retrouver leur
animal.

« Je commençais à me désespérer, après
avoir inutilement fait les devants, les arrières
et les côtés de la voie : un espoir me restait,
je ne voyais pas *Ténébro* ; or, jamais *Ténébro*
n'a su ce que c'était que de perdre un animal.
Tout à coup j'entends à trois ou quatre cents
mètres un coup de voix, puis presque aussitôt
un relancer : *Ténébro* avait retrouvé son loup.
L'animal et le chien vinrent passer sous l'encolure de mon cheval, et quelques instants après
le loup fit tête. Je sautai à terre, et au moment
où l'animal était occupé à se défendre contre
ce chien très mordant, je le saisis vigoureusement par la peau du cou en appelant à l'aide.

« Charles arrive aussitôt et met pied à
terre : « Passe le manche de ton fouet dans la

Comte de Maichin

« gueule du loup, prends la courroie de la selle, lui dis-je, et bâillonnons-le. » Quand la
besogne fut faite, Charles sonna l'hallali à pleine trompe ; beaucoup de nos chasseurs arrivèrent, suivis de tous nos chiens français ; pas un fox-hound ne s'y trouvait, ayant été tous dis-
tancés dans les ajoncs très durs des enceintes de Verrières. Enfin, peu à peu ils apparurent
avec tous les cavaliers. Quand l'assemblée fut au complet, je portai, aidé de Charles, le
louvart au milieu de la plaine : les chasseurs firent le cercle autour du loup, que les chiens
foulèrent et étranglèrent en un instant.

« A la suite de cette prise, les fox-hounds, ayant fait curée, se décidèrent enfin à
chasser franchement. Ils firent néanmoins deux attaques sans résultat ; à la dernière, le
loup, vivement pressé, ne prit pas d'avance en plaine ; malheureusement il entra dans un

petit bois où il bondit deux chevreuils au nez de la meute ; elle prit change et le loup fut perdu. »

Avant de regagner l'Angleterre, le duc accepta un rendez-vous dans la forêt de Moulière près Poitiers. Bien qu'on fût à la fin d'avril, qu'il fît une chaleur accablante et que les cerfs eussent mis bas leur tête, les veneurs poitevins voulurent donner aux Anglais un échantillon de leur savoir-faire.

Ils attaquèrent avec leurs chiens seuls et à la billebaude une harde où se trouvait un

Tamerlan, chien vendéen, poil ras, à M. Baudry-d'Asson

daguet ; après l'avoir séparé, les braves chiens du Poitou le maintinrent au milieu du change et le portèrent bas après trois heures d'un brillant laisser-courre.

A la suite de ce déplacement, une manifestation d'enthousiasme patriotique se manifesta dans le pays : l'amour-propre national s'en mêla ; les veneurs poitevins, La Besge, son chien *Ténébro,* furent portés aux nues : on fit plusieurs chansons, celle dont je copie plus bas les quelques couplets fut applaudie dans un collège à une distribution de prix. On la chantait partout dans les rues, dans les plus humbles auberges, les jours de foire et de marché ; chose curieuse, vingt ans après, le souvenir de cet événement était resté encore vivant ; fréquemment La Besge s'entendait dire : « Eh bien ! Monsieur Émile, les Anglais ne viennent donc plus s'y frotter? Vous leur avez donné une rude leçon ! »

Ainsi se termina la campagne du duc de Beaufort; gentilhomme accompli, il a laissé parmi les veneurs français un souvenir de bonne grâce et d'affabilité qui a fait oublier ses revers.

Humiliés du résultat de cette campagne, les Anglais n'ont pas été si courtois que nous : la morgue britannique ne lui pardonna pas son échec ; elle a eu le mauvais goût de ne pas protester, quand le journal satirique de Londres, *the Punch*, représenta le noble lord à pied, considérant tristement sa meute, pendant qu'un vieux loup, placé derrière lui, lui manque de respect le long de ses bottes à revers.

Cette mauvaise plaisanterie, d'un goût plus que douteux, contraste avec l'accueil plein de déférente courtoisie que le duc reçut en Poitou en avril 1863.

CHANSON POITEVINE COMPOSÉE SUR LA CHASSE DU DUC DE BEAUFORT

EXTRAIT

Riche d'espérance,
Un grand duc anglais,
Des chasseurs de France
Sachant les hauts faits,
Vient dans la Moulière
Montrer sa valeur :
Chasseurs de Verrières,
Piquez-vous d'honneur !

La bête effrayée
Vivement s'enfuit,
Et sous la feuillée
La meute la suit :
Quand soudain la chasse,
Quittant les grands bois,
Pousse avec audace
Le loup aux abois.

Tantôt plein d'adresse
Il fait maints détours ;
Tantôt la vitesse
Va sauver ses jours ;

Par un fier manège
Il trompe Beaufort,
Lorsque de La Besge
Accourt le renfort.

Chasseurs en haleine !
Du cœur ! Tenébrau
De mylord ramène
Les chiens en défaut ;
Hallali ! victoire !
A Persac honneur !
Dès ce jour la gloire
Reste au bon veneur !

Quand de l'Angleterre
Reviendra Beaufort,
Chasseurs de Verrières,
Prouvez à mylord
Que votre vaillance
Ne cède jamais...
Et qu'on sait en France
Vaincre un duc anglais.

Jusqu'ici j'ai surtout parlé de la chasse au point de vue du plaisir qu'elle procure. Il est juste, avant de terminer cette étude, de l'envisager en quelques lignes sous un autre aspect.

Nos aïeux ne se contentaient pas de forcer ou de tuer les grands animaux : la chasse pour la marmite, le *pot-hunting* des Anglais, jouait un grand rôle dans leur existence.

Sans parler des peuples anciens, et sans nous arrêter à décrire leurs somptueux banquets, nous voyons en France les repas homériques des chasseurs, racontés par le menu par les chroniqueurs et les romanciers du temps.

On voit invariablement figurer sur leur table, en première ligne, « venaison, petit gibier et sauvagine ».

Dans le roman de Jehan de Saintré, *Damp Abbé*, pour festoyer la *dame aux belles cousines*, « faict ung de ses chars charger de cymiers de cerf, de hures, de faisans, de perdrix ». Le *tiers service* d'un grand festin que donne en 1457 Gaston Phébus fut de « rosty où il n'y avoit sinon phaisans, perdrix, connins, paons, butors, oustardes, hérons, oysons, bécasses, cygnes, halebrants et toutes les sortes d'oyseaux de rivière que l'on sçaurait penser ; pareillement des chevraux sauvages et plusieurs autres venaisons ».

A son entrée dans la ville de Tours en 1480, le légat du pape reçut comme présent vingt-quatre biches, quatre faisans, quatre hérons, quatre butors, trois douzaines de perdrix, trois douzaines de bécasses, trois douzaines de connins.

Dans les banquets d'apparat on dorait le bec et les pattes des perdrix rouges ; on argentait celles des perdrix grises ; le faisan comme le paon et le héron recevaient les serments des convives.

Philippe le Bon fit sur le faisan le vœu d'aller reconquérir Constantinople. Édouard III avait juré sur le héron de reconquérir *son royaume* de France.

C'était du reste le plus estimé de tous les oiseaux, et sa chair, le mets favori des preux et des loyaux amants ; aussi conservait-on avec le plus grand soin les héronnières. Aujourd'hui la viande du héron nous paraît nauséabonde ; le goût pour cette chair indigeste et huileuse ne se prolongea pas au delà du seizième siècle.

Le cygne passait pour un mets royal : aux noces de Charles le Téméraire on servit deux cents cygnes le même jour.

Les bourgeois d'Amiens avaient, entre autres privilèges, celui de chasser les cygnes. Du reste la chasse n'était pas réservée seulement aux gentilshommes ; la bourgeoisie, surtout celle qui vivait noblement, possédait une liberté souvent égale à celle dont jouissait l'aristocratie. En 1127, lorsque le comte de Flandre, Guillaume Cliton, fit son entrée à Saint-Omer, les jeunes bourgeois de la ville marchèrent devant lui, armés d'arcs et de flèches : « Il est de notre droit, lui dirent-ils, d'obtenir de vous le bénéfice, que nos pères ont toujours obtenu de vos ancêtres, de pouvoir, aux fêtes des saints et pendant l'été, errer en liberté dans les bois, y prendre des oiseaux, tirer les écureuils et les renards. » Le comte confirma immédiatement ce privilège.

Gace de La Buigne raconte dans son poème les tranquilles péripéties d'un déduict de fauconnerie qui se prolongea pendant huit jours. Les chasseurs étaient en partie *gens d'état moyen, chevaliers, chanoines, écuyers* et *bourgeois*, possédant entre eux une vingtaine d'oiseaux. Tous les jours ils volaient jusqu'à midi, rentraient dîner à leur hôtellerie, et recommençaient leur chasse jusqu'à l'heure du souper.

Le chapelain de Jean le Bon décrit une de ces chasses au lièvre à laquelle prennent part les gens de tout état.

Souventes fois moyennes gens
Qui sont et amis et voysins,
S'ils ne sont pas tous cousins,
Comme sont curez et chanoines,
Escuyer, prieurs, bourgeois ou moynes,
S'assemblent souvent pour aller
Quérir le lièvre et le trouver,

Bien que cet exercice fût généralement interdit aux paysans, nous les voyons nantis de certains droits. Une coutume d'Auvergne permettait aux villageois de prendre dans leurs vignes lièvres et lapins, mais sans pouvoir employer de furets.

Bélisaire, bâtard anglo-gascon-saintongeois, à M. le comte de Chabot

Gaston Phébus dit que les vilains et les paysans peuvent prendre aux fosses « les sangliers et aultres bêtes nuisibles » ; il ajoute que dans les Pyrénées, où abondent « boucs sauvaiges et yzards, chascun paysan y est bon veneur de cela, et plus vestus sont de leurs peaux que d'écarlate ; et en sont aussi leurs chausses et solers ».

« Les oyseaulx, dit le roi Modus, sont octroyés pour les povres qui ne peuvent avoir chiens et faulcons pour chacier et voler. Les povres qui de ce vivent, y prennent aussi grant plésance, et pour ce qu'ils y gagnent leur vie, sont-ils appelés les déduicts aux povres. »

Souvent, après les vendanges, les villageois se réunissaient au nombre de cinquante ou soixante avec une quarantaine de chiens,

> Les uns grands, les aultres petits,
> L'un est mastin, l'aultre mestiz,

et prenaient jusqu'à vingt et trente lièvres dans les vignes; ils avaient aussi le droit de prendre les *connins* qui ravageaient leurs jardins.

Ces usages, dont la plupart se sont conservés jusqu'à la fin du siècle dernier, et dont la bourgeoisie et le peuple étaient jaloux, furent abolis par la Révolution, sans doute pour le bonheur du peuple ! Un coûteux permis de chasse et des procès onéreux ont remplacé ces privilèges : heureux Français !

La chasse pour le garde-manger s'est continuée d'âge en âge avec le même attrait : de nos jours ne voit-on pas le bourgeois parisien,

> Teneræ conjugis immemor,

partir avant l'aurore, affublé d'un complet de la meilleure coupe et d'une carnassière immaculée, les poches bourrées de cartouches à percussion centrale n° 12, suivi d'un pointer premier prix d'un field-trial qu'il a couvert d'or, arpentant la plaine Saint-Denis, où l'alouette même est devenue légendaire ?

Mᵍʳ le comte de Chambord

Que dire du Nemrod qui possède ou qui loue une chasse giboyeuse? N'est-ce pas un des heureux de la terre? Aujourd'hui, dans toutes les positions sociales, l'exercice de la chasse est unanimement répandu, tant il est vrai que les passions et les plaisirs de l'homme n'ont jamais varié, depuis que son Créateur l'a établi roi de la nature et maître absolu de tout ce que sa providence fait journellement naître, fleurir et fructifier !

A l'exemple des princes de sa race, Mᵍʳ le comte de Chambord aima passionnément la chasse, la chasse à tir surtout. Dans sa résidence de Frohsdorf, le noble exilé avait organisé des tirés royaux. En plaine, Monseigneur et ses invités chassaient en battue. A quelques lieues de Frohsdorf, le parc du château de Pilten était peuplé de fauves, daims, cerfs et chevreuils. Le prince les tirait à balles et presque toujours les tuait du premier coup.

Passionné pour la chasse au chamois, il faisait de fréquents déplacements dans les montagnes, marchant dans la neige ; se levait avant le jour pour affûter les grands tétras; s'exposait à toutes les rigueurs des saisons alpestres, posté dans les endroits les plus dangereux dans l'attente des chamois rabattus par les traqueurs.

En dehors des affaires de cette France qu'il aimait tant, rien ne paraissait l'intéresser davantage que les récits que ses visiteurs lui faisaient le soir dans l'intimité. De son côté, Henri V se plaisait à narrer ses exploits cynégétiques.

Un jour que j'avais eu l'honneur d'être reçu à Frohsdorf, Monseigneur me raconta qu'il avait tiré un vieux chamois à demi caché dans une espèce d'enfoncement de la montagne, situé à cinquante mètres au-dessous de son poste. Pour pouvoir l'atteindre, il avait dû s'avancer sur une pointe de rocher surplombant la retraite de l'animal, et là, à plat ventre et se penchant au-dessus du précipice, se faire tenir les jambes par les gardes qui l'accompagnaient.

Une autre fois, à Goritz, Monseigneur m'entretint pendant toute une soirée d'un singulier sport. Il existe autour de Goritz de petites montagnes plus ou moins volcaniques dont quelques-unes sont creuses depuis le sommet jusqu'à la base. Ces cavités renferment une prodigieuse quantité de pigeons sauvages ; Monseigneur se postait à l'orifice de la cavité : un garde commençait par faire un léger bruit, une nuée de pigeons sortait aussitôt, se livrant aux évolutions les plus désordonnées ; peu à peu on augmentait le bruit ; quand les gardes ne dérangeaient plus les paresseux ou les couveuses, on jetait des pierres, on tirait quelques coups de fusil ; enfin comme dernière ressource, un homme attaché à une corde se laissait glisser jusqu'au milieu du gouffre, et en frappant des mains faisait débucher les derniers pigeons.

Monseigneur avouait que les premières fois qu'il avait pratiqué ce tir, il manquait tous les oiseaux, que c'était un tiré très difficile, et que, bien que chaque fois on brulât un nombre très respectable de cartouches, on n'était jamais sûr de son coup de fusil.

J'ai pensé que ce curieux sport pratiqué par l'héritier de nos rois, et si peu connu, intéresserait les chasseurs à tir, si nombreux en France.

Depuis leur réclusion au Vatican, les deux derniers papes, Pie IX et Léon XIII, se sont de temps en temps délassés de leurs préoccupations et des affaires de l'Église en chassant au rocolo dans les jardins de leur prison. S. S. Léon XIII pratiquait déjà cette chasse, étant archevêque de Pérouse. Si les vénérables chefs de l'Église se livrent à ce passe-temps, il demeure acquis, même au point de vue de la discipline ecclésiastique, « que la seule façon de chasser est discutable, et non la chasse en elle-même ». Le seigneur évêque du bon vieux temps et l'abbé mitré qui faisaient retentir les échos de nos forêts des aboiements de leurs meutes pouvaient être parfois répréhensibles. Le modeste curé de campagne tirant un lapin avec le châtelain de sa paroisse doit-il être blâmé ? A coup sûr, saint Hubert n'en aurait pas même la pensée !

Les abois (Tableau de G. Busson)

CHAPITRE VI

ÉCRIVAINS ET ARTISTES CYNÉGÉTIQUES
DU XIXe SIÈCLE

E dix-neuvième siècle a produit un très grand nombre d'auteurs cynégétiques. Nous leur consacrerons un chapitre spécial, dont la place est naturellement marquée à la fin de cette troisième et dernière partie.

Nous savons que Desgraviers a publié au commencement de ce siècle deux éditions de son livre *Le Parfait Chasseur*, illustré de gravures et de nombreuses fanfares ; l'auteur y décrit toute espèce de chasses à courre et à tir.

M. Jourdain, inspecteur des chasses du roi, a fait paraître *Le Traité général des Chasses à courre et à tir*, imprimé en 1822; ce livre a une certaine valeur, il est de plus orné de trente-six gravures.

Eugène Chapus passe à bon droit pour un des meilleurs auteurs de cette époque : ses ouvrages les plus intéressants sont sans contredit *Les Chasses de Charles X*, rappelant les souvenirs de la cour du roi ; et en second lieu, *Les Chasses princières en France*, de 1589 à 1841.

Elzéar Blaze a été un des plus charmants auteurs du siècle, le plus spirituel de tous peut-être. Qui de nous n'a dévoré son premier livre *Le Chasseur au chien d'arrêt*? Peu d'é-crivains ont eu un succès plus grand et plus légitime. Ses autres ouvrages, *Le Chasseur au chien courant*, *Le Chasseur conteur* surtout, dans lequel étincelle l'esprit gaulois de notre auteur, ont avec le premier leur place marquée dans toute bibliothèque des vrais chasseurs. Il a publié en outre dans le *Journal des Chasseurs* (de 1836 à 1848) une série d'articles qui ont grandement contribué à la réputation comme au succès de cette revue.

Edmond Masson a publié à Avranches un traité intitulé : *Nouvelle Vénerie normande*. Il a eu tort à mon avis de prendre un titre illustré par Leverrier de La Conterie, son livre étant loin de valoir celui de son célèbre compatriote.

D'Houdetot a publié, entre autres ouvrages, un traité de *La Petite Vénerie* et *Les Femmes Chasseresses* qui ont fait à juste titre sa réputation comme conteur et écrivain cynégétique.

Collaborateur assidu du journal de M. Léon Bertrand, *Le Journal des Chasseurs*, Joseph Lavallée a publié en 1869 *La Chasse à courre en France*, traité sérieux, d'une lecture très agréable, et que tout veneur, jeune ou vieux, peut utilement consulter.

Comme veneur et comme écrivain, le comte Emmanuel Le Couteulx de Canteleu mérite une mention particulière. Sa science en vénerie, son talent littéraire, sont assez connus pour qu'on soit dispensé d'en faire l'éloge. Après avoir publié *La Vénerie fran-çaise*, *La Chasse du loup*, et l'*Historique de nos chiens courants au dix-neuvième siècle*, M. Le Couteulx a fait éditer chez Hachette, il y a quelques années, son *Manuel de Vénerie*; ce livre a obtenu un très grand et légitime succès : la première édition a été promptement épuisée; véritable encyclopédie de la chasse, tout veneur doit l'avoir entre les mains et la consulter souvent.

Le baron Dunoyer de Noirmont, à l'obligeance duquel nous devons une foule de renseignements précieux, a écrit en trois volumes l'*Histoire de la Chasse en France*, travail colossal par les recherches archéologiques, historiques et autres qu'il a dû faire pour arri-ver à édifier ce véritable monument. Je doute qu'on fasse aussi bien, mieux me paraît impossible. M. de Noirmont est mort il y a quelques années, laissant par testament les exemplaires qui lui restaient de la première édition de son ouvrage au comte Le Couteulx, son ami.

Un ancien inspecteur des forêts de la couronne, M. de La Rue, après avoir collaboré longtemps dans divers journaux et revues sportives, entre autres dans la *Chasse illustrée*, a publié plusieurs volumes très estimés : les principaux sont un *Nouveau Traité des Chasses*, celui-ci en collaboration avec un écrivain cynégétique de haute valeur, M. le marquis de Cherville ; *Le Lièvre, Les Chasses du second Empire.*

Nous devons au baron Bellier de Villiers un livre tiré à 500 exemplaires et épuisé aujourd'hui : *Les Déduicts de la chasse du chevreuil,* accompagné de nombreuses gravures ; cet ouvrage a sa place marquée dans les bibliothèques des veneurs qui se livrent à ce charmant laisser-courre.

Je n'oublierai pas M. Ernest Bellecroix, rédacteur en chef de la *Chasse illustrée,* dont

En défaut (Tableau de G. Busson)

Cliché de MM. Braun, Clément et Cⁱᵉ, Paris

tous les chasseurs de France et de l'étranger ont pu admirer dans les articles et les traités publiés par lui, une véritable science de la chasse à tir, unie à une plume aussi modeste qu'elle est élégante.

Dernièrement, un célèbre veneur du Morvan, le comte d'Osmond, nous a laissé avant de mourir un charmant volume, publié par M. P. Amédée Pichot : *Les Hommes des bois.* Les portraits des veneurs contemporains de M. d'Osmond sont tracés de main de maître, les anecdotes qui les concernent sont d'un intérêt soutenu ; racontées dans un style élégant et vraiment français, elles fourmillent d'épisodes qui en rendent la lecture on ne peut plus attachante et récréative. Malgré sa récente publication, la première édition est épuisée.

Souhaitons pour nos lecteurs qu'une seconde ne tarde pas à paraître : j'ose lui promettre un égal succès.

Le comte de Laferrière, le marquis de Charnacé, Louis de La Roulière en son curieux poème *De la Chasse du lièvre*, illustré avec une originalité charmante par un artiste de grand talent, M. Gaignard ; M. Victor Geruzez, illustre sous le pseudonyme de Crafty, le baron de Vaux, le vicomte de Chézelles, M. E. Gridel, le comte de Tuguy et son très curieux traité de *La Chasse à la loutre*, M. Diguet, le comte de La Porte, toute une pléiade d'écrivains de mérite, nous ont légué des ouvrages où le talent le dispute à la science cynégétique.

L'auteur le plus en vue de ce siècle me semble cependant devoir être le marquis de Foudras ; et si, grâce à M. P. Laforêt, je consacre ici à ses ouvrages et à sa mémoire une large place, j'espère que mes lecteurs ne m'en voudront pas. Si peu de livres ont plus charmé nos pères que *Le Père la Trompette, Les Gentilshommes chasseurs, L'Abbé Tayaut, Un Capitaine du Beauvoisis,* peu de livres aussi ont plus charmé leurs descendants ; le talent littéraire de l'auteur, secondé par une imagination aussi féconde qu'elle est brillante, lui assure une place distinguée parmi les meilleurs auteurs qui ont illustré la langue française au cours de ce siècle.

Le père du marquis de Foudras, neveu et gendre du marquis de Bologne, était le cousin de l'évêque de Poitiers, Mgr de Foudras, une de nos célébrités de l'époque, créateur des chiens du Haut-Poitou dits « chiens bleus de Foudras ». Après avoir vaillamment servi son pays dans ce corps d'élite appelé « la gendarmerie de Lunéville », il occupa ses loisirs à chasser les loups, les cerfs et les sangliers qui peuplaient alors les forêts de la Bourgogne et de la Champagne. Émigré en Allemagne, il rentra en France en 1802 et mourut à quatre-vingts ans en 1836, léguant à son jeune fils le trésor de ces récits délicieux que celui-ci nous a transmis dans les ouvrages mentionnés plus haut.

Élevé par un tel père, le marquis de Foudras hérita naturellement de ses goûts et de ses qualités chevaleresques. Il a écrit dans un style charmant ses débuts comme chasseur : on me pardonnera de citer ce passage presque *in extenso* :

« Je venais d'entendre sonner la dernière heure de ma treizième année, et j'avais déjà pour le noble délassement de la chasse ce goût qui devait être plus tard une passion, et qui est encore pour moi le plus doux de mes souvenirs en même temps que le plus amer de mes regrets. Trop jeune encore jusqu'à cette époque pour qu'il fût prudent de me con-fier une arme à feu, je ne me lassais pas pour cela de suivre, avec une infatigable ardeur, toutes les chasses, de quelque nature qu'elles fussent, qui se faisaient dans le pays. Tantôt j'accompagnais dans ses tournées le garde champêtre de la commune, bien qu'il ne portât sous son unique bras, car il était manchot, qu'un vieux mousqueton qui ne grondait qu'une fois l'an pour la fête de l'empereur ; tantôt je me faufilais parmi les notables du pays, lorsque, guidés par mon ami le vieux Denis, ils allaient au milieu de l'hiver faire des battues où l'on tuait force lièvres, sous le prétexte ingénieux de détruire les loups. Si je voyais briller un miroir dans la plaine, j'allais intriguer pour tirer la ficelle ou pour obtenir la mission de confiance de faire lever les alouettes blotties dans le creux des sillons; si j'entendais un basset donner de la voix dans les vignes, j'allais m'embusquer dans un carrefour, et je couchais en joue, avec un échalas, le lièvre qui ne tardait pas à se montrer, alerte, joyeux et tout brillant de la rosée du matin. Mon père, qui reconnaissait sa jeunesse évanouie dans ces précoces instincts, ne les combattait que pour l'acquit de conscience, ce qui signifiait qu'il se bornait à ne pas les encourager, au grand mécontentement de l'abbé Garchery, mon précepteur, excellent homme dont la pénétration était grande, car il ne cessait de répéter ces paroles, que j'ai pris soin de rendre prophétiques :

« — Mon cher ami, vous ne serez jamais qu'un ignorant si vous continuez à aimer la chasse avec une passion désordonnée. Hier vous n'avez pas fait votre thème, et aujourd'hui vous m'avez tout l'air de ne pas faire votre version.

« — Mais, monsieur l'abbé, le latin me sera très inutile.

« — Pourquoi cela, monsieur le raisonneur ?

« — Parce que, mon père ne voulant pas que je serve l'empereur, je n'aurai rien de mieux à faire que d'entrer dans les ordres, et, alors, vous comprenez que le latin...

« — Oui, oui, je comprends, petit insolent, s'écriait l'abbé, qui était d'autant plus indigné que je négligeasse mon latin, qu'il profitait, pour l'apprendre un peu, des leçons qu'il me donnait.

« En deux bonds, j'étais hors de la salle d'étude; en quatre autres, j'atteignais le jardin ; cinq minutes après, je regagnais le garde champêtre que j'avais vu passer, le mousqueton sur l'épaule, et pendant que je parcourais les champs, le bon abbé Garchery disait bénignement son bréviaire... en français.

« Je rentrais à l'heure du dîner, le front baigné de sueur, les joues écarlates, les vêtements en désordre ; l'abbé venait se placer à côté de moi. Il avait l'air solennel et même sévère.

« — Il paraît que les leçons ont mal été aujourd'hui, disait mon père.

« — Il n'y en a pas eu, reprenait l'abbé.

« — Ah ! c'est différent, continua mon père. J'aime mieux qu'on ne fasse rien que de mal travailler.

« Les choses en étaient là quand arriva le jour de mes treize ans accomplis, 29 octobre 1813. L'abbé Garchery et moi, nous prenions notre leçon de latin, paisiblement assis au coin d'un bon feu, une table entre nous, dans la petite chambre que nous occupions au rez-de-chaussée du château. Le bon abbé était un peu mélancolique... Je venais de lui demander l'explication d'un passage de mon *De Viris*, et il n'était pas bien sûr de me l'avoir donnée bonne.

« — Voyez donc comme c'est honteux, mon enfant, pour un garçon de votre âge, de n'en être encore qu'aux premiers éléments du latin, me disait-il d'une voix paternellement triste. Vous ne saurez jamais cette langue sans laquelle il n'y a pas de bonne éducation.

« — Je m'y mettrai, monsieur l'abbé, je vous le promets, répondis-je en tournant la

HALLALI COURANT DE SANGLIER

(Tableau de TAVERNIER)

Cliché de MM. Braun, Clément et Cie, Paris.

tête du côté de la fenêtre, contre les vitres de laquelle fouettait une formidable pluie d'automne, qui me faisait dire qu'il ne fallait pas songer à une escapade ce jour-là.

« — Vous vous y mettrez, dites-vous, et quand comptez-vous commencer ?

« — A l'instant même.

« Et pour joindre l'action à la parole, je fis semblant de chercher mon mot dans le dictionnaire.

« En ce moment la porte de notre chambre s'ouvrit sans que j'aperçusse la main qui tenait la clef, et deux charmants bassets, couplés ensemble par une laisse de soie amarante, entrèrent résolument et vinrent me flairer les mains.

« Il y avait un chien et une chienne, ce qui, même pour une innocence d'écolier qui n'a pas fréquenté les collèges, signifiait l'espérance d'une postérité. Ils étaient noirs, marqués de feu, admirablement coiffés, et ils avaient les jambes droites, ce qui leur donnait un air dégagé qui me plut au premier abord.

« Néanmoins, cette apparition me causait plus de surprise que de joie, car j'étais à mille lieues de la vérité, lorsque la porte, s'ouvrant tout à fait, me montra mon père debout sur le seuil. Sa figure était radieuse, d'une joie sans mélange. Il tenait à la main un objet renfermé dans un fourreau de serge verte, dont la forme allongée fit battre mon cœur.

« — L'abbé, dit-il avec un embarras admirablement joué, vous allez me gronder ; mais, ma foi, cela s'est toujours fait ainsi dans ma famille ; mon fils entre aujourd'hui dans sa quatorzième année.

« — Ce qui signifie, monsieur le comte, qu'il doit redoubler de zèle pour ses leçons.

« — Je suis de cette opinion ; mais cela signifie aussi qu'il a atteint la majorité légale pour chasser, et que je lui donne ces deux chiens et ce fusil.

« Je poussai un cri de joie et je courus me précipiter dans les bras de mon père, que je priai de répéter encore ce qu'il venait de me dire, car je ne pouvais en croire mes yeux et mes oreilles.

« — Voilà aussi », continua mon père en ramenant devant lui sa main gauche qu'il tenait derrière son dos, ce que je n'avais pas remarqué, tant j'étais occupé par ce que je voyais, « voilà aussi une carnassière, un fouet de chasse, des sacs à plomb, une poire à poudre, des pierres de rechange et quelques menus ustensiles que tu trouveras quand tu en auras besoin.

« — Vous avez oublié les bourres, monsieur le comte, permettez-moi de réparer cette omission.

« Et l'abbé, prenant sur la table mon rudiment, me le tendit d'un air navré.

« — Allons, allons, l'abbé, dit mon père, ne lui gâtez pas son plaisir ; il travaillera mieux maintenant. Une passion satisfaite prend moins de temps qu'une passion malheureuse, parce qu'on ne peut pas toujours agir, au lieu qu'on peut toujours rêver. Vous verrez que vous serez plus content de lui.

« J'ai souvent été à même, depuis lors, d'éprouver l'excellence de la théorie de mon père sur les passions satisfaites, et il est certain qu'il en avait fait une application heureuse dans la circonstance que je viens de rapporter, car, à dater de ce moment, je travaillai si bien, que l'abbé Garchery, dans l'impossibilité de suivre mes progrès, dut céder sa place à un jeune séminariste qui en savait un peu plus long que lui, et qui, en outre, aimait la chasse encore plus que moi, si c'est possible. »

Dès lors, tous les jours furent des jours de chasse où l'on se bornait, il est vrai, pendant quelques heures, à poursuivre de noyer en noyer des bandes de pinsons ou quelque merle jaseur, sauf le jeudi, où les chiens entraient en scène, faisant sortir du bois quelques lièvres, généralement manqués par le débutant, sauf une fois où, par hasard, un grain de plomb égaré de sa route alla atteindre un malheureux capucin derrière la nuque et lui fit faire la culbute. Le récit de ce premier lièvre tué par lui donna naissance à une nouvelle intitulée : *Simple histoire*, et dans laquelle on voit déjà poindre chez l'enfant les sentiments de générosité et d'énergie qui seront en pleine maturité chez l'homme.

Plus loin le chasseur en herbe nous raconte ses premières armes comme disciple de saint Hubert :

« C'est en Champagne, au château d'Écot, que j'ai fait mes premières armes, et que, pour la première fois, j'ai aperçu un sanglier. On va voir dans quelles circonstances et quel était cet animal, et l'on comprendra, j'espère, que si je suis resté chasseur malgré cette terrible rencontre, c'est que j'avais très véritablement le feu sacré.

« A cette époque de mes treize ans, on n'avait pas encore jugé prudent de mettre un fusil entre mes mains impatientes, ce qui ne m'empêchait pas de suivre toutes les grandes chasses de MM. Michel frères, et quelquefois d'accompagner leur piqueur La Branche, lorsqu'il allait faire le bois à la pointe du jour. La Branche, qui me donnait des leçons de trompe en échange de quelques écus que mon père lui glissait dans la main, La Branche m'avait pris en grande affection, et convaincu qu'il y avait en moi l'étoffe d'un vaillant disciple de saint Hubert, il ne manquait jamais de me souffler un mot dans l'oreille, le soir, quand il méditait une tournée un peu importante pour le lendemain.

« C'est ce qu'avait fait le digne homme sur le déclin d'une veillée brumeuse de la fin d'octobre 1813, en me rencontrant sur son chemin comme il sortait du salon, où il venait de prendre les ordres de ses maîtres. Il va sans dire que je guettais son passage.

« Je dois d'abord apprendre à mes lecteurs que nous devions quitter Écot la veille de la Toussaint, et que MM. Michel, toujours désireux d'être agréables à mon père, s'étaient empressés de décider que la solennité cynégétique de la saint Hubert serait avancée d'une semaine afin que nous puissions y assister l'un et l'autre. On m'avait promis que l'on me confierait un petit fusil simple ce jour-là.

« — Monsieur Théodore, m'avait dit La Branche à voix basse, ne manquez pas d'être prêt demain matin à six heures. Je veux savoir si le vieux Souvarow est encore dans ces parages. Si nous le rencontrons, ça vous amusera et ça vous instruira de voir son pied. »

« Je connaissais Souvarow de réputation, car on ne parlait guère d'autre chose à Écot sur la fin du souper. C'était un solitaire de la plus grande taille, d'une physionomie terrifiante et d'un caractère d'une méchanceté peu commune. Les charbonniers de la forêt en avaient peur, et dans ses luttes contre les mâtins formidables de MM. Michel et leur excellente meute de vendéens, il avait toujours remporté l'avantage et fait de nombreuses victimes. Souvent atteint par les balles, il allait se guérir dans quelque fort écarté, après quoi il reparaissait un beau matin dans les bois d'Écot, aussi farouche et aussi hardi que par le passé.

« Quand les petits garçons du village étaient en révolte, on ne les menaçait pas d'appeler Croquemitaine, mais on leur annonçait qu'ils iraient, le soir, ramasser des glands aux *Trois-Fontaines*, où Souvarow ne manquait jamais de venir se souiller au coucher du soleil.

« Tout cela n'avait pas laissé que de jeter un certain trouble dans mon imagination d'écolier.

« Cependant, le lendemain matin à la pointe du jour, quand La Branche vint pour prendre le vieux Bruno, son meilleur limier, il me trouva l'attendant de pied ferme à la porte du chenil.

« Nous eûmes un assez long trajet à faire pour gagner les bois de la Crête, dans lesquels Souvarow apparaissait le plus habituellement après chacune de ses émigrations passagères. Il va sans dire que La Branche profita de cette bonne occasion d'un tête-à-tête de trois quarts d'heure pour me raconter de nouvelles histoires, vraies ou fausses, sur l'animal que nous allions chercher.

« Il pouvait être sept heures quand nous commençâmes notre quête dans une petite vallée, dont le sol, sillonné par de nombreux ruisseaux, était marécageux en plusieurs endroits.

« Le revoir était beau partout, et à chaque instant nous rencontrions des voies de sangliers de toutes les tailles, mais nulle part la formidable trace de Souvarow.

« La Branche devenait soucieux, et à plusieurs reprises je l'avais entendu grommeler entre ses dents des phrases du genre de celle-ci : « Le brigand ne sera pas encore venu. » Toutefois, il continuait de percer en avant, précédé de son vieux Bruno, qui flairait tour à tour le sol et le pied des gaulis, avec la persévérance d'un serviteur éprouvé.

« Nous atteignîmes ainsi les abords d'une sorte de marais couvert de roseaux dans toute son étendue.

« — Je vais faire le tour de ce canton, me dit La Branche, continuez de suivre la lisière du bois, et quand vous serez arrivé à la fin des joncs, vous m'attendrez là. Avant dix minutes nous serons réunis.

« Je suivis ponctuellement cette recommandation, et je fus plus tôt que La Branche au point indiqué. Là, soit hasard, soit instinct de veneur en herbe, je me mis à examiner attentivement le terrain autour de moi.

« A force de regarder, j'aperçus la trace d'un animal qui sortait du bois et entrait dans le marécage.

« Les empreintes de ce pied, dans la terre humide et molle, étaient aussi larges que celles d'un jeune taureau et beaucoup plus profondes. Partout où elles étaient remplies d'eau, cette eau était trouble, preuve certaine, même pour mon inexpérience, que la bête, quelle qu'elle fût, avait passé par là depuis peu de temps.

« Toutefois, l'idée ne me vint pas que ce pouvait être Souvarow, et si j'indiquai la trace par une brisée, ce fut uniquement pour faire mes embarras, suivant l'expression vulgaire.

« J'avais à peine jeté sur le sol une branche de chêne, que j'aperçus Bruno et son maître à une dizaine de pas de moi.

« — Mille tonnerres ! Vous avez de la chance, monsieur Théodore, me dit le piqueur à l'oreille et en me montrant ma brisée. Vous venez de remettre Souvarow !

« Soyons sincère : la première impression que je ressentis en entendant ces flatteuses paroles fut celle d'une épouvantable frayeur. Mes genoux fléchirent sous le poids de mon corps, et je fus obligé de mettre le bout de la manche de ma veste dans ma bouche afin d'empêcher mes dents de claquer.

« Fort heureusement pour moi, La Branche était si occupé à examiner la sortie et la rentrée de notre solitaire, qu'il ne s'aperçut de rien, et que je pus conserver, dans cette épreuve délicate, la large part d'estime qu'il m'avait accordée depuis qu'il me connaissait.

« Quand il eut bien étudié toutes les circonstances du beau revoir que nous avions sous les yeux, il releva la tête, puis il reprit, toujours en parlant avec précaution :

« — Je ne peux pas croire que notre animal, si hardi que je l'ai constamment vu, se soit rembuché dans ces mauvais roseaux. Je l'aurai échappé quelque part.

« On se souvient que La Branche venait de faire le tour du marécage, à l'exception de la partie que j'avais parcourue moi-même.

« En ce moment, et comme s'il voulait éclaircir les doutes de son maître, le vieux Bruno porta le nez au vent en respirant avec force, son regard s'enflamma de colère, et il fallut que La Branche lui fît sentir le trait pour l'empêcher de se lancer en avant dans les roseaux.

« — Il est bien ici, poursuivit encore mon compagnon, mais il n'y restera point. Il y sera venu pour se souiller, et dès que le soleil aura percé le brouillard, il ira chercher une demeure plus sûre que celle-là. Retirons-nous sous bois pour ne pas le gêner dans ses manœuvres, et, plus tard, je ferai encore une fois le tour de l'enceinte.

« Une demi-heure après environ, La Branche me laissait seul de nouveau, en me recommandant de prêter l'oreille à tous les bruits et à observer attentivement tout ce qui se passerait.

« J'avais eu le temps de me remettre de mon effroi, un peu par curiosité et beaucoup par amour-propre.

« Il y avait à peu près une dizaine de minutes que La Branche m'avait quitté, et je me disais intérieurement qu'il devait être arrivé à ma hauteur de l'autre côté du marécage, lorsque je vis tout à coup les joncs, à peine balancés légèrement jusqu'alors par la brise matinale, s'agiter et se séparer avec violence à une portée de pistolet de moi, en avant et un peu sur ma droite.

« Au même instant, un brusque clapotement d'eau se fit entendre, et presque aussitôt j'aperçus une masse noire qui se dressait avec une terrifiante lenteur au-dessus de la tête des roseaux les plus élevés.

« Deux cônes velus et hérissés de longues soies grisonnantes la surmontaient, deux petites lueurs rouges comme des charbons ardents l'illuminaient au centre en lui donnant

Le vol-ce-l'est (Tableau de Clermont-Gallerande)

Cliché de MM. Braun, Clément et Cie, Paris

un aspect terrible, et deux monstrueux crochets, d'une blancheur éblouissante et sinistre, apparaissaient à sa base, qui se terminait en pointe menaçante.

« C'étaient les écoutes, les yeux flamboyants et les défenses de Souvarow ; il n'y avait pas moyen de s'y tromper, et, ma foi, je fis le plongeon pour dissimuler ma présence au monstre, si c'était possible.

« Le clapotement d'eau se renouvela à plusieurs reprises dans l'espace de quelques minutes, toujours en se rapprochant de moi, et Souvarow, revenant sur son contre-pied, sans doute parce qu'il avait flairé le limier et le piqueur occupés à sa recherche, passa à quatre pas de l'endroit où j'étais prudemment accroupi; puis il rentra sous bois, grognant avec fureur et brisant sur sa route les gaulis qui lui faisaient obstacle.

« Quand je jugeai, par le silence qui se fit dans le taillis, qu'il était loin, je me remis peu à peu de cette émotion seconde, bien plus forte que la première, si bien que je n'eus pas trop de peine à montrer mon visage résolu à La Branche, lorsqu'il me rejoignit quelques instants après. Je pus donc lui faire mon rapport d'un ton suffisamment calme pour la circonstance, et obtenir ainsi sa complète approbation pour ma conduite.

« Nous reprîmes alors notre quête, et, au bout d'une heure, le vieux Bruno aidant, nous avions définitivement et sûrement remis notre solitaire dans un fort épineux qui longeait les murs en ruine de l'ancienne abbaye de la Crête.

« A midi, nous rentrions au château, où la grande nouvelle du retour de Souvarow dans la contrée fut accueillie avec des transports de joie. MM. Michel décidèrent sur-le-champ que la chasse projetée aurait lieu dès le lendemain, pour ne pas laisser échapper une si bonne occasion d'engager une nouvelle lutte contre l'invincible solitaire, et les ordres furent donnés en conséquence.

« On devait s'efforcer de le remettre dans une enceinte peu étendue, la garnir de tireurs braves et adroits, et attaquer l'ennemi avec douze mâtins d'une intrépidité et d'une ténacité à toute épreuve.

« L'entreprise était trop périlleuse pour que l'on songeât à me tenir la promesse que l'on m'avait faite de me donner un fusil pour cette Saint-Hubert avancée; mais on me permit de suivre M. Michel aîné, le plus prudent des deux frères, à la condition que je ne m'éloignerais pas de lui d'une semelle.

« Tout se passa à souhait. Souvarow fut rembuché dans une dizaine d'arpents environnés de chemins de toutes parts, et quand les tireurs eurent gagné les différents postes qu'ils devaient occuper, les mâtins, conduits par M. Michel le jeune, qu'on appelait *Dubarat* pour le distinguer de son frère, et La Branche, marchèrent droit à la bauge de l'animal.

« Je ne vis pas l'attaque, mais je pus suivre de l'oreille toutes ses différentes phases, et elles sont encore aussi présentes à ma mémoire que si l'événement avait eu lieu hier. Souvarow se rua d'abord sur les chiens, qu'il mit en complète déroute. Avant qu'ils se fussent ralliés, il courut sur La Branche et le renversa, sans toutefois le blesser. Comme il revenait sur ses pas pour se jeter sur M. Dubarat, son dernier adversaire, celui-ci l'ajusta avec un sang-froid héroïque, le laissa approcher jusqu'à quatre pas de lui, et lui planta à bout portant une balle dans l'oreille. Le terrible solitaire resta immobile sur le sol, comme si la foudre l'avait frappé.

« Je ne fus pas un des derniers à accourir sur le champ de bataille, quand la joyeuse fanfare de l'hallali eut annoncé la victoire aux chasseurs dispersés autour de l'enceinte. On put alors juger que Souvarow était un animal bien plus extraordinaire encore par ses proportions qu'on ne l'avait cru jusqu'à ce jour. Il mesurait six pieds de la naissance de la queue à l'extrémité de la hure; ses membres étaient d'une vigueur dont il n'y avait pas

HALLALI DE CERF

(Dessin de Jules Gélibert)

d'exemple chez les animaux de son espèce, et il se trouvait dans un état de porchaison si merveilleux, qu'il atteignit au poids de quatre cent quatre-vingt-dix livres, bien qu'on ne le pesât qu'après qu'il eut été soumis aux opérations de la curée chaude. Sa peau portait les traces de quarante-trois projectiles, chevrotines ou balles de divers calibres. Quelques-unes des premières étaient restées dans le cuir, et quatre des autres furent découvertes dans la monstrueuse panse de Souvarow. »

Le marquis Théodore de Foudras naquit au château de Falkemberg, dans la Silésie prussienne, le 29 octobre 1800.

Son existence au château de Demigny fut fastueuse. Suivant l'exemple de son père, il eut un vautrait dirigé par deux hommes dont il nous a laissé le nom, Henry et Remondey, et qui, si l'on en juge par les éloges qu'il leur décerne, étaient des chasseurs de haute valeur. Ce fut vers 1837-1838 que le marquis de Foudras se lia avec le marquis de Mac Mahon, cet élégant et célèbre veneur, une des grandes figures cynégétiques du règne de Louis-Philippe. Nous les voyons, en effet, galoper à travers les fondrières et les mornes traîtresses du Morvan, à la suite des chiens anglais du bouillant gentilhomme, en compagnie des La Rochefoucauld, des Tocqueville, des Sassenay, de tant d'autres veneurs intrépides, dont l'énergie secondait si brillamment les efforts du valeureux maître d'équipage.

Le marquis de Mac Mahon ! A moi Morvan ! Rallye-Bourgogne ! quels souvenirs dans les annales de la vénerie française !

Le marquis de Mac Mahon fut le précurseur des amateurs de la chasse à fond de train avec les chevaux de pur sang et les chiens anglais aphones, qui forcent ou plutôt étouffent leur animal en deux heures. Ce vaillant homme de chasse, fanatique de son innovation, eut à soutenir des polémiques aussi courtoises qu'égoïstes avec les veneurs contemporains, principalement avec ceux de la Vendée, ne comprenant un laisser-courre qu'égayé par la musique de leurs chiens, admirablement gorgés, dont l'allure plus lente leur procurait de plus grandes voluptés, en mettant plus de temps à forcer.

La carrière du marquis de Mac Mahon comme veneur, et du reste aussi comme homme, fut exceptionnellement brillante ; malheureusement elle fut interrompue prématurément par la mort violente de ce sympathique maître d'équipage. M. le marquis de Mac Mahon fut tué par son cheval en courant un steeple à Autun en 1845.

L'œuvre littéraire du marquis de Foudras est considérable : la plus grande partie de ses travaux ont été publiés dans le *Journal des Chasseurs* et ensuite réunis en volumes.

Dans *Les Gentilshommes Chasseurs*, une de ses plus jolies nouvelles, nous indiquerons les titres de onze chapitres :

« 1° *Un Déplacement de chasse en Morvan.* Souvenir du marquis de Mac Mahon.

« 2° *Le Marquis de Bologne.* Charmante nouvelle qui nous a suggéré l'idée d'ajouter quelques détails à ceux déjà si intéressants qui y sont contenus[1].

---

1. Voir *Revue Britannique*, juin 1897 : *Un Veneur au dix-huitième siècle : le marquis de Bologne.*

« 3° *Une Chasse au chevreuil; Une Retraite aux flambeaux.* Récit de la première entrevue du marquis de Foudras avec le marquis et le comte de Mac Mahon, suivie d'une chasse splendide du grand Racot, secondé par son incomparable équipage, et terminée par une retraite aux flambeaux d'un nouveau genre[1].

« 4° *Denis.* Histoire du vieux piqueur de son père, une des gloires de la vénerie française.

« 5° *Pauvre défunt M. le curé de Chapaize.* Où sont racontées les prouesses cynégétiques d'un modeste curé de campagne avant la Révolution.

« 6° *Simple histoire.* Anecdote où l'auteur mentionne le récit du meurtre de son premier lièvre et de ce qui s'ensuivit.

« 7° *Quarante-huit heures chez le marquis de Montrevel.* Description d'une récréation suivie d'un laisser-courre chez un grand seigneur au dix-huitième siècle.

« 8° *Une chasse de Rallye-Bourgogne.* Autre souvenir du marquis de Mac Mahon.

« 9° *Le marquis et le comte de Fussey.* Un vrai régal pour un amateur.

« 10° *Les Chasses de la gendarmerie de Lunéville.* Spécimen des passe-temps de MM. les officiers de ce corps d'élite. Entre autres un courre de grand loup attaqué près de Nancy, et qui, au bout de trois jours de poursuite, est noyé par les chiens sur le territoire de l'électeur de Trèves.

« 11° *Un Savolazzo en Piémont.* Une chasse au coq de bruyère dans les Alpes. Récit d'un épisode qui s'est passé en Italie, où l'auteur, en déplacement chez un grand seigneur de ses amis, fait la connaissance d'un vieux braconnier-contrebandier, Titano, et de son chien Torquato, dont l'instinct et l'intelligence remarquables finissent par lui jouer un mauvais tour, ainsi qu'à son maître.

« Une nouvelle publication parut sous le titre : *Les Veillées de Saint-Hubert.* Les nouvelles qui la composent font suite à celles qu'on lit dans *Les Gentilshommes Chasseurs* ; mais elles sont dues en grande partie à l'imagination de l'auteur.

« En voici également les titres :

PREMIER VOLUME

« *Un drame dans les bois.* Récit assez banal.

« *Les deux Hallalis.* Histoire de chasse et d'amour. Un vieux veneur jaloux, n'ayant confiance dans personne, laisse sa jeune femme à la garde d'un vieux barbon, et se laisse tromper par ce couple disparate avec une sérénité qui n'a d'égale que l'audace du soi-disant Mentor et la finesse de sa complice.

« *La comtesse Diane de Brého.* Une des plus charmantes et des plus sympathiques figures évoquées par l'auteur. La comtesse de Brého joue un grand rôle dans l'œuvre du

---

1. Voir, pour les chasses du marquis de Mac Mahon et de son piqueur Racot, *Les Hommes des bois*, de M. le comte d'Osmond, ouvrage publié par le directeur de la *Revue Britannique*. Didot, éditeur.

marquis de Foudras. Malheureusement l'existence de cette chasseresse extraordinaire est un mythe.

« *Une Pipée*. Gracieuse surprise de Mme de Pompadour pour retrouver son ascendant sur son royal amant qui la néglige.

« *Deux Vieux Passionnés*. Anecdote sur la rencontre que fit un jour l'auteur de deux vieux chasseurs infirmes ayant conservé le feu sacré des anciens jours.

« *Ce que c'était que le coup d'andouiller dont mourut M. le chevalier de La Ruppière.*

Hallali courant de cerf (Tableau de G. Busson)
Cliché de MM. Braun, Clément et C^a, Paris

Drame cynégétique. Le marquis de Chémerault, ayant découvert la liaison de sa femme avec le chevalier de La Ruppière, propose à celui-ci un duel au couteau pendant une chasse, et le survivant fera croire aux invités que la victime est morte dans une lutte corps à corps avec l'animal attaqué. Le chevalier accepte et succombe.

« *Le Chasseur platonique et le Lièvre savant*. Bluette sans importance.

DEUXIÈME VOLUME

« *Un Synode chez le curé de Chapaize*. Le brave curé invite quelques collègues ayant les mêmes goûts que lui, et leur offre l'hospitalité agrémentée de parties de chasse extraordinaires.

49

« *Un Professeur de tir*. Nouvelle sans grand attrait.

« *De quelques veneurs que j'ai connus. M. Dubarat.* Ceci, par exemple, est absolument intéressant et authentique. Nous retrouvons M. Dubarat, le fameux chasseur d'Écot, qui tua Souvarow, et l'auteur nous fait assister à plusieurs de ses héroïques aventures.

« *Un Monsieur qui a le feu sacré*. Le titre seul est explicite.

« *La Société Rallye-Bourgogne*. Encore un souvenir à l'adresse du marquis de Mac Mahon et de ses valeureux compagnons de chasse.

« Notons parmi les plus intéressantes nouvelles de notre auteur : *Un Capitaine du Beauvoisis*, récit des aventures arrivées au marquis de Bologne, revenant à pied de Prague, en Bohême, en chassant, jusqu'à son château de Thivet, en Champagne.

« *L'Abbé Tayaut* est une des conceptions littéraires les plus heureuses de M. de Foudras. Nous ne croyons pas qu'on puisse écrire un livre qui soit plus attachant et où le caractère d'un personnage soit présenté d'une façon aussi séduisante. On est empoigné dès le commencement par l'allure crâne et décidée du héros, dont l'énergie ne se dément jamais.

« Une cruelle infirmité vint mettre un terme à l'activité dévorante du sympathique homme de lettres. Sa vue, fatiguée par l'excès de travail auquel il l'avait soumise, s'affaiblit peu à peu et finit par disparaître complètement. Cette infortune eut vite raison de la vigoureuse constitution du vieux veneur, et il s'éteignit à Chalon-sur-Saône le 10 juillet 1872, dans sa chère Bourgogne qu'il avait tant aimée.

« Il repose dans le caveau de ses pères à Demigny.

« Tel fut le marquis Théodore de Foudras, et telle est son œuvre cynégétique. Nous ne pensons pas que la lecture de ses écrits obtienne grand succès à notre époque : elle est morale et du meilleur aloi, et l'on y chercherait vainement le piment dépravé qui assaisonne habituellement notre littérature actuelle[1]. »

Les artistes cynégétiques du dix-neuvième siècle n'ont pas été moins nombreux que les auteurs : sculpteurs, peintres, aquarellistes, aquafortistes, ont à l'envi reproduit les diverses scènes de chasse et les exploits des chasseurs à tir et à courre.

Nous nous contenterons d'en citer quelques-uns, et dans la courte notice qui leur sera consacrée, de noter leurs œuvres principales, laissant à d'autres plus compétents le soin de la critique.

A tout seigneur tout honneur : nous citerons donc en première ligne Carle Vernet. Fils du célèbre Claude-Joseph, dont les œuvres magistrales ont été reproduites dans 660 délicieuses lithographies, Carle Vernet, né en 1758 et mort seulement en 1836, nous a laissé la série de scènes cynégétiques la plus remarquable du siècle ; il excelle dans la reproduction des chasseurs, et si son talent, sous ce rapport, a pu être égalé, il n'a jamais été dépassé. Le piqueur à cheval sonnant de la trompe, dont nous avons reproduit le dessin,

---

1. Extrait de *Un Écrivain cynégétique*, par P. LAFORÊT (*Revue Britannique*).

est un petit chef-d'œuvre de vérité, de mouvement et d'élégance. Les chasses de l'empereur Napoléon Ier, celles au daim et au cerf du duc de Berry à Meudon et à Sèvres, la célèbre chasse de Charles X, la chasse du duc de Berry pour la saint Hubert de 1818, le départ pour la chasse, l'arrivée au rendez-vous, la chasse du renard, ses chasseurs à tir et à courre dont la reproduction en gravures du temps est si précieuse et si rare, sont autant de chefs-d'œuvre.

Petit-fils de Claude, fils de Carle, Horace Vernet a glorieusement suivi le chemin tracé par ses ancêtres. Bien qu'il excelle surtout dans les scènes militaires, dont la prise de la smala d'Abd-el-Kader est peut-être la plus remarquable du siècle par le coloris, le dessin et l'exécution, il nous a laissé, pour le sujet qui nous occupe, de charmants tableaux représentant des chasses en Algérie ; citons entre autres un gai rendez-vous, et des chasses aux lions, aux sangliers, aux mouflons, à la gazelle, dans le désert du Sahara, le tout ensoleillé par ce ciel d'Afrique d'azur et d'or.

Un de nos plus grands peintres modernes et qui pendant un certain nombre d'années a fait école, Decamps, né à Paris en 1803, élève d'Abel Pujol, peignit quelques tableaux de chasse avec d'autant plus de vérité qu'il fut lui-même un fervent disciple de saint Hubert. Il mourut des suites d'une chute de cheval en chassant à courre à Fontainebleau.

Nous avons de Decamps une quantité de dessins et de lithographies sur des sujets de chasse à tir : chasse aux vanneaux, au héron, au faucon, au canard et à la bécasse ; il a peint de merveilleux bassets gravés par Laroche pour le journal *l'Artiste*. Decamps a joui pendant sa vie d'une grande vogue, et il a eu sur l'art français une influence incontestée.

Ladurner a peint de nombreux laisser-courre de Charles X ; nous y trouvons les portraits du roi en tenue de vénerie ; le meilleur tableau de Ladurner, comme mouvement, est, à mon avis, celui du *Débucher*, où nous retrouvons les portraits des trois frères Mac Mahon.

Citons encore pour mémoire, et de la même époque, Duval Lecamus, qui peignit des chasses à tir sous Louis-Philippe, assez prisé de son vivant, aujourd'hui tombé dans l'oubli.

Alfred de Dreux sera toujours le peintre brillant, bien qu'un peu fantaisiste, du milieu de ce siècle : brillantes amazones, brillants veneurs galopant sur de brillants chevaux à travers pelouses verdoyantes ou sous les futaies ombreuses, la palette aristocratique d'Alfred de Dreux nous les a montrés tels et a eu le succès le plus incontestable dans le high-life du temps.

Pendant vingt-cinq ans, Granier, dessinateur et peintre, a fourni au *Journal des Chasseurs* nombre de lithographies soignées, bien mises en scène, représentant principalement des chasses à tir et auxquelles il doit sa réputation méritée.

A l'époque où fleurissait Victor Adam, il n'y avait que Victor Adam qui fît des chevaux séduisants d'aspect et de tournure ; le monde entier a été inondé de ses lithographies où couraient « dans des allures extravagantes (dit un critique autorisé), des bêtes *en carton vivant*, chevaux, cerfs, daims, sangliers, et même des ours bien peignés, avec des jambes fines, de grands yeux, *toujours les mêmes* ».

Né à Paris en 1814, élève de Laroche, Melin nous a laissé un nombre considérable de chiens de meute, chiens anglais, vendéens, poitevins, bâtards, etc., et entre autres tableaux de chasse : un défaut, cerf en hallali courant, mâtins conduits à l'attaque d'un sanglier, hallali de cerf par terre, valet de chiens donnant un relais, un relancer, chiens d'arrêt devant un faisan.

Eugène Lami est l'auteur du *Rendez-vous de la société de Rambouillet en 1853,* où sont réunis les portraits de tous les sociétaires ; on doit au même artiste plusieurs sujets de chasse de diverses époques.

Le grand chef de l'école réaliste, Courbet, ne s'est pas contenté de peindre de laides baigneuses dans un cadre d'admirable couleur, on lui doit surtout des paysages qui sont des chefs-d'œuvre ; mais les animaux qu'il nous présente ne tiennent pas debout : le combat de cerfs, la remise de chevreuils, au musée du Louvre, nous montrent des animaux de pure fantaisie, et qui prouvent ce que j'avance. Il a signé quelques paysages d'hiver pris dans le Jura, où des chiens grotesques et des chevreuils de convention font des taches d'un réalisme extraordinaire. Malgré ces défauts, ces toiles resteront comme des pages maîtresses du grand réaliste qui fut Courbet.

Peintre dans l'acception du mot, éminent coloriste de la bonne école, avec un sentiment très personnel, tel fut Godefroi Jadin. Né à Paris en 1805, Jadin, avant de devenir peintre de la vénerie impériale, peignit un grand nombre de toiles représentant des scènes de grande vénerie : un hallali sur pied, une curée, une chasse au sanglier pour le duc d'Orléans. Puis des retraites prises, l'hallali d'un louvart, la meute des princes d'Orléans et nombre de tableaux de chiens.

Je remarque qu'à cette époque on dessinait peu les chiens, dont les types sont en général de pure fantaisie ; la couleur seule pouvait faire soupçonner leur race. Ce qui n'empêcha pas que Godefroi Jadin n'ait été considéré comme un peintre animalier remarquable, réputation qu'il doit doit plutôt à son mérite de maître coloriste qu'à l'exactitude des types représentés. Napoléon III, en le nommant peintre ordinaire de sa vénerie, lui a fait exécuter de très belles toiles, dont voici les principales : tableau officiel de la vénerie impériale au carrefour d'Archères, Fontainebleau et la retraite prise, une curée aux flambeaux, les portraits des officiers de la vénerie, des piqueurs, des valets de chiens, du médecin en chef Aubin, du fameux piqueur « Monsieur la Trace ». Ces derniers détails, nous les devons à l'obligeance du fils de Godefroi Jadin, lequel, comme dessinateur et peintre, marche sur les traces de son père.

Luminais, né à Nantes, et dont nous avons donné deux reproductions de toiles peu connues, a peint toute une série de chasses gauloises, franques et mérovingiennes, très curieuses au point de vue archéologique, très bien traitées, où le mouvement le dispute à la couleur. Nous avons de cet artiste éminent des scènes modernes, un hallali, un retour de chasse de l'empereur Napoléon III, des braconniers, etc. Les toiles de Luminais, très recherchées par les vrais amateurs, atteignent des prix élevés.

Nous devons à J.-L. Brown des eaux-fortes remarquables et des représentations de chasses de diverses époques ; citons entre autres sujets très réussis : retraite d'une battue aux loups dans le Morvan.

Né en 1828, le comte de Balleroy a surtout peint des chasses à courre et à tir sous le second empire. Nous lui devons des hallalis de cerfs, de loups, de sangliers, un de ces derniers appartenant au baron de Poilly ; un relais de chiens, une retraite prise, un hallali sous bois ; le tableau de la chasse au furet avec le portrait du baron d'Ivry passe pour la meilleure toile de l'artiste.

Sans médire des artistes dont je viens de parler, les peintres, dessinateurs, aquarellistes, les sculpteurs animaliers de cette fin de siècle leur sont en général comme vérité très supérieurs. Les cerfs, les chevreuils, les sangliers, les chiens surtout, sont étudiés avec une conscience et un soin scrupuleux. Citer les noms de MM. de Pène, de Condamy, Gellibert, Hermann Léon, Tavernier, Trinquant, Georges Busson, Bellecroix, Mahler, G. Parquet, Gridel, Clermont-Gallerande, Bodmer, etc., etc., et louer leurs œuvres tant pour l'exactitude que pour la couleur soit des chiens courants et des chiens d'arrêt, soit des chevaux de chasse et des animaux de vénerie, cerfs, sangliers, loups, renards, chevreuils et lièvres, c'est rendre hommage à autant d'artistes de mérite.

La Société centrale pour l'amélioration des races canines a eu, depuis quelque temps, l'heureuse idée d'organiser une exposition de tableaux, d'aquarelles, de dessins et de sculptures représentant des scènes de chasses à tir et à courre, dues à nos artistes modernes : c'est une innovation charmante où chaque année l'art et l'élégance se donnent rendez-vous au moment des expositions canines de la terrasse des Tuileries.

Je ne veux pas terminer cette étude sur la chasse sans reproduire les couplets suivants improvisés en l'honneur du patron des chasseurs : ils ont été chantés dans un banquet de gais veneurs par un des assistants, grand chasseur lui-même. Ce sera, à mon avis, la meilleure manière de clore dignement ce travail, en souhaitant aussi moi, à mes *lecteurs patients*, bonheur et longue vie.

LA SAINT HUBERT

(Air de la *Saint Hubert*.)

Sonnez, piqueurs, sonnez à trompe pleine,
Faisons honneur à notre saint patron.
De sa fanfare, au bois comme en la plaine,
Que les échos nous répètent le ton.

De saint Hubert, piqueur, sonnez la fête...
Le vent glacé ne nous arrête pas !
Hors de la brume on voit percer le faîte
Des grands bouleaux qui s'étendent là-bas.

Du chapelain la cloche nous rappelle
Un vieil usage ; il faut le respecter.
Comme au bon temps, allons à la chapelle
De saint Hubert, avant de découpler.

Sonnez, piqueurs, pour le saint sacrifice,
La Saint-Hubert à l'élévation,
Et quand du seuil, le prêtre, après l'office,
Donne à nos chiens sa bénédiction.

Pour le départ, vite que l'on s'apprête,
Au rendez-vous nous avons trois rapports,
Le vol-ce-l'est d'une seconde tête,
Deux rembuchers, un daguet, un dix-cors.

A la brisée, avant qu'il ne détale,
Allons frapper ; s'il en revoit par corps
Chacun de nous sonnera la royale,
Que fit un roi jadis pour un dix-cors.

Des cors joyeux, entendez-vous, marquise,
Ces sons lointains, perçant les vents du soir ?
Ce sont les tons de la retraite prise,
Vous annonçant la rentrée au manoir.

Le verre en main, vous, maître d'équipage,
Avec ardeur, formulez-nous des vœux,
Qui, tous les ans, répétés d'âge en âge,
Soient le refrain de nos petits-neveux.

A saint Hubert, veneurs, nous devons boire !
En son honneur vidons tous nos flacons !
Jusqu'à cent ans qu'il nous donne la gloire
De porter tous vaillamment nos boutons !

J'arrête mon étude à la date de l'année terrible.

Outre qu'il est délicat de parler du présent, il me paraît nécessaire et de bon goût de laisser le champ libre aux jeunes générations.

Aujourd'hui encore, dans notre pays de France, on aime, grâce à Dieu, la chasse et les nobles *déduicts* des ancêtres. Puissent nos neveux conserver longtemps le goût de ce salutaire exercice !

C'est le vœu que leur adresse un disciple fervent du grand saint Hubert, dont les cheveux ont blanchi sous le harnais.

Le Parc Soubise, juillet 1897.

Têtes de chiens (Tableau de G. Jadin)

TABLE DES MATIÈRES

PREMIÈRE PARTIE

La Chasse depuis les temps préhistoriques jusqu'aux premiers Valois

DEUXIÈME PARTIE

La Chasse depuis les premiers Valois jusqu'à la Révolution de 1789

TROISIÈME PARTIE

La Chasse depuis la Révolution de 1789 jusqu'à nos jours

TABLE DES ILLUSTRATIONS

GRAVURES EN COULEURS

TABLE ONOMASTIQUE

C

D

Lude (comte du), 198.
Luitgarde, 62.
Luminais, 388.
Luynes (duc de), 28, 165, 172, 205, 208,
   215.

M

Mac Mahon (de), 325, 383.
Magnan (maréchal), 341.
Mahler, 389.
Maichin, 356, 361.
Maillé (comte de), 267.
Mailly (Mme de), 204, 208.
Maintenon (Mme de), 188.
Majou de la Débutrie, 284, 285, 353.
Malherbe, 159.
Mancini (Anne), 187.
Marenché (de), 283.
Maricourt (de), 162, 171.
Marie-Louise (impératrice), 272.
Mariette, 20.
Marolles, 233.
Marot (Clément), 120.
Martial, 42.
Maspero (membre de l'Institut), 20.
Masséna (maréchal), 281.
Massénat (Élie), 7.
Masson (baron), 283.
Masson (Papyre), 179.
Mathilde (princesse), 356.
Mayenne (duc de), 124.
Mazarin, 179.
Mécène, 43.
Médicis (Bernard de), 115.
Médicis (Catherine de), 115, 120, 125, 126,
   127, 143.
Médicis (Léon X), 116.
Médicis (Marie de), 154, 165.
Megnin (M.-P.), 224.
Menou (de) 322.
Mercœur (duc de), 150.
Mesnil, 130.
Mesmont (de), 293.
Metternich (de), 271, 356.
Micalli (J.), 38.

Michel (Jean), 142.
Milne Edwards, 9.
Minot, 319.
Modus (roi), 81.
Môle (La), 142.
Molé, 199.
Monaco (princesse de), 215.
Mondor (Alwalo de), 65.
Monstrelet (Enguerrand de), 97.
Montaigne (Michel), 198.
Montbazon, 158.
Montécot (comte de), 338.
Monteil (Alexis), 111.
Montfaucon, 35, 40.
Montespan (Mme de), 188.
Montesquieu (baronne de), 338, 356.
Montmorency, 111, 124, 150, 154, 306.
Montmorency (Anne de), 111, 124.
Montmorency (Charlotte de), 156.
Montmorency (connétable de), 158, 162.
Montmort (comte de), 320, 324.
Montpensier (duchesse de), 169.
Montsorbier (comte de), 284, 324.
Morais (de), 76, 202.
Moreton (comte César de), 318.
Mortemart (Mme de), 188.
Mortillet, 6, 8, 9, 21, 22, 25, 33, 35.
Mortillet (Adrien), 10, 14.
Moskowa (prince de La), 346.
Motte (de La), 332.
Moustier (du), 162.

N

Nadaillac (marquis de), 7.
Napoléon Ier, 271, 272, 273, 281, 285, 287.
Napoléon III, 341, 346, 351.
Nasons, 36, 40.
Nemours (duc de), 316, 317.
Nemrod, 25.
Neuville (Hyde de), 289.
Nodier (Charles), 33.
Noirmont (baron de), 52, 61, 70, 80, 100,
   107, 167, 180, 195, 228.
Nofrit, 20.

O

Olivier (peintre), 233.
Olliamson (comte d'), 218.
Onsembray (vicomte d'), 356.
Orange (prince d'), 176, 277.
Orgemont (Pierre d'), 86.
Orléans (duc d'), 228, 230, 303. 312.
Orléans (Louis d'), 208.
Osmond (comte d'), 358.
Oudry, 205, 207, 224.
Ovide, 41.
Oyron (comte d'), 332, 356.

P

Palatine (princesse), 188.
Pallas, 7.
Palustre (Léon), 59, 72.
Paré (Ambroise), 129.
Parquet, 389.
Parthenay (Catherine de), 144, 146.
Passage (comte du), 293.
Pène (de), 389.
Penthièvre (duc de), 239, 304.
Pépin le Bref, 60.
Perrot (Georges), 20.
Persigny (de). 356.
Perrot, 37.
Perthuis (marquis de), 328.
Pétrone, 43.
Phébus (Gaston), 60, 89, 90.
Philipppe-Auguste, 72, 73.
Philippe le Bel, 81.
Philippe V, 81.
Philippe VI, 85.
Pichot, 6, 10, 14, 73, 128, 155, 206, 237,
    257, 268, 272, 370.
Pie IX, 367.
Pierre (Corneille de La), 117.
Pierre le Grand (czar), 305.
Pierson le Loup, 105.
Plaisance (comte de), 328.
Pleumartin (marquis de), 332.

Pline, 27, 36, 45.
Pline second, 41.
Plutarque, 34.
Poitiers (Diane de), 115, 123.
Polignac, 354.
Popipou (de), 221.
Pourtalès (Mᵐᵉ de), 356.
Pracomtal (marquis de), 283, 320.
Praslin (de), 149.
Prusse (prince de), 212.
Pully (comte de), 332, 356.
Puységur, 353, 354.

Q

Quégin (de), 283.
Quiqueran-Beaujeu, 183.

R

Rabelais, 75.
Racan, 202.
Rahotpou, 20.
Rancé (abbé de), 201.
Rancougne (de), 354.
Rapin (Nicolas), 117.
Rasilly (de), 195.
Rays (Gilles de), 75.
Reculot (comte de), 283.
Richard (Alfred), 73.
Richard (Cœur-de-Lion), 73.
Riche (Michel Le), 143, 145, 146.
Richelieu, 179.
Robert le Pieux, 69.
Robespierre, 257.
Rochefoucauld (de La), 180, 221, 237, 356.
Rochejaquelein (de La), 221, 237, 284, 285,
    354, 355.
Rochette (Raoul), 38.
Roger (prince d'Antioche), 80.
Rohan, 171, 179, 294.
Rohan (cardinal de), 233.
Rohan (Charlotte de), 208.
Rohan-Guéménée (prince de), 198.
Roland, 65.

LIGUGÉ (Vienne)

IMPRIMERIE SAINT-MARTIN

M. BLUTÉ